全国机械行业职业教育优质规划教材（高职高专）

经全国机械职业教育教学指导委员会审定

高等职业技术教育机电类专业规划教材

机械工业出版社精品教材

机械制造工艺与机床夹具

第3版

U0193589

主编　刘守勇　李增平

参编　贾颖莲　胡　斌　魏平金

机械工业出版社

本书是全国机械行业职业教育优质规划教育，经全国机械职业教育教学指导委员会审定。

本书共分七章，围绕机械制造工艺和机床夹具设计两个方面，介绍了机械加工工艺规程的制订、机械加工质量、机床夹具设计基础、机床专用夹具及其设计方法、典型零件加工、现代机械制造技术简介、机械装配工艺基础等知识。本书突出了实用性和先进性，具有针对性，内容精简易学，注重培养学生解决生产实际问题的能力。

本书为高等职业技术教育规划教材，是机械工业出版社的精品教材，可作为高职高专院校机械类和近机械类专业的教材，也可作为相关专业的工程技术人员参考用书。

本书配有电子课件，**凡使用本书作为教材的教师**可登录机械工业出版社教材服务网 www.cmpedu.com 下载。咨询邮箱：cmpgaozhi@sina.com。咨询电话：010-88379375。

图书在版编目（CIP）数据

机械制造工艺与机床夹具/刘守勇，李增平主编. —3 版. —北京：机械工业出版社，2013.2（2021.7 重印）

高等职业技术教育机电类专业规划教材　机械工业出版社精品教材

ISBN 978 – 7 – 111 – 42028 – 6

Ⅰ. ①机… Ⅱ. ①刘…②李… Ⅲ. ①机械制造工艺 – 高等职业教育 – 教材②机床夹具 – 高等职业教育 – 教材 Ⅳ. ①TH16②TG75

中国版本图书馆 CIP 数据核字（2013）第 066583 号

机械工业出版社（北京市百万庄大街22号 邮政编码100037）
策划编辑：王海峰 责任编辑：王英杰 王海峰
版式设计：霍永明 责任校对：任秀丽
封面设计：赵颖喆 责任印制：常天培
三河市骏杰印刷有限公司印刷
2021 年 7 月第 3 版·第 15 次印刷
184mm×260mm·16.25 印张·398 千字
标准书号：ISBN 978 – 7 – 111 – 42028 – 6
定价：48.00 元

电话服务　　　　　　　　　网络服务
客服电话：010-88361066　　机　工　官　网：www.cmpbook.com
　　　　　010-88379833　　机　工　官　博：weibo.com/cmp1952
　　　　　010-68326294　　金　书　网：www.golden-book.com
封底无防伪标均为盗版　机工教育服务网：www.cmpedu.com

第3版前言

　　"机械制造工艺与机床夹具"是高职院校机械类专业及近机类专业学生必修的一门实用性主干课程。本书是在吸收近年来高职教学改革经验的基础上，根据企业生产一线对技能型人才的要求，按照高职教育的培养目标和特点，融合多年的教学经验编写而成的。

　　本书主要特点：一是注重实用性，尽量与生产实际相结合，突出了职业性和岗位能力的要求，对实用性内容和必备的基本知识进行了较详尽的叙述，书中附有大量的工程技术实例和图表，更方便学习者使用和掌握，摈弃了要求较高的、陈旧的、实用性不大的内容，突出培养学生的职业能力；二是体现先进性，为适应机械加工技术的迅速发展，本书加强了对先进制造技术和机械制造发展趋势的介绍；三是考虑针对性，充分考虑了高职高专学生的接受能力，做到内容浅显易懂，叙述深入浅出，基本删除了繁琐的理论推导和实际生产中不常用的各种计算，侧重结果的应用，并采用最新国家标准。

　　通过本课程的学习，可使学生掌握机械制造工艺与机床夹具设计的基本知识，初步具备分析和解决工艺技术问题及夹具设计问题的能力，为做好机械设计、制造、维修及相关领域的技术和管理工作打好基础。

　　本书可作为高职高专教育机械类和近机械类专业的教材，也可作为相关专业的工程技术人员参考用书。

　　本书由江西制造职业技术学院刘守勇、李增平任主编。参加编写的人员有：江西制造职业技术学院李增平编写第1、2、3章，江西交通职业技术学院贾颖莲编写第4章，九江职业技术学院胡斌编写第5章，南昌凯马有限公司魏平金编写第6章，江西制造职业技术学院刘守勇编写第7章。

　　由于编者水平有限，书中难免有错漏和不当之处，敬请各兄弟院校师生和广大读者批评指正。

编　者

第 2 版前言

　　《机械制造工艺与机床夹具》是由全国高等教育学会组织编写的"机电一体化"专业成套教材之一。本书自 1994 年出版以来，曾多次重印，满足了各校的需要。这次根据全国职工高等教育学会 1997 年 10 月济南会议精神，对部分章节进行了修改，力求更适合高等职业技术教育的需要。同时，增写了"机械制造工艺与机床夹具课程设计及习题"内容。

　　参加本次编写的有：李增平（第一、三章）、李红（第二章）、袁明龙（第六章第一、二节）、刘守勇（第六章第三、四节及第七、九章）、解勤山（第八章）以及赖志刚（课程设计指导书）。第四、五章由刘彦竹作了文字修正。本书由刘守勇任主编，刘彦竹、李增平、赖志刚任副主编，南昌大学丁年雄教授任主审。参加审稿的还有南昌大学熊瑞文教授、洪都航空工业集团教授级高级工程师曾森龙等。

　　由于编者水平有限，错误和不足之处在所难免，恳请广大读者批评指正。

编　者

第1版前言

本书是根据全国职工高教学会推荐的大纲而编写的。全书共九章，参加编写的有：江西省机械职工大学刘守勇（主编并编写部分章节）、烟台职工大学陈殿学（副主编并编写第九章）、南昌飞机制造公司工学院刘彦竹（副主编并编写第四章第四、五节和第五章）、江西省机械职工大学李增平（第一章）、安阳钢铁公司职工大学刘吉玉（第二章）、茂名石化公司职工大学王金龙（第三章）、抚顺职工大学李玉芬（第四章第一、二、三节）、济宁职工大学山东拖拉机厂分校袁明龙（第六章第一、二节）、西南航天职工大学朱德荪（第六章第三节）、贵州机械职工大学胡国荣（第七章）、鞍山钢铁公司职工工学院解勤山（第八章）。本书由苏州市职工业余大学范敬宗副教授主审，参加审稿的还有苏州丝绸工学院孟详裕副教授。

本书在编审过程中，得到江西省机械职工大学、苏州市职工业余大学以及各编者所在校的大力支持。刘彦竹、李增平协助主编对书稿的文字、图表的校改做了大量工作，徐跃宁帮助绘制第四章部分插图，谨此一并表示感谢。

由于编者水平有限，错误和不足之处在所难免，恳请读者批评指正。

编　者

目　　录

绪　　论

一、机械制造业在国民经济中的地位

机械制造业是国民经济的装备部，是国民经济的重要基础和支柱产业，它的主要任务就是为国民经济各部门提供生产技术装备，为国民经济各行业提供各种生产手段，具体地说就是要完成机械产品的决策、设计、制造、装配、销售、售后服务及后续处理等工作。机械制造业的发展水平不仅影响和制约着国民经济与各行业的发展，而且还直接影响和制约着国防工业和高科技的发展，进而影响到综合国力和国家安全，因此，世界各国都把机械制造业放在优先发展的重要地位。

二、机械制造业的发展状况

机械制造有着悠久的历史，在我国秦朝的铜车马上发现有带锥度的铜轴和铜轴承，说明在公元 210 年以前就有了磨削加工。从 1775 年英国的约翰·威尔金森（J. Wilkinson）为了加工瓦特蒸汽机的气缸而研制镗床开始，到 1860 年，经历了漫长岁月后，车、铣、刨、插、齿轮加工等机床相继出现。1898 年发明了高速钢，使切削速度提高了 2～4 倍，1927 年德国首先研制出合金刀具，切削速度比高速钢刀具又提高了 2～5 倍。为了适应硬质合金刀具高速切削的需求，金属切削机床的结构、传动方式、控制技术都有了极大的改进。从机床加工精度上看，1910 年时的加工精度大致为 $10\mu m$（一般加工），1930 年提高到 $1\mu m$（精密加工），1970 年提高到 $0.01\mu m$（超精密加工），而目前已经提高到 $0.001\mu m$（纳米加工）。

20 世纪 80 年代末期，美国为提高机械制造业的竞争力，首先开始了机械制造与计算机和信息技术的结合，之后取得了迅猛的发展和应用，出现了计算机辅助设计技术（CAD）、计算机辅助制造技术（CAM）、柔性制造系统（FMS）、计算机辅助工艺规程设计（CAPP）、计算机集成制造系统（CIMS）等，从而把工厂生产的全部活动，包括市场信息、产品开发、生产准备、组织管理以及产品的制造、装配、检验、销售等，都用计算机系统有机地集成为一个整体。

我国的机械制造业是建国以后逐步发展起来的。建国初期，我国机械工业一穷二白，只有沿海沿江少数城市有一些机械修造厂，制造少量简易产品。建国后，经过几十年的努力，我国的机械工业从小到大，从修配到制造，从制造一般机械产品到制造高、精、尖产品；从制造单机到制造先进大型成套设备，已逐步建成门类比较齐全、具有较大规模、技术水平和成套水平不断提高的工业体系，为国民经济和国防建设提供了大量的机械装备，在国民经济中的支柱产业地位日益彰显。

统计数据显示，2008 年，中国机械工业完成工业总产值 9.07 万亿元，为 1949 年的 1.6 万倍，为 1978 年的 80 多倍；机械工业在全国工业中的比重，从"一五"计划开始时不到 5%，至 2008 年达到了 18.28%。同时，中国机械工业在世界机械工业生产中的比重不断提高。按产品销售额比较，建国之初，中国在世界机械产品销售总额中所占比例微不足道，到 1985 年已达 3% 左右，1990 年上升至 4% 左右，2008 年迅速提高到 15% 左右。在国际机械工业中的位次，到 1998 年仅次于美、日、德、法而居第 5 位，至 2008 年已提升至第 2 位，仅次于日本。我国的机械产品大部分已经达到 20 世纪 90 年代国际水平，部分已经达到国际先进水平。当然，从整体上看，我国的机械工业的发展水平与国外先进水平相比还有不小的差距。因此，大力发展机械制造技术，赶超世界先进水平，是我们义不容辞的责任。

三、机械制造工艺与夹具在机械制造业中的作用

机械制造业要发展，要满足国民经济发展的需要，就必须依靠技术进步，这是机械制造业真正实现振兴的必由之路。而工艺水平的提高是机械制造业技术进步的一个重要内容，也是机械制造业发展的基础。机械制造业要解决制造什么和怎么制造两大问题。制造什么取决于国民经济各部门的需要，怎样制造、用什么生产资料去制造，采用什么样的方法、手段制造出合格的产品，并同时达到降低生产成本、提高生产效率、节约能源和降低原材料消耗的目的，是机械制造部门要解决的最根本的问题，而解决这些问题，离不开机械制造工艺与夹具，这是机械制造业发展和进步的保障。

四、本课程的性质、特点、内容与学习方法

"机械制造工艺与机床夹具"是一门机械类和近机械类专业的主干专业课程，其主要特点：一是涉及面广、综合性强，涉及到毛坯制造、热处理、切削加工、表面处理、装配、工装设备、产品设计、经济核算、企业管理等内容，在学习过程中，要综合应用到机械制图、金属工艺学、公差与技术测量、金属切削原理与刀具、液压气动、金属切削机床、企业管理与技术经济学等课程的知识；二是实践性强，课程内容与生产实际紧密相关，因此，学习者要有一定的机械加工的感性知识；三是灵活性大，生产中的实际问题，往往是千差万别的，解决问题的方法也多种多样，机械制造技术本身也是在不断发展和变化的。因此，不少工艺原则只能概括说明，实际应用时要灵活掌握。

本书以机械制造过程中的工艺问题和机床夹具设计问题为主线，介绍了机械加工工艺规程的制订、机械加工质量、机床夹具设计基础、机床专用夹具及其设计方法、典型零件加工、现代制造技术简介、机械装配工艺基础等内容。通过本课程的学习，可以使学生初步具有分析和解决机械制造中一般工艺技术问题的能力、初步具备制订机械加工工艺规程的能力和设计专用机床夹具的能力，并学会运用本课程的知识处理机械加工过程中质量、成本和生产效率三者的辩证关系，以求在保证质量的前提下实现高产、低消耗。

在学习本课程时，要随时复习并且综合运用前面学过的专业基础课和专业课知识，重视实践性教学环节，如金工实习、生产实习、课程设计等；要多到企业参观、实践，注意理论与实践相结合；要着重理解和掌握基本概念及其在实践中的应用，多做习题，做好预习或复习，特别注意要灵活地运用所学的知识，根据具体情况来处理和解决问题，不能死记硬背、生搬硬套。

第1章　机械加工工艺规程的制订

机械加工工艺规程是机械制造企业生产管理的重要技术文件，对零件的加工质量、生产成本和生产率有很大的影响。企业中生产规模的大小、工艺水平的高低以及解决各种工艺问题的方法和手段都要通过机械加工工艺规程来体现。制订机械加工工艺规程，是一项重要而又严肃的工作，是机械企业工艺技术人员的一个主要工作内容，也是本课程的一个核心内容。在现有的生产条件下，如何采用经济、有效的加工方法，并经过合理的加工路线加工出符合技术要求的零件，是本章要解决的主要问题。

1.1　基本概念

1.1.1　生产过程和工艺过程

1. 生产过程

生产过程是指将原材料转变为成品的所有劳动过程。这种成品可以是一台机器、一个部件，或者是某一种零件。对于机器的制造而言，其生产过程包括：

1）原材料和成品的运输与保管。

2）生产技术准备工作。如产品的开发和设计、工艺规程的编制、专用工装设备的设计和制造、各种生产资料的准备和生产组织等方面的工作。

3）毛坯的制造。

4）零件的机械加工、热处理和其他表面处理。

5）产品的装配、调试、检验、涂装和包装等。

在现代工业生产组织中，一台机器的生产往往是由许多工厂以专业化生产的方式合作完成的。这时，某工厂所用的原材料，却是另一工厂的产品。例如，机床的制造，就是利用轴承厂、电机厂、液压元件厂等许多专业厂的产品，由机床厂完成关键零部件的生产，并装配而成的。采用专业化生产有利于零部件的标准化、通用化和产品系列化，从而能有效地保证产品质量、提高生产率和降低成本。

2. 工艺过程

在机械产品生产过程中，那些与原材料变为成品直接有关的过程称为工艺过程，例如，毛坯制造、零件的机械加工与热处理、装配等。工艺过程是生产过程的主要部分，其中，采用机械加工的方法直接改变毛坯的形状、尺寸和表面质量，使其成为零件的过程，称为机械加工工艺过程（为叙述方便，以下将机械加工工艺过程简称为工艺过程）。

1.1.2　工艺过程的组成

在机械加工工艺过程中，针对零件的结构特点和技术要求，要采用不同的加工方法和装备，按照一定的顺序依次进行加工才能完成由毛坯到零件的过程。因此，工艺过程是由一系列顺序排列的加工方法即工序组成的。工序又可细分为安装、工位、工步和进给。

1. 工序

一个或一组工人在一个工作地点或一台机床上，对同一个或几个零件进行加工所连续完成的那部分工艺过程，称为工序。划分是否为同一个工序的主要依据是：工作地点（或机床）是否变动和加工是否连续。例如图 1-1 所示的阶梯轴，当加工数量较少时，其工艺过程及工序的划分如表 1-1 所示，由于加工不连续和机床变换而分为三个工序。当加工数量较多时，其工艺过程及工序的划分如表 1-2 所示，共有五个工序。

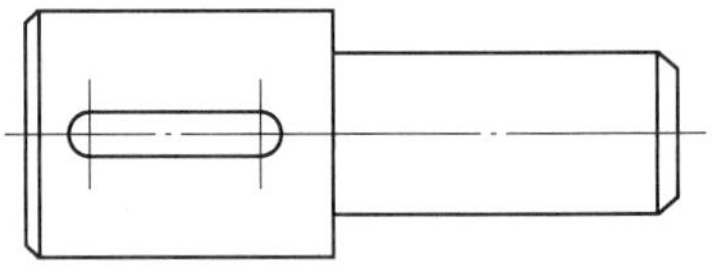

工序是组成工艺过程的基本单元，也是生产计划和经济核算的基本单元。

在零件的加工工艺过程中，有一些工作并不改变零件形状、尺寸和表面质量，但却直接影响工艺过程的完成，如检验、打标记等，一般称完成这些工作的工序为辅助工序。

图 1-1 阶梯轴

表 1-1　单件小批生产的工艺过程

工序号	工　序　内　容	设备
1	车一端面，钻中心孔；调头车另一端面，钻中心孔	车床
2	车大外圆及倒角；调头车小外圆及倒角	车床
3	铣键槽 去毛刺	铣床

表 1-2　大批大量生产的工艺过程

工序号	工　序　内　容	设备
1	铣端面、钻中心孔	机床
2	车大外圆及倒角	车床
3	车小外圆及倒角	车床
4	铣键槽	键槽铣床
5	去毛刺	钳工台

2. 安装

工件在加工前，先要把工件位置放准确，确定工件在机床上或夹具中占有正确位置的过程称为定位。工件定位后将其固定住，使其在加工过程中的位置保持不变的操作称为夹紧。将工件在机床上或夹具中定位后加以夹紧的过程称为安装。在一道工序中，要完成加工，工件可能安装一次，也可能需要安装几次。表 1-1 中的工序 1 和工序 2 均有两次安装，而表 1-2 中的工序只有一次安装。

工件在加工时，应尽量减少安装次数，因为多一次安装，就会增加安装工件的时间，同时也加大加工误差。

3. 工位

为了减少由于多次安装而带来的误差及时间损失，常采用回转工作台、回转夹具或移动夹具，使工件在一次安装中，先后处于几个不同的位置进行加工。工件在机床上所占据的每一个位置称为工位。图 1-2 所示为一利用回转工作台，在一次安装中依次完成装卸工件、钻孔、扩孔、铰孔四个工位加工的例子。采用多工位加工方法，既可减少安装次数，又可使各工位的加工与工件的装卸同时进行，从而提高加工精度和生产率。

4. 工步

在加工表面不变、加工工具不变、切削用量中的进

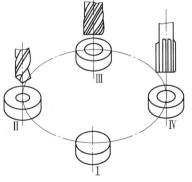

图 1-2　多工位加工
工位 I—装卸工件　工位 II—钻孔
工位 III—扩孔　工位 IV—铰孔

给量和切削速度不变的情况下所完成的那部分工序内容，称为工步。以上三种因素中任一因素改变，即成为新的工步。一个工序含有一个或几个工步，如，表1-1中的工序1和工序2均加工四个表面，所以各有四个工步，表1-2中的工序4只有一个工步。

为提高生产率，采用多刀同时加工一个零件的几个表面时，也看做一个工步，并称为复合工步，如图1-3所示。另外，为简化工艺文件，对于那些连续进行的若干相同的工步，通常也看做为一个工步。如图1-4所示，在一次安装中，用一把钻头连续钻削4个 ϕ15mm的孔，则可算作钻 $4 \times \phi$15mm 孔工步。

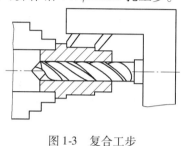

图1-3　复合工步

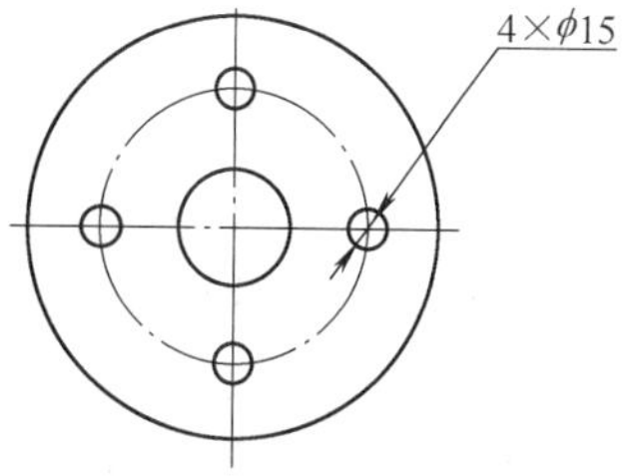

图1-4　加工4个相同表面的工步

5. 进给

在一个工步内，若被加工表面需切除的余量较大，一次切削无法完成，则可分几次切削，每一次切削就称为一次进给。进给是构成工艺过程的最小单元。

图1-5所示为工序、安装、工位之间和工序、工步、进给之间的关系。

1.1.3 生产纲领与生产类型及其工艺特征

不同的机械产品，其结构、技术要求不同，但它们的制造工艺却

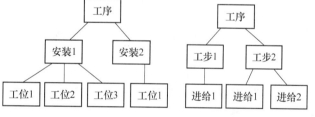

图1-5　工序、安装、工位和工序、工步、进给之间的关系

存在着很多共同的特征。这些共同的特征取决于企业的生产类型，而企业的生产类型又由企业的生产纲领来决定。

1. 生产纲领

生产纲领是指企业在计划期内应生产的产品产量。计划期通常定为1年。对于零件而言，产品的产量除了制造机器所需要的数量以外，还要包括一定的备品和废品，所以，零件的生产纲领是指包括备品和废品在内的年产量，可按下式计算

$$N = Qn(1 + a\%)(1 + b\%)$$

式中　N——零件的生产纲领（件/年）；

　　　Q——产品的生产纲领（台/年）；

　　　n——每台产品中含该零件的数量（件/台）；

　　　$a\%$——零件备品率；

　　　$b\%$——零件废品率。

2. 生产类型

生产类型是指企业（或车间、工段、班组等）生产专业化程度的分类。根据生产纲领

和投入生产的批量，可将生产分为单件生产、成批生产、大量生产三大类。

（1）单件生产　单件生产是指单个生产不同结构和尺寸的产品，很少重复或不重复的生产类型。例如重型机械、专用设备制造和新产品试制等均属于单件生产。

（2）大量生产　大量生产是指产品数量很大，大多数工作地点重复地进行某一零件的某一道工序的加工。例如汽车、拖拉机、轴承、自行车等的生产。

（3）成批生产　成批生产是指一年中分批轮流地制造几种不同的产品，工作地点的加工对象周期地重复。例如机床、电动机的生产。

成批生产中，每批投入生产的同一种产品（或零件）的数量称为批量。按照批量的大小，成批生产又可分为小批生产、中批生产和大批生产。小批生产的工艺特点与单件生产相似，大批生产与大量生产相似，常分别合称为单件小批生产和大批大量生产。

生产类型的划分，可根据生产纲领和产品的特点及零件的重量，或根据工作地点每月担负的工序数参考表1-3确定。同一企业或车间可能同时存在几种生产类型，判断企业或车间的生产类型，应根据其主导产品的生产类型来确定。

表1-3　生产类型与生产纲领的关系

生产类型		生产纲领/（台/年）或（件/年）			工作地每月担负的工序数（工序数/月）
		重型机械或重型零件（>100kg）	中型机械或中型零件（10～100kg）	小型机械或轻型零件（<10kg）	
单件生产		5	10	100	不作规定
成批生产	小批	5～100	10～200	100～500	>20～40
	中批	100～300	200～500	500～5000	>10～20
	大批	300～1000	500～5000	5000～50000	>1～10
大量生产		>1000	>5000	>50000	>1

随着科学技术的进步和人们对产品性能要求的不断提高，产品更新换代周期越来越短，品种规格不断增多，多品种小批量的生产类型将会越来越多。

3. 工艺特征

不同的生产类型具有不同的工艺特点，即在毛坯制造、机床及工艺装备的选用、经济效果等方面均有明显区别。表1-4列出了各种生产类型的工艺特点。

表1-4　各种生产类型的工艺特点

特点	单件生产	成批生产	大量生产
工件的互换性	一般是配对制造，缺乏互换性，广泛用钳工修配	大部分有互换性，少数用钳工修配	全部有互换性。某些精度较高的配合件用分组选择装配法
毛坯的制造方法及加工余量	铸件用木模手工造型；锻件用自由锻。毛坯精度低，加工余量大	部分铸件用金属模；部分锻件用模锻。毛坯精度中等；加工余量中等	铸件广泛采用金属模机器造型；锻件广泛采用模锻，以及其他高生产率的毛坯制造方法。毛坯精度高，加工余量小
机床设备	通用机床。按机床种类及大小采用"机群式"排列	部分通用机床和部分高生产率机床。按加工零件类别分工段排列	广泛采用高生产率的专用机床及自动机床。按流水线形式排列

（续）

特点	单 件 生 产	成 批 生 产	大 量 生 产
夹具	多用标准附件，极少采用夹具，靠划线及试切法达到精度要求	广泛采用夹具，部分靠划线法达到精度要求	广泛采用高生产率夹具及调整法达到精度要求
刀具与量具	采用通用刀具和万能量具	较多采用专用刀具及专用量具	广泛采用高生产率刀具和量具
对工人的要求	需要技术熟练的工人	需要一定熟练程度的工人	对操作工人的技术要求较低，对调整工人的技术要求较高
工艺规程	有简单的工艺路线卡	工艺规程，对关键零件有详细的工艺规程	有详细的工艺规程
生产率	低	中	高
成本	高	中	低
发展趋势	箱体类复杂零件采用加工中心加工	采用成组技术、数控机床或柔性制造系统等进行加工	在计算机控制的自动化制造系统中加工，并可能实现在线故障诊断、自动报警和加工误差自动补偿

1.1.4　获得加工精度的方法

零件的机械加工有许多方法，加工的目的是要使零件获得一定的加工精度和表面质量。零件加工精度包括尺寸精度、形状精度和表面相互位置精度。

1. 获得尺寸精度的方法

（1）试切法　通过试切出一小段—测量—调刀—再试切，反复进行，直到达到规定尺寸再进行加工的方法称为试切法。图1-6所示为一个车削的试切法示例。试切法的生产率低，加工精度取决于工人的技术水平，故常用于单件小批生产。

（2）调整法　先调整好刀具的位置，然后以不变的位置加工一批零件的方法称为调整法。图1-7所示为用对刀块和塞尺调整铣刀位置的方法。调整法加工生产率较高，精度较稳定，常用于批量、大量生产。

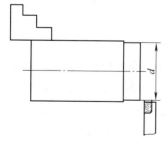

图 1-6　试切法示例

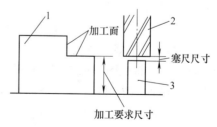

图 1-7　铣削时的调整法对刀
1—工件　2—铣刀　3—对刀块

（3）定尺寸刀具法　通过刀具的尺寸来保证加工表面的尺寸精度，这种方法称为定尺寸刀具法。如用钻头、铰刀、拉刀来加工孔均属于定尺寸刀具法。这种方法操作简便，生产率较高，加工精度也较稳定。

（4）自动控制法　自动控制法是通过自动测量和数字控制装置，在达到尺寸精度时自动停止加工的一种尺寸控制方法。这种方法加工质量稳定，生产率高，是机械制造业的发展方向。

2. 获得形状精度的方法

（1）刀尖轨迹法　通过刀尖的运动轨迹来获得形状精度的方法称为刀尖轨迹法。刀尖轨迹法所获得的形状精度取决于刀具和工件间相对成形运动的精度。车削、铣削、刨削等均属于刀尖轨迹法。

（2）仿形法　刀具按照仿形装置进给对工件进行加工的方法称为仿形法。仿形法所得到的形状精度取决于仿形装置的精度以及其他成形运动的精度。仿形铣、仿形车均属仿形法加工。

（3）成形法　利用成形刀具对工件进行加工获得形状精度的方法称为成形法。成形刀具替代一个成形运动，所获得的形状精度取决于成形刀具的形状精度和其他成形运动精度。

（4）展成法　利用刀具和工件作展成切削运动形成包络面，从而获得形状精度的方法称为展成法（或称包络法）。如滚齿、插齿就属于展成法。

3. 获得位置精度的方法（工件的安装方法）

当零件较复杂、加工面较多时，需要经过多道工序的加工，其位置精度取决于工件的安装方式和安装精度。工件安装常用的方法如下。

（1）直接找正安装　用划针、百分表等工具直接找正工件位置并加以夹紧的方法称为直接找正安装法。如图1-8所示，用单动卡盘安装工件，要保证加工后的 B 面与 A 面的同轴度要求，先用百分表按外圆 A 进行找正，夹紧后车削外圆 B，从而保证 B 面与 A 面的同轴度要求。此法生产率低，精度取决于工人技术水平和测量工具的精度，一般只用于单件小批生产。

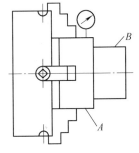

图1-8　直接找正定位安装

（2）按划线找正安装　先用划针画出要加工表面的位置，再按划线用划针找正工件在机床上的位置并加以夹紧。由于划线既费时，又需要技术高的划线工，所以一般用于批量不大、形状复杂而笨重的工件或低精度毛坯的加工。

（3）用夹具安装　将工件直接安装在夹具的定位元件上。这种方法安装迅速方便，定位精度较高而且稳定，生产率较高，广泛应用于批量和大量生产。

1.1.5　机械加工工艺规程概述

用表格的形式将机械加工工艺过程的内容书写出来，成为指导性技术文件，就是机械加工工艺规程（简称工艺规程）。它是在具体的生产条件下，以较合理的工艺过程和操作方法，并按规定的形式书写成工艺文件，经审批后用来指导生产的。其内容主要包括：零件加工工序内容、切削用量、工时定额以及各工序所采用的设备和工艺装备等。

1. 工艺规程的作用

工艺规程是机械制造企业最主要的技术文件之一，是企业规章条例的重要组成部分。其具体作用如下：

（1）它是指导生产的主要技术文件　工艺规程是最合理的工艺过程的表格化，是在工艺理论和实践经验的基础上制订的。生产人员只有按照工艺规程进行生产，才能保证产品质量和较高的生产率以及较好的经济效果。

（2）它是组织和管理生产的基本依据 在产品投产前，要根据工艺规程进行有关的技术准备和生产准备工作，如安排原材料的供应、通用工装设备的准备、专用工装设备的设计与制造、生产计划的编排、经济核算等工作。对生产人员业务的考核也是以工艺规程为主要依据的。

（3）它是新建和扩建工厂的基本资料 新建或扩建厂房或车间时，要根据工艺规程来确定所需要的机床设备的品种和数量、机床的布置、占地面积、辅助部门的安排等。

2. 工艺规程的格式

将工艺规程的内容填入一定格式的卡片，即成为工艺文件。目前，工艺文件还没有统一的格式，各企业都是按照一些基本的生产内容，根据具体情况自行确定。常用的工艺文件的基本格式如下。

（1）机械加工工艺过程卡 工艺过程卡主要列出了零件加工所经过的整个路线（称为工艺路线），以及工装设备和工时等内容。由于各工序的说明不够具体，故一般不能直接指导生产人员操作，而多作为生产管理方面使用。在单件小批生产中，通常不编制其他较详细的工艺文件，而是以这种卡片指导生产，这时应编制得详细些。工艺过程卡的基本格式见表1-5。

表1-5 机械加工工艺过程卡片

企业名称	机械加工工艺过程卡片			产品型号		零(部)件图号			共 页
				产品名称		零(部)件名称			第 页
材料牌号		毛坯种类		毛坯外形尺寸		每毛坯件数		每台件数	备注
工序号	工序名称	工 序 内 容			车间工段	设备	工 艺 装 备		工时
									准终 | 单件
						编制(日期)	审核(日期)	会签(日期)	
标记处记	更改文件号	签字日期	标记处记	更改文件号	签字日期				

（2）机械加工工艺卡 工艺卡是以工序为单位，详细说明零件工艺过程的工艺文件。它用来指导生产人员操作，帮助管理人员及技术人员掌握零件加工过程，广泛用于批量生产的零件和小批生产的重要零件。工艺卡的基本格式见表1-6。

表 1-6　机械加工工艺卡片

企业名称	机械加工工艺卡片		产品型号		零(部)件图号			共　　页	
			产品名称		零(部)件名称			第　　页	
材料牌号		毛坯种类	毛坯外形尺寸		每毛坯件数		每台件数	备注	
工序	装夹	工步	工序内容	同时加工零件数	切　削　用　量				设备名称及编号	工艺装备名称及编号			技术等级	工时定额	
					切削深度/mm	切削速度/(m/min)	每分钟转数或往复次数	进给量/(mm/r 或 mm/双行程)		夹具	刀具	量具		单件	准终
									编制(日期)	审核(日期)		会签(日期)			
标记 处记 更改文件号 签字 日期 标记 处记 更改文件号 签字 日期															

（3）机械加工工序卡　工序卡是用来具体指导生产人员操作的一种最详细的工艺文件。在这种卡片上，要画出工序简图，注明该工序的加工表面及应达到的尺寸精度和表面粗糙度要求、工件的安装方式、切削用量、工装设备等内容。在大批、大量生产时都要采取这种卡片，其基本格式见表 1-7。

工序简图的绘制方法是：按比例绘制，以最少的视图表达，视图中与本工序无关的次要结构和线条略去不画，主视图的方向与工件在机床上的安装方向一致，本工序加工表面用粗实线表示，其他表面用细实线表示，图中要标注本工序加工后的表面尺寸、精度和表面粗糙度，用规定的符号表示出工件的定位和夹紧情况。要注意的是，后面工序才加工出的结构形状不能提前反映出来。

3. 制订工艺规程的原则

工艺规程的制订原则是：所制订的工艺规程，能在一定的生产条件下，以最快的速度、最少的劳动量和最低的费用，可靠地加工出符合要求的零件。同时，还应在充分利用本企业现有生产条件的基础上，尽可能采用国内外先进工艺技术和经验，并保证有良好的劳动条件。

工艺规程是直接指导生产和操作的重要文件，在编制时还应做到正确、完整、统一和清晰，所用术语、符号、计量单位和编号都要符合相应标准。

4. 制订工艺规程的原始资料

在制订工艺规程时，必须有下列原始资料。

表 1-7　机械加工工序卡片

企业名称	机 械 加 工 工 序 卡 片		产品型号		零(部)件图号		共　页	
			产品名称		零(部)件名称		第　页	
材料牌号		毛坯种类		毛坯外形尺寸		每毛坯件数	每台件数	备注
(工序图)			车　间	工序号	工序名称		材料牌号	
			毛坯种类	毛坯外形尺寸	每坯件数		每台件数	
			设备名称	设备型号	设备编号		同时加工件数	
			夹具编号		夹具名称		冷却液	
							工序工时	
							准终	单件

工步号	工步内容	工艺装备	主轴转速 /(r/min)	切削速度 /(m/min)	进给量 /(mm/r)	切削深度 /mm	进给次数	工时定额	
								机动	辅助
				编制(日期)	审核(日期)	会签(日期)			
标记处记	更改文件号	签字日期	标记处记	更改文件号	签字日期				

1）产品的全套装配图和零件的工作图。

2）产品验收的质量标准。

3）产品的生产纲领。

4）产品零件毛坯生产条件及毛坯图等资料。

5）企业现有生产条件。为了使制订的工艺规程切实可行，一定要结合现场的生产条件。因此要深入实际，了解加工设备和工艺装备的规格及性能、生产人员的技术水平以及专用设备及工艺装备的制造能力等。

6）国内外新技术新工艺及其发展前景。工艺规程的制订，既应符合生产实际，也不能墨守成规，要研究国内外有关先进的工艺技术资料，积极引进适用的先进工艺技术，不断提高工艺技术水平。

7）有关的工艺手册及图册。

5. 制订工艺规程的步骤

1）分析零件图和产品装配图。

2）选择毛坯。

3）选择定位基准。

4）拟订工艺路线。

5）确定加工余量和工序尺寸。

6）确定切削用量和工时定额。

7）确定各工序的设备、刀夹量具和辅助工具。

8）确定各工序的技术要求及检验方法。

9）填写工艺文件。

1.2　零件图的工艺分析

零件图是制订工艺规程最主要的原始资料，在制订工艺规程时，必须首先加以认真分析。要通过研究产品的总装图和部件装配图，了解产品的用途、性能及工作条件，熟悉零件在产品中的功能和零件上各表面的功用，主要技术要求制订的依据，以及材料的选择是否合理等。对零件图进行工艺分析，还包括以下内容：

1. 检查零件图的完整性和正确性

在了解零件形状和结构之后，应检查零件视图是否正确、足够，表达是否直观、清楚，绘制是否符合国家标准，尺寸、公差以及技术要求的标注是否齐全、合理等。

2. 零件的技术要求分析

零件的技术要求包括下列几个方面：

1）加工表面的尺寸精度。

2）主要加工表面的形状精度。

3）主要加工表面之间的相互位置精度。

4）加工表面的表面粗糙度以及表面质量方面的其他要求。

5）热处理要求。

6）其他要求（如动平衡、未注圆角或倒角、去毛刺、毛坯要求等）。

要注意分析这些要求在保证使用性能的前提下是否经济合理，在现有生产条件下能否实现。特别要分析主要表面的技术要求，因主要表面的加工确定了零件工艺过程的大致轮廓。

3. 零件的结构工艺性分析

零件结构工艺性好还是差对其工艺过程的影响非常大，不同结构的两个零件尽管都能满足使用性能要求，但它们的加工方法和制造成本却可能有很大的差别。良好的结构工艺性就是指在满足使用性能的前提下，能以较高的生产率和最低的成本方便地加工出产品。零件结构工艺性审查是一项复杂而细致的工作，要凭借丰富的实践经验和理论知识。审查时，发现问题应向设计部门提出修改意见加以改进。表 1-8 列出了部分零件结构工艺性改进前后的对比示例。

表 1-8　部分零件结构工艺性改进前后的对比示例

序号	结构改进前	结构改进后
1	孔距箱壁太近：①需加长钻头才能加工；②钻头在圆角处容易引偏 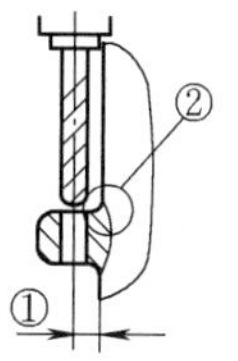	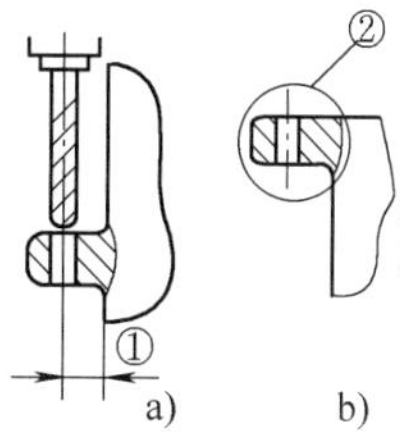 ①加长箱耳，不需加长钻头即可加工；②结构上允许，将箱耳设计在某一端，不需加长箱耳 a)　　b)
2	车螺纹时，螺纹根部不易清根，且工人操作紧张，易打刀 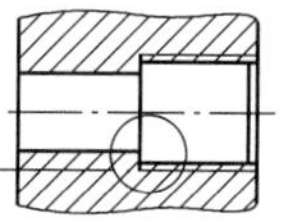	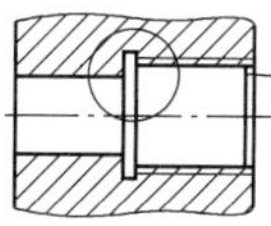 留有退刀槽，可使螺纹清根，工人操作相对容易，可避免打刀
3	插键槽时，底部无退刀空间，易打刀 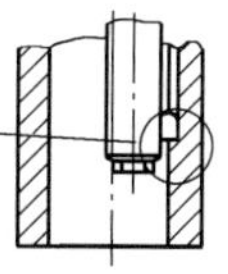	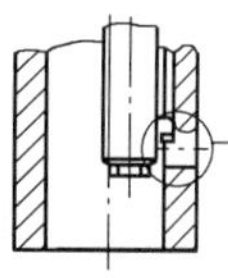 留出退刀空间，可避免打刀
4	插齿无退刀空间，小齿轮无法加工 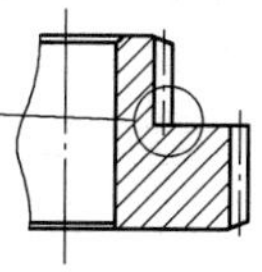	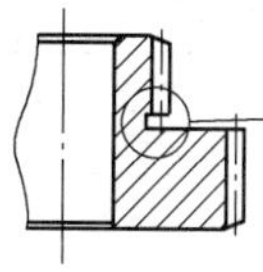 留出退刀空间，小齿轮可以插齿加工
5	两端轴颈需磨削加工，因砂轮圆角不能清根 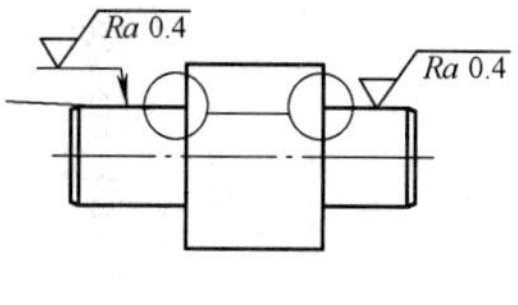	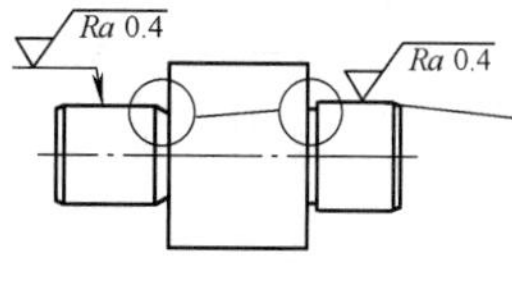 留有退刀槽，磨削时可以清根

（续）

序号	结构改进前	结构改进后
6	锥面磨削加工时易碰伤圆柱面，且不能清根　*Ra 0.4*	*Ra 0.4*　留出砂轮越程空间，可方便地对锥面进行磨削加工
7	斜面钻孔，钻头易引偏	只要结构允许，留出平台，钻头不易偏斜
8	孔壁出口处有台阶面，钻孔时钻头易引偏，易折断	只要结构允许，内壁出口处做成平面，钻孔位置容易保证
9	钻孔过深，加工量大，钻头损耗大，且钻头易偏斜	钻孔一端留空刀，减小钻孔工作量
10	加工面高度不同，需两次调整加工，影响加工效率	加工面在同一高度，一次调整可完成两个平面加工
11	三个空刀槽宽度不一致，需使用三把不同尺寸的刀具进行加工　5　4　3	4　4　4　空刀槽宽度尺寸相同，使用一把刀具即可加工

（续）

序号	结构改进前	结构改进后
12	链槽方向不一致，需两次装夹才能完成加工 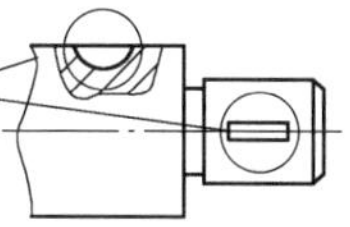	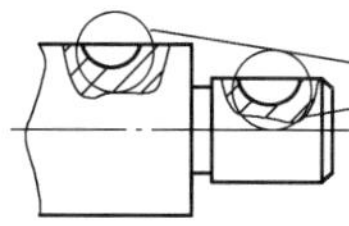 链槽方向一致，一次装夹即可完成加工
13	加工面大，加工时间长，平面度要求不易保证 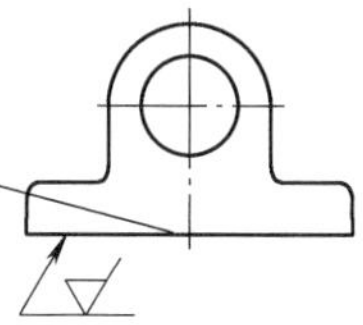	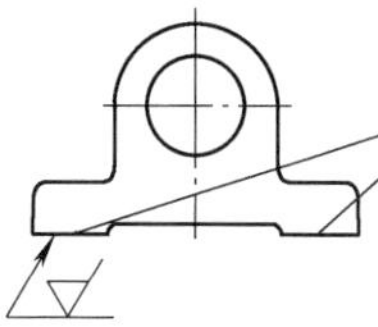 加工面减小，加工时间短，平面度要求容易保证

1.3　毛坯的选择

选择毛坯的基本任务是选定毛坯的制造方法及其制造精度。毛坯的选择不仅影响毛坯的制造工艺和费用，而且影响零件机械加工工艺及其生产率与经济性。如选择高精度的毛坯，可以减少机械加工劳动量和材料消耗，提高机械加工生产率，降低加工的成本，但却提高了毛坯的费用。因此，选择毛坯要从机械加工和毛坯制造两方面综合考虑，以求得到最佳效果。

1. 毛坯的种类

（1）铸件　铸件适用于形状较复杂的零件毛坯。其铸造方法有砂型铸造、精密铸造、金属型铸造、压力铸造等，较常用的是砂型铸造。当毛坯精度要求低、生产批量较小时，采用木模手工造型法；当毛坯精度要求高、生产批量很大时，采用金属型机器造型法。铸件材料有铸铁、铸钢及铜、铝等非铁金属。

（2）锻件　锻件适用于强度要求高、形状比较简单的零件毛坯。其锻造方法有自由锻和模锻两种。自由锻毛坯精度低、加工余量大、生产率低，适用于单件、小批生产以及大型零件毛坯。模锻毛坯精度高、加工余量小、生产率高，但成本也高，适用于中小型零件毛坯的大批、大量生产。

（3）型材　型材有热轧和冷拉两种。热轧适用于尺寸较大、精度较低的毛坯；冷拉适用于尺寸较小、精度较高的毛坯。

（4）焊接件　焊接件是根据需要由型材或钢板焊接而成的毛坯件，它制造简单、方便，生产周期短，但需经时效处理后才能进行机械加工。

（5）冷冲压件　冷冲压毛坯可以非常接近成品要求，在小型机械、仪表、轻工电子产品方面应用广泛，但因冲压模具昂贵而仅用于大批、大量生产。

2. 毛坯选择时应考虑的因素

在选择毛坯时应考虑下列一些因素。

（1）零件的材料及力学性能要求　由于材料的工艺特性，决定了其毛坯的制造方法，当零件的材料选定后，毛坯的类型就大致确定了。例如，材料为灰铸铁的零件必用铸造毛坯；对于重要的钢质零件，为获得良好的力学性能，应选用锻件，在形状较简单及力学性能要求不太高时可用型材毛坯；非铁金属零件常用型材或铸造毛坯。

（2）零件的结构形状与大小　大型且结构较简单的零件毛坯多用砂型铸造或自由锻；结构复杂的毛坯多用铸造；小型零件可用模锻件或压力铸造毛坯；板状钢质零件多用锻件毛坯；轴类零件的毛坯，如直径和台阶相差不大，可用棒料；如各台阶尺寸相差较大，则宜选择锻件。

（3）生产纲领的大小　当零件的生产批量较大时，应选用精度和生产率均较高的毛坯制造方法，如模锻、金属型机器造型铸造和精密铸造等。当单件、小批生产时，则应选用木模手工造型铸造或自由锻造。

（4）现有生产条件　确定毛坯时，必须结合具体的生产条件，如现场毛坯制造的实际水平和能力，外协的可能性等。

（5）充分利用新工艺、新材料　为节约材料和能源，提高机械加工生产率，应充分考虑精炼、精锻、冷轧、冷挤压、粉末冶金和工程塑料等在机械中的应用，这样，可大大减少机械加工量，甚至不需要进行加工，大大提高经济效益。

3. 毛坯的形状与尺寸的确定

实现少切屑、无屑加工，是现代机械制造技术的发展趋势之一。但是，由于受毛坯制造技术的限制，加之对零件精度和表面质量的要求越来越高，所以毛坯上的某些表面仍需留有加工余量，以便通过机械加工来达到质量要求。这样毛坯尺寸与零件尺寸就不同，其差值称为毛坯加工余量，毛坯制造尺寸的公差称为毛坯公差，它们的值可参照加工余量的确定一节或有关工艺手册来确定。下面仅从机械加工工艺角度来分析在确定毛坯形状和尺寸时应注意的问题。

1）为了加工时安装工件的方便，有些铸件毛坯需铸出工艺凸台，如图1-9所示。工艺凸台在零件加工完毕后一般应切除，如对使用和外观没有影响也可保留在零件上。

2）装配后需要形成同一工作表面的两个相关零件，为保证加工质量并使加工方便，常将这些分离零件先做成一个整体毛坯，加工到一定阶段再切割分离。例如图1-10所示车床进给系统中的开合螺母外壳，其毛坯是两件合制的。

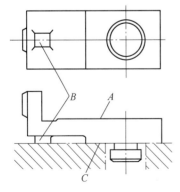

图1-9　工艺凸台实例
A—加工面　B—工艺凸台　C—定位面

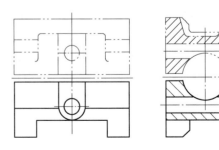

图1-10　车床开合螺母外壳简图

3）对于形状比较规则的小型零件，为了提高机械加工的生产率和便于安装，应将多件合成一个毛坯，当加工到一定阶段后，再分离成单件。例如图 1-11 所示的滑键，对毛坯的各平面加工好后切离为单件，再对单件进行加工。

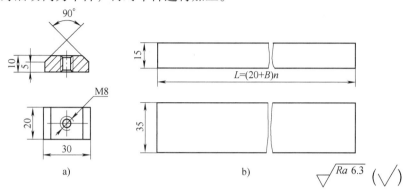

图 1-11　滑键的零件图与毛坯图

a）滑键零件图　b）毛坯图

4. 毛坯图

确定毛坯后，要绘制毛坯图。毛坯图的内容包括毛坯的结构形状、加工余量、尺寸及公差、机械加工的粗基准、毛坯技术要求等。具体绘制步骤为：

（1）绘制零件的简化图　将零件的外形轮廓和内部主要结构绘出，对一些次要表面，如倒角、螺纹、槽、小孔等经过加工出来的结构可不画出。在绘制时不需加工的表面用粗实线绘制，需要加工的表面用双点画线绘制。

（2）附加余量层　将加工余量按比例用粗实线画在加工表面上，剖切处的余量打上网纹线，以区别剖面线。

要注意的是，毛坯图实际上就是毛坯的零件图，毛坯上的所有结构都必须在图上清楚地表示出来。

（3）标注尺寸和技术要求

1）尺寸标注。标出毛坯的所有表面的尺寸和需加工表面的毛坯余量。

2）技术要求标注。标注内容包括：材料的牌号、内部组织结构、毛坯的精度等级、检验标准、对毛坯的质量要求、粗基面。

图 1-12 所示为毛坯图的示例。

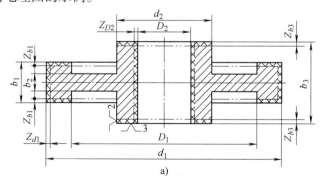

图 1-12　毛坯图的示例

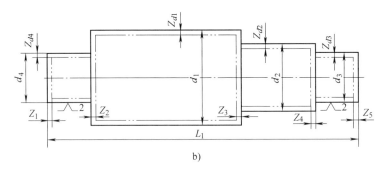

图 1-12　毛坯图的示例（续）

1.4　定位基准及其选择

在制订工艺规程时，定位基准选择是否合理，对能否保证零件的尺寸精度和相互位置精度要求，以及对零件各表面间的加工顺序安排都有很大影响，当用夹具安装工件时，定位基准的选择还会影响到夹具结构的复杂程度。因此，定位基准的选择是一个很重要的工艺问题。

1.4.1　基准的概念及其分类

基准是零件上用以确定其他点、线、面位置所依据的那些点、线、面。它往往是计算、测量或标注尺寸的起点。根据基准功用的不同，它可以分为设计基准和工艺基准两大类。

1. 设计基准

设计基准是在零件图上用以确定其他点、线、面位置的基准。它是标注设计尺寸的起点。如图 1-13a 所示的零件，平面 2、3 的设计基准是平面 1，平面 5、6 的设计基准均是平面 4，孔 7 的设计基准是平面 1 和平面 4；如图 1-13b 所示的齿轮，齿顶圆、分度圆和内孔直径的设计基准均是孔轴心线。

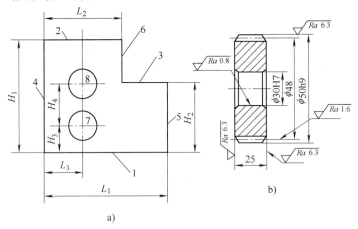

图 1-13　设计基准分析

2. 工艺基准

在零件加工、测量和装配过程中所使用的基准，称为工艺基准。按用途不同又可分为定位基准、工序基准、测量基准和装配基准。

（1）定位基准　在加工时，用以确定零件在机床夹具中的正确位置所采用的基准，称为定位基准。它是工件上与夹具定位元件直接接触的点、线或面。如图 1-13a 所示零件，加工平面 3 和 6 时是通过平面 1 和 4 放在夹具上定位的，所以，平面 1 和 4 是加工平面 3 和 6 的定位基准。又如图 1-13b 所示的齿轮，加工齿形时是以内孔和一个端面作为定位基准的。

根据工件上定位基准的表面状态不同，定位基准又分为精基准和粗基准。精基准是指已经过机械加工的定位基准，而没有经过机械加工的定位基准则为粗基准。

（2）工序基准　在工艺文件上用以标定被加工表面位置的基准，称为工序基准。如图 1-13a 所示零件，加工平面 3 时按尺寸 H_2 进行加工，则平面 1 即为工序基准，加工尺寸 H_2 称为工序尺寸。

（3）测量基准　零件检验时，用以测量已加工表面尺寸及位置的基准，称为测量基准。

（4）装配基准　装配时用以确定零件在机器中位置的基准，称为装配基准。

需要说明的是：作为基准的点、线、面，在工件上并不一定具体存在。例如轴心线、对称平面等，它们是由某些具体存在的表面来体现的，用以体现基准的表面称为基面。例如图 1-13b 中齿轮的轴心线是通过内孔表面来体现的，内孔表面就是基面。

1.4.2　定位基准的选择

选择定位基准时，是从保证工件加工精度要求出发的，因此，定位基准的选择应先选择精基准，再选择粗基准。

1. 精基准的选择原则

选择精基准时，主要应考虑保证加工精度和工件安装方便可靠。其选择原则如下。

（1）基准重合原则　即选用设计基准作为定位基准，以避免定位基准与设计基准不重合而引起的基准不重合误差。

例如图 1-14 所示零件，调整法加工 C 面时以 A 面定位，定位基准 A 与设计基准 B 不重合，如图 1-14b 所示。此时尺寸 c 的加工误差不仅包含本工序所出现的加工误差（Δ_j）；而且还加进了由于基准不重合带来的设计基准和定位基准之间的尺寸误差，其大小为尺寸 a 的公差值（T_a），这个误差叫基准不重合误差，如图 1-14c 所示。从图中可看出，欲加工尺寸 c 的误差包括 Δ_j 和 T_a，为了保证尺寸 c 的精度（T_c）要求，应使

$$\Delta_j + T_a \leqslant T_c$$

当尺寸 c 的公差值 T_c 已定时，由于基准不重合而增加了 T_a，就必将应缩小本工序的加工误差 Δ_j 的值，也就是说，为此要提高本工序的加工精度，增加加工难度和成本。

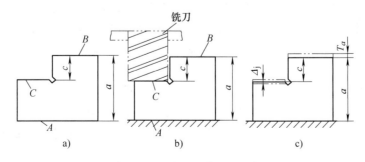

图 1-14　基准不重合误差示例

如果能通过一定的措施实现以 B 面定位加工 C 面，如图 1-15 所示，此时尺寸 a 的误差对加工尺寸 c 无影响，本工序的加工误差只需满足

$$\Delta_j \leqslant T_c$$

显然，这种基准重合的情况能使本工序允许出现的误差加大，使加工更容易达到精度要求，经济性更好。但是，这样往往会使夹具结构复杂，增加操作的困难。而为了保证加工精度，有时不得不采取这种方案。

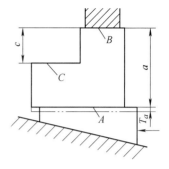

图 1-15　基准重合工件
安装示意图
A—夹紧表面　B—定位基面
C—加工面

（2）基准统一原则　应采用同一组基准定位加工零件上尽可能多的表面，这就是基准统一原则。这样做可以简化工艺规程的制订工作，减少夹具设计、制造工作量和成本，缩短生产准备周期；由于减少了基准转换，便于保证各加工表面的相互位置精度。例如加工轴类零件时，采用两中心孔定位加工各外圆表面，就符合基准统一原则。箱体零件采用一面两孔定位，齿轮的齿坯和齿形加工多采用齿轮的内孔及一端面为定位基准，均属于基准统一原则。

（3）自为基准原则　某些要求加工余量小而均匀的精加工工序，选择加工表面本身作为定位基准，称为自为基准原则。例如图 1-16 所示的导轨面磨削，在导轨磨床上，用百分表找正导轨面相对机床运动方向的正确位置，然后加工导轨面，以保证导轨面余量均匀，满足对导轨面的质量要求。还有浮动镗刀镗孔、珩磨孔、无心磨外圆等也都是自为基准的实例。

（4）互为基准原则　当对工件上两个相互位置精度要求很高的表面进行加工时，需要用两个表面互相作为基准，反复进行加工，以保证位置精度要求。例如要保证精密齿轮的齿圈跳动精度，在齿面淬硬后，先以齿面定位磨内孔，再以内孔定位磨齿面，从而保证位置精度。

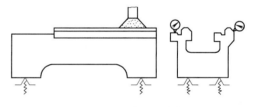

图 1-16　自为基准实例

（5）简便可靠原则　所选精基准应保证工件安装可靠，夹具设计简单、操作方便。

2. 粗基准选择原则

选择粗基准时，主要要求保证各加工面有足够的余量，并注意尽快获得精基面。在具体选择时应考虑下列原则：

1）如果主要要求保证工件上某重要表面的加工余量均匀，则应选择该表面为粗基准。例如，车床床身粗加工时，为保证导轨面有均匀的金相组织和较高的耐磨性，应使其加工余量适当而且均匀，因此应选择导轨面作为粗基准，先加工床脚面，再以床脚面为精基准加工导轨面，如图 1-17 所示。

2）若主要要求保证加工面与不加工面间的位置要求，则应选择不加工面为粗基准。如图 1-18 所示零件，选择不加工的外圆 A 为粗基准，从而保证其壁厚均匀。

如果工件上有好几个不加工面，则应选择其中与加工面位置要求较高的不加工面为粗基准，以便保证精度要求，使外形对称等。

如果零件上每个表面都要加工，则应选择加工余量最小的表面为粗基准，以避免该表面

在加工时因余量不足而留下部分毛坯面，造成工件废品。

3）作为粗基准的表面，应尽量平整光洁，有一定面积，以使工件定位可靠、夹紧方便。

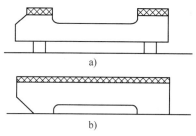

图 1-17　床身加工的粗基准选择

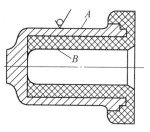

图 1-18　粗基准选择的实例

4）粗基准在同一尺寸方向上通常只能使用一次。因为毛坯面粗糙且精度低，重复使用将产生较大的误差。

实际上，无论精基准还是粗基准的选择，上述原则都不可能同时满足，有时还是互相矛盾的。因此，在选择时应根据具体情况进行分析，权衡利弊，保证其主要的要求。

1.5　工艺路线的拟订

拟订工艺路线是制订工艺规程的关键步骤，是工艺规程制订的总体设计。所拟订的工艺路线合理与否，不但影响加工质量和生产率，而且影响到工人、设备、场地等的合理利用，从而影响生产成本。因此，要在认真分析零件图、合理选择毛坯的基础上，结合生产类型和生产条件并综合考虑各种因素来拟订工艺路线。在拟订工艺路线时，一般应制订几种方案进行分析比较，从中选择最佳方案。其主要工作包括选择各表面的加工方法、安排工序的先后顺序、确定工序集中与分散程度等，拟订工艺线的基本过程如图 1-19 所示。

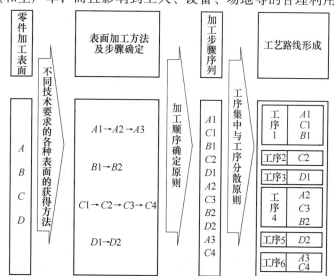

图 1-19　拟订工艺路线的基本过程

1.5.1　表面加工方法的选择

各种零件都是由外圆、内孔、平面及成型表面等组合而成。不同的加工表面，所采用的加工方法往往不同，而同一种加工表面，可能会有多种加工方法可供选择。选择表面的加工方法，就是确定零件上各个需要加工表面的加工方案。在选择时，要考虑零件加工要求、性能要求、结构大小、生产类型等情况，并结合各种加工方法的经济精度综合进行选择。

所谓经济精度就是在正常的生产条件下所能达到的加工精度，此时所能达到的表面粗糙度即为经济表面粗糙度。所谓正常的生产条件是指采用标准的工装设备和标准技术等级的工人，加工环境与一般企业生产车间相同，不增加工时，不采用特别的工艺方法。

在选择加工表面的加工方法和加工方案时，应综合考虑下列因素：

（1）加工表面的技术要求和生产率及经济性　一般要先根据表面的精度和表面粗糙度选定最终加工方法，再确定表面的整个加工方案。由于满足同一表面技术要求的加工方案往往有几种，所以还要按照生产率和经济性的要求进行选择。

（2）工件材料的性质　例如，淬硬钢零件的精加工要采用磨削的加工方法；非铁金属零件的精加工应采用精细车或精细镗等加工方法，而不应采用磨削。

（3）工件的结构和尺寸　例如，对于IT7精度等级的孔采用拉削、铰削、镗削和磨削等加工方法都可。但是箱体上的孔一般不宜采用拉削或磨削，而常常采用铰孔（孔小时）和镗孔（孔大时）。

（4）生产类型　选择加工方法要与生产类型相适应。大批、大量生产应选用生产率高和质量稳定的加工方法。例如，平面和孔采用拉削加工，单件小批生产则采用刨削、铣削平面和钻、扩、铰孔。又如为保证质量可靠和稳定，保证有高的成品率，在大批、大量生产中，采用珩磨和超精加工工艺加工较精密的零件。

（5）具体生产条件　应充分利用现有设备和工艺手段，发挥群众的创造性，挖掘企业潜力。还要重视新工艺和新技术，提高工艺水平。有时，因设备负荷的原因，需改用其他加工方法。

（6）特殊要求　如表面纹路方向的要求等。

表1-9、表1-10、表1-11分别列出了外圆、内孔和平面的加工方案，表1-12 ～ 表1-15列出了各种加工方法所能达到的经济公差等级和经济表面粗糙度值，可供选择时参考。

表1-9　外圆表面加工方案

序号	加　工　方　案	经济公差等级	表面粗糙度值 $Ra/\mu m$	适　用　范　围
1	粗车	IT11 以下	50 ~ 12.5	适用于淬火钢以外的各种金属
2	粗车—半精车	IT8 ~ IT10	6.3 ~ 3.2	
3	粗车—半精车—精车	IT7 ~ IT8	1.6 ~ 0.8	
4	粗车—半精车—精车—滚压(或抛光)	IT7 ~ IT8	0.2 ~ 0.025	
5	粗车—半精车—磨削	IT7 ~ IT8	0.8 ~ 0.4	主要用于淬火钢，也可用于未淬火钢，但不宜加工非铁金属
6	粗车—半精车—粗磨—精磨	IT6 ~ IT7	0.4 ~ 0.1	
7	粗车—半精车—粗磨—精磨—超精加工(或轮式超精磨)	IT5	0.1 ~ Rz0.1	
8	粗车—半精车—精车—金刚石车	IT6 ~ IT7	0.4 ~ 0.025	主要用于要求较高的非铁金属加工
9	粗车—半精车—粗磨—精磨—超精磨或镜面磨	IT5 以上	0.025 ~ Rz0.05	极高精度的外圆加工
10	粗车—半精车—粗磨—精磨—研磨	IT5 以上	0.1 ~ Rz0.05	

表 1-10　孔加工方案

序号	加　工　方　案	经济公差等级	表面粗糙度 Ra 值/μm	适　用　范　围
1	钻	IT11～IT12	12.5	加工未淬火钢及铸铁的实心毛坯,也可用于加工非铁金属(但表面粗糙度值稍大,孔径小于 15～20mm)
2	钻—铰	IT9	3.2～1.6	
3	钻—铰—精铰	IT7～IT8	1.6～0.8	
4	钻—扩	IT10～IT11	12.5～6.3	同上,但孔径大于 15～20mm
5	钻—扩—铰	IT8～IT9	3.2～1.6	
6	钻—扩—粗铰—精铰	IT7	1.6～0.8	
7	钻—扩—机铰—手铰	IT6～IT7	0.4～0.1	
8	钻—扩—拉	IT7～IT9	1.6～0.1	大批、大量生产(精度由拉刀的精度而定)
9	粗镗(或扩孔)	IT11～IT12	12.5～6.3	除淬火钢外各种材料,毛坯有铸出孔或锻出孔
10	粗镗(粗扩)—半精镗(精扩)	IT8～IT9	3.2～1.6	
11	粗镗(扩)—半精镗(精扩)—精镗(铰)	IT7～IT8	1.6～0.8	
12	粗镗(扩)—半精镗(精扩)—精镗—浮动镗刀精镗	IT6～IT7	0.8～0.4	
13	粗镗(扩)—半精镗—磨孔	IT7～IT8	0.8～0.2	主要用于淬火钢也可用于未淬火钢,但不宜用于非铁金属
14	粗镗(扩)—半精镗—粗磨—精磨	IT6～IT7	0.2～0.1	
15	粗镗—半精镗—精镗—金钢镗	IT6～IT7	0.4～0.05	主要用于精度要求高的非铁金属加工
16	钻—(扩)—粗铰—精铰—珩磨;钻—(扩)—拉—珩磨;粗镗—半精镗—精镗—珩磨	IT6～IT7	0.2～0.025	精度要求很高的孔
17	以研磨代替上述方案中的珩磨	IT6 级以上		

表 1-11　平面加工方案

序号	加　工　方　案	经济公差等级	表面粗糙度 Ra 值/μm	适　用　范　围
1	粗车—半精车	IT9	6.3～3.2	端面
2	粗车—半精车—精车	IT7～IT8	1.6～0.8	
3	粗车—半精车—磨削	IT8～IT9	0.8～0.2	
4	粗刨(或粗铣)—精刨(或精铣)	IT8～IT9	6.3～1.6	一般不淬硬平面(端铣表面粗糙度较细)

（续）

序号	加 工 方 案	经济公差等级	表面粗糙度 Ra 值/μm	适 用 范 围
5	粗刨（或粗铣）—精刨（或精铣）—刮研	IT6 ~ IT7	0.8 ~ 0.1	精度要求较高的不淬硬平面；批量较大时宜采用宽刃精刨方案
6	以宽刃刨削代替上述方案刮研	IT7	0.8 ~ 0.2	
7	粗刨（或粗铣）—精刨（或精铣）—磨削	IT7	0.8 ~ 0.2	精度要求高的淬硬平面或不淬硬平面
8	粗刨（或粗铣）—精刨（或精铣）—粗磨—精磨	IT6 ~ IT7	0.4 ~ 0.2	
9	粗铣—拉	IT7 ~ IT9	0.8 ~ 0.2	大量生产，较小的平面（精度视拉刀精度而定）
10	粗铣—精铣—磨削—研磨	IT6 级以上	0.1 ~ Rz0.05	高精度平面

表 1-12　外圆柱表面的加工精度

直径公称尺寸/mm	车						磨			研磨	用钢球或滚柱工具滚压			
	粗车	半精车或一次加工	精车				一次加工	粗磨	精磨					
							加工的公差等级/μm							
	IT12 ~ IT13	IT12 ~ IT13	IT11	IT10	IT8	IT7	IT8	IT7	IT6	IT5	IT10	IT8	IT7	IT6
1 ~ 3	100 ~ 140	120	60	40	14	10	14	10	6	4	40	14	10	6
>3 ~ 6	120 ~ 180	160	75	48	18	12	18	12	8	5	48	18	12	8
>6 ~ 10	150 ~ 220	200	90	58	22	15	22	15	9	6	58	22	15	9
>10 ~ 18	180 ~ 270	240	110	70	27	18	27	18	11	8	70	27	18	11
>18 ~ 30	210 ~ 330	280	130	84	33	21	33	21	13	9	84	33	21	13
>30 ~ 50	250 ~ 390	340	160	100	39	25	39	25	16	11	100	39	25	16
>50 ~ 80	300 ~ 460	400	190	120	46	30	46	30	19	13	120	46	30	19
>80 ~ 120	350 ~ 540	460	220	140	54	35	54	35	22	15	140	54	35	22
>120 ~ 180	400 ~ 630	530	250	160	63	40	63	40	25	18	160	63	40	25
>180 ~ 250	460 ~ 720	600	290	185	72	46	72	46	29	20	185	72	46	29
>250 ~ 315	520 ~ 810	680	320	210	81	52	81	52	32	23	210	81	52	32
>315 ~ 400	570 ~ 890	760	360	230	89	57	89	57	36	25	230	89	57	36
>400 ~ 500	630 ~ 970	850	400	250	97	63	97	63	40	27	250	97	63	40

表 1-13　孔的加工精度

（加工等级 公差/μm）

孔径公称尺寸 /mm	钻孔 无钻模 (IT12~IT13)	钻孔 有钻模 (IT11)	扩孔 粗扩 (IT12~IT13)	扩孔 铸孔或锻孔的一次扩孔 (IT11~IT13)	扩孔 精扩 (IT10~IT11)	铰孔 半精铰 (IT10)	铰孔 精铰 (IT9)	铰孔 细铰 (IT8)	拉孔 粗拉转孔或锻孔 (IT10~IT11)	拉孔 粗拉或钻孔后精拉 (IT9)	镗孔 粗镗 (IT12~IT13)	镗孔 半精镗 (IT11)	镗孔 精镗 (IT9)	镗孔 细镗(金刚镗) (IT7)	磨孔 粗磨 (IT8)	磨孔 精磨 (IT7)	磨孔 研磨 (IT6)	用钢球或挤压杆校正 (IT7)	用钢球或滚柱扩孔器挤扩孔 (IT8)
1~3	—	60	60	—	—	—	—	—	—	—	—	—	—	—	—	—	—	—	—
>3~6	—	75	75	—	75	48	30	18	—	12	8	—	—	—	—	—	—	—	—
>6~10	—	90	90	—	90	58	36	22	—	15	9	—	—	—	—	—	—	—	—
>10~18	220	—	110	220	110	70	43	27	18	18	11	220	110	43	18	27	18	11	18	27
>18~30	270	—	130	270	130	84	52	33	21	21	13	270	130	52	21	33	21	13	21	33
>30~50	320	—	320	320	160	100	62	39	25	25	16	320	160	62	25	39	25	16	25	39
>50~80	—	—	380	380	190	120	74	46	30	30	19	380	190	74	30	46	30	19	30	46
>80~120	—	—	440	440	220	140	87	54	35	35	22	440	220	87	35	54	35	22	35	54
>120~180	—	—	—	510	250	160	100	63	40	40	25	510	250	100	40	63	40	25	40	63
>180~250	—	—	—	590	290	185	115	72	46	46	29	590	290	115	46	72	46	29	46	72
>250~315	—	—	—	660	320	210	130	81	52	52	32	660	320	130	52	81	52	32	52	81
>315~400	—	—	—	730	360	230	140	89	57	57	36	730	360	140	57	89	57	36	57	89

注：1. 孔加工精度与工具的制造精度有关。

2. 用钢球或挤压杆校正适用于 φ50mm 以下的孔径。

表 1-14　平面的加工精度

高或厚的公称尺寸/mm	刨削，用圆柱铣刀及端铣刀铣削									拉　削					磨　削					研磨	用钢球或滚柱工具滚压		
	粗	半精或一次加工		精			细			粗拉		精拉			一次加工	粗磨	精磨	细磨					
	加工的公差等级/μm																						
	IT14	IT12~IT13	IT11	IT12~IT13	IT11	IT10	IT8~IT9	IT7	IT6	IT11	IT10	IT8~IT9	IT7	IT6	IT8~IT9	IT7	IT8~IT9	IT7	IT6	IT5	IT10	IT8~IT9	IT7
10~18	430	220	110	220	110	70	35	18	11	—	—	—	—	—	35	18	35	18	11	8	70	35	18
>18~30	520	270	130	270	130	84	45	21	13	130	84	45	21	13	45	21	45	21	13	9	84	45	21
>30~50	620	320	160	320	160	100	50	25	16	160	100	50	25	16	50	25	50	25	16	11	100	50	25
>50~80	710	380	190	380	190	120	60	30	19	190	120	60	30	19	60	30	60	30	19	13	120	60	30
>80~120	870	440	220	440	220	140	70	35	22	220	140	70	35	22	70	35	70	35	22	15	140	70	35
>120~180	1000	510	250	510	250	160	80	40	25	250	160	80	40	25	80	40	80	40	25	18	160	80	40
>180~250	1150	590	290	590	290	185	90	46	29	290	185	90	46	29	90	46	90	46	29	20	185	90	46
>250~515	1130	660	320	960	320	210	100	52	32	—	—	—	—	—	100	52	100	52	36	23	210	100	52
>315~400	1400	730	360	730	360	230	120	57	36	—	—	—	—	—	120	57	120	57	40	25	230	120	57

注：1. 表内资料适用于尺寸 <1m、结构刚性好的零件加工，用光洁的加工表面作为定位基面和测量基面。

2. 面铣刀铣削的加工精度在相同的条件下大体上比圆柱铣刀铣削高一级。

3. 细加工仅用于面铣刀。

表 1-15　各种加工方法所能达到的表面粗糙度值 Ra　　　　（单位：μm）

加　工　方　法	表面粗糙度值 Ra	加　工　方　法	表面粗糙度值 Ra
车削外圆：		扩孔：	
粗车	>10~80	粗扩（有毛面）	>5~20
半精车	>1.25~10	精扩	>1.25~10
精车	>1.25~10	锪孔，倒角：	>1.25~5
细车	>0.16~1.25	铰孔：	
车削端面：		一次铰孔：钢黄铜	>2.5~10
粗车	>5~20	二次铰孔（精铰）：	>1.25~10
半精车	>2.5~10	插削：	>2.5~20
精车	>1.25~10	拉削：	
细车	>0.32~1.25	精拉	>0.32~2.5
车削割槽和切断：		细拉	>0.08~0.32
一次行程	>10~20	推削：	
二次行程	>2.5~10	精推	>0.16~1.25
镗孔：		细推	>0.02~0.63
粗镗	>5~20	外圆及内圆磨削：	
半精镗	>2.5~10	半精磨（一次加工）	>0.63~10
精镗	>0.63~5	精磨	>0.16~1.25
细镗（金刚镗床镗孔）	>0.16~1.25	细磨	>0.08~0.32
钻孔：	>1.25~20	镜面磨削	>0.01~0.08

（续）

加　工　方　法	表面粗糙度值 Ra	加　工　方　法	表面粗糙度值 Ra
平面磨削：		面铣刀：	
精磨	>0.16~5	粗铣	>2.5~20
细磨	>0.08~0.32	精铣	>0.32~5
珩磨：		细铣	>0.16~1.25
粗珩（一次加工）	>0.16~1.25	高速铣削：	
精珩	>0.02~0.32	粗铣	>0.63~2.5
超精加工：		精铣	>0.16~0.63
精	>0.08~1.25	刨削：	
细	>0.04~0.16	粗刨	>5~20
镜面的（两次加工）	>0.01~0.04	精刨	>1.25~10
抛光：		细刨（光整加工）	>0.16~1.25
精抛光	>0.08~1.25	手工研磨	<0.01~1.25
细（镜面的）抛光	<0.01~0.16	机械研磨	>0.08~0.32
砂带抛光	>0.08~0.32	砂布抛光（无润滑油）：	
电抛光	>0.01~2.5	工件原始的表面粗糙度值 Ra	
研磨：		砂布粒度	
粗研	>0.16~0.63	>5~80　　　　24	>0.63~2.5
精研	>0.04~0.32	>2.5~80　　　36	>0.63~1.25
细研（光整加工）	>0.01~0.08	>1.25~5　　　60	>0.32~0.63
铸铁	>0.63~5	>1.25~5　　　80	>0.16~0.63
钢、轻合金	>0.63~2.5	>1.25~2.5　　100	>0.16~0.32
黄铜、青铜	>0.32~1.25	>0.63~2.5　　140	>0.08~0.32
细铰：		>0.63~1.25　180~250	>0.08~0.16
钢	>0.16~1.25	钳工锉削：	>0.63~20
轻合金	>0.32~1.25	刮研：点数/cm²	
黄铜、青铜	>0.08~0.32	1~2	>0.32~1.25
铣削：		2~3	>0.16~0.62
圆柱铣刀：		3~4	>0.08~0.32
粗铣	>2.5~20	4~5	>0.04~0.16
精铣	>0.63~5		
细铣	>0.32~1.25		

1.5.2　加工顺序的安排

零件各表面的加工方案确定以后，就要安排加工顺序，即先加工什么表面，后加工什么表面，同时还要确定热处理工序、检验工序的位置。因此，在拟订工艺路线时，要全面地把切削加工、热处理、各辅助工序三者一起加以考虑，现分别阐述如下。

1. 切削工序的安排原则

切削工序安排总的原则是前面工序为后续工序创造条件，作好基准准备。具体原则如下。

（1）先粗后精 在一个零件的所有表面的加工中，一般包括粗加工、半精加工和精加工。在安排加工顺序时应将各表面的粗加工集中在一起首先进行，再依次集中进行各表面的半精加工和精加工，这样就使整个加工过程明显地形成先粗后精的若干加工阶段。这些加工阶段包括：

粗加工阶段——主要是切除各表面上的大部分余量。

半精加工阶段——完成次要表面的加工，并为主要表面的精加工作准备。

精加工阶段——保证各主要表面达到图样要求。

光整加工阶段——对于表面粗糙度值要求很小和尺寸精度要求很高的表面，还需要进行光整加工阶段。这个阶段一般不能用于提高形状精度和位置精度。

应当指出：加工阶段的划分是指零件加工的整个过程而言，不能以某一表面的加工或某一工序的性质来判断。同时，在具体应用时，也不可以绝对化，对有些重型零件或余量小、精度不高的零件，则可以在一次安装中完成表面的粗加工和精加工。

零件加工要划分加工阶段的原因如下。

1）利于保证加工质量。工件在粗加工时，由于加工余量大，所受的切削力、夹紧力也大，从而引起较大的变形。如不分阶段连续进行粗精加工，上述变形来不及恢复，将影响加工精度。所以，需要划分加工阶段，逐步恢复和修正变形，逐步提高加工质量。

2）便于合理使用设备。粗加工要求采用刚性好、效率高而精度较低的机床，精加工则要求机床精度高。划分加工阶段后，可以避免以精干粗，可以充分发挥机床的性能，延长机床的使用寿命。

3）便于安排热处理工序和检验工序。如粗加工阶段之后，一般要安排去应力的热处理和检验，以消除内应力。精加工前要安排淬火等最终热处理，其变形可以通过精加工予以消除。

4）便于及时发现毛坯缺陷，避免损伤已加工表面。毛坯经粗加工阶段后，缺陷即已暴露，可以及时发现和处理。同时，精加工工序安排在最后，可以避免加工好的表面在搬运和夹紧中受损。

（2）先主后次 零件的加工应先安排加工主要表面，后加工次要表面。因为主要表面往往要求精度较高，加工面积较大，容易出废品，应放在前阶段进行加工，以减少工时浪费，次要表面加工面积小，精度一般也较低，又与主要表面有位置要求，应在主要表面加工之后进行加工。

（3）先面后孔 零件上的平面必须先进行加工，然后再加工孔。因为平面的轮廓平整，安放和定位比较稳定、可靠，若先加工好平面，就能以平面定位加工孔，保证孔和平面的位置精度。此外，也给平面上的孔加工带来方便，能改善孔加工刀具的初始工作条件。

（4）基面先行 用作精基准的表面，首先要加工出来。所以，第一道工序一般是进行定位面的粗加工和半精加工（有时包括精加工），然后再以精基面定位加工其他表面。

2. 热处理工序的安排

热处理可以提高材料的力学性能，改善金属的加工性能以及消除残留应力。在制订工艺路线时，应根据零件的技术要求和材料的性质，合理地安排热处理工序。按照热处理的目的，可分为预备热处理和最终热处理。

（1）预备热处理

1）正火、退火。目的是消除内应力，改善可加工性能，为最终热处理作准备。正火、退火一般安排在粗加工之前，有时也安排在粗加工之后。

2）时效处理。以消除内应力、减少工件变形为目的。一般安排在粗加工之前后，对于精密零件，要进行多次时效处理。

3）调质。对零件淬火后再高温回火，能消除内应力、改善加工性能并能获得较好的综合力学性能。调质一般安排在粗加工之后进行。对一些性能要求不高的零件，调质也常作为最终热处理。

（2）最终热处理　常用的最终热处理有淬火、渗碳淬火、渗氮等。它们的主要目的是提高零件的硬度和耐磨性，常安排在精加工（磨削）之前进行，其中渗氮由于热处理温度较低，零件变形很小，也可以安排在精加工之后。

（3）辅助工序的安排　检验工序是主要的辅助工序，除每道工序由操作者自行检验外，在粗加工之后、精加工之前、零件转换车间时以及重要工序之后和全部加工完毕进库之前，一般都要安排检验工序。

除检验外，其他辅助工序有：表面强化和去毛刺、倒棱、清洗、防锈等，均不要遗漏，要同等重视。

1.5.3　工序的集中与分散

经过以上所述，零件加工的工步、顺序已经排定，如何将这些工步组成工序，就需要考虑采用工序集中还是工序分散的方法。

1. 工序集中

工序集中是指每道工序加工内容很多，工艺路线短。其主要特点是：

1）可以采用高效机床和工艺装备，生产率高。

2）可减少设备数量以及操作人员和占地面积，节省人力、物力。

3）可减少工件安装次数，利于保证表面间的位置精度。

4）采用的工装设备结构复杂，调整维修较困难，生产准备工作量大。

2. 工序分散

工序分散是指每道工序的加工内容很少，甚至一道工序只含一个工步，工艺路线很长。其主要特点是：

1）设备和工艺装备比较简单，便于调整，容易适应产品的变换。

2）对操作人员的技术要求较低。

3）可以采用最合理的切削用量，减少机动时间。

4）所需设备和工艺装备的数目多、操作人员多，占地面积大。

在拟订工艺路线时，工序集中或分散的程度，主要取决于生产规模、零件的结构特点和技术要求，有时，还要考虑各工序生产节拍的一致性。一般情况下，单件、小批生产时，只能工序集中，在一台普通机床上加工出尽量多的表面；大批、大量生产时，既可以采用多刀、多轴等高效、自动机床，将工序集中，也可以将工序分散后组织流水生产。批量生产应尽可能采用效率较高的半自动机床，使工序适当集中。

对于重型零件，为了减少工件装卸和运输的劳动量，工序应适当集中；对于刚性差且精度高的精密工件，则工序应适当分散。

从发展趋势来看，倾向于采用工序集中的方法来组织生产。

1.6　加工余量的确定

1.6.1　加工余量的基本概念

加工余量是指加工时从加工表面上切去的金属层厚度。加工余量可分为工序余量和总余量。

1. 工序余量

工序余量是指某一表面在一道工序中被切除的金属层厚度。

（1）工序余量的计算　工序余量等于前后两道工序尺寸之差。

对于外表面（见图1-20a）

$$Z = a - b$$

对于内表面（见图1-20b）

$$Z = b - a$$

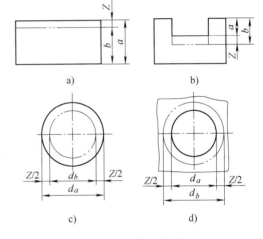

式中　Z——本工序的工序余量；

a——前工序的工序尺寸；

b——本工序的工序尺寸。

上述加工余量均是非对称的单边余量，旋转表面的加工余量是对称的双边余量。

对于轴　$Z = d_a - d_b$（见图1-20c）

对于孔　$Z = d_b - d_a$（见图1-20d）

式中　Z——直径上的加工余量；

d_a——前工序加工直径；

d_b——本工序加工直径。

图1-20　加工余量

当加工某个表面的工序是分几个工步时，则相邻两工步尺寸之差就是工步余量。它是某工步在表面上切除的金属层厚度。

（2）工序基本余量、最大余量、最小余量及余量公差　由于毛坯制造和各个工序尺寸都存在着误差，因此，加工余量也是个变动值。当工序尺寸用基本尺寸计算时，所得的加工余量称为基本余量或称公称余量。

最小余量（$Z_{\min}$）是保证该工序加工表面的精度和质量所需切除的金属层最小厚度。最大余量（$Z_{\max}$）是该工序余量的最大值。下面以图1-21所示的外表面为例来计算，其他各类表面的情况与此相类似。

当尺寸 a、b 均等于工序基本尺寸时，基本余量为

$$Z = a - b$$

则最小余量

$$Z_{\min} = a_{\min} - b_{\max}$$

而最大余量

$$Z_{\max} = a_{\max} - b_{\min}$$

图 1-21 表示了工序尺寸及其公差与加工余量间的关系。从图中看出，工序余量和工序尺寸公差的关系式如下：

$$Z = Z_{\min} + T_a$$
$$Z_{\max} = Z + T_b = Z_{\min} + T_a + T_b$$

式中　T_a——前工序的工序尺寸公差；

　　　　T_b——本工序的工序尺寸公差。

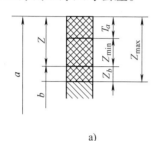 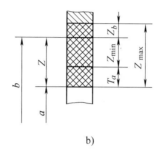

a)　　　　　　　　　　　　　　b)

图 1-21　工序余量与工序尺寸及其公差的关系

a）被包容面（轴）　　b）包容面（孔）

余量公差是加工余量的变动范围，其值为

$$T_Z = Z_{\max} - Z_{\min} = (a_{\max} - a_{\min}) + (b_{\max} - b_{\min}) = T_a + T_b$$

式中　T_Z——本工序余量公差；

　　　　T_a——前工序的工序尺寸公差；

　　　　T_b——本工序的工序尺寸公差。

所以，余量公差等于前工序与本工序的工序尺寸公差之和。

工序尺寸公差带的布置，一般都采用"单向、入体"原则。即对于被包容面（轴类），公差都标成下偏差，取上偏差为零，工序基本尺寸即为最大工序尺寸；对于包容面（孔类），公差都标成上偏差，取下偏差为零。但是，孔中心距尺寸和毛坯尺寸的公差带一般都取双向对称布置。

2. 总加工余量

总加工余量是指零件从毛坯变为成品时从某一表面所切除的金属层总厚度。其值等于某一表面的毛坯尺寸与零件设计尺寸之差，也等于该表面各工序余量之和，即

$$Z_{总} = \sum_{i=1}^{n} Z_i$$

式中　Z_i——第 i 道工序的工序余量；

　　　　n——该表面总共加工的工序数。

总加工余量也是个变动值，其值及公差一般是从有关手册中查得或凭经验确定。

图 1-22 表示了内孔和外圆面多次加工时，总加工余量、工序余量与加工尺寸的分布图。

1.6.2　影响加工余量的因素

影响加工余量的因素为：

1）上工序的表面质量（包括表面粗糙度 H_a 和表面破坏层深度 S_a）。

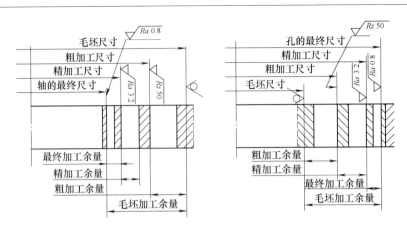

图 1-22　加工余量和加工尺寸分布图

2）前工序的工序尺寸公差（T_a）。

3）前工序的位置误差（ρ_a），如工件表面在空间的弯曲、偏斜以及其他空间位置误差等。

4）本工序工件的安装误差（ε_b）。

所以，本工序的加工余量必须满足下式：

用于对称余量时

$$Z \geq 2(H_a + S_a) + T_a + 2|\rho_a + \varepsilon_a|$$

用于单边余量时：

$$Z \geq H_a + S_a + T_a + |\rho_a + \varepsilon_a|$$

ρ_a 和 ε_a 均是空间误差，方向未必相同，所以，应取矢量合成的绝对值。

需要注意的是，对于不同零件和不同的工序，上述公式中各组成部分的数值与表现形式也各有不同。例如，对拉削、无心磨削等以加工表面本身定位进行加工的工序，其安装误差 ε_b 值取为 0；对某些主要用来降低表面粗糙度值的超精加工及抛光等工序，工序加工余量的大小仅仅与 H_a 值有关。

1.6.3　加工余量的确定

加工余量的大小，直接影响零件的加工质量和生产率。加工余量过大，不仅增加机械加工的劳动量，降低生产率，而且增加材料、工具和电力的消耗，增加成本。但是，加工余量过小，又不能消除前工序的各种误差和表面缺陷，甚至产生废品。因此，必须合理地确定加工余量。其确定方法有：

（1）经验估计法　经验估计法即根据工艺人员的经验来确定加工余量。为避免产生废品，所确定的加工余量一般偏大。常用于单件小批生产。

（2）查表修正法　此法是根据有关手册，查得加工余量的数值，然后根据实际情况进行适当修正。这是一种广泛采用的方法。

（3）分析计算法　这是对影响加工余量的各种因素进行分析，然后根据一定的计算关系式（如前所述公式）来计算加工余量的方法。此方法确定的加工余量较合理，但需要全面的试验资料，计算也较复杂，故很少采用。

表 1-16 和表 1-17 列出了铸铁件的加工总余量及铸铁件毛坯尺寸偏差，表 1-18 ~ 表 1-21 列出了平面、外圆和内孔的部分常见加工方法的加工余量，可供参考。

表 1-16　铸铁件的加工总余量　　　（单位：mm）

铸件最大尺寸	浇注时位置	1级精度 公称尺寸 ≤50	>50~120	>120~260	>260~500	>500~800	>800~1250	2级精度 ≤50	>50~120	>120~260	>260~500	>500~800	>800~1250	3级精度 ≤120	>120~260	>260~500	>500~800	>800~1250
≤120	顶面	2.5	2.5					3.5	4.0					4.5				
	底面及侧面	2	2					2.5	3.0					3.5				
>120~260	顶面	2.5	3.0	3.0				4.0	4.5	5.0				5.0	5.5			
	底面及侧面	2	2.5	2.5				3.0	3.5	4.0				4.0	4.5			
>260~500	顶面	3.5	3.5	4.0	4.5			4.5	5.0	6.0	6.5			6.0	7.0	7.0		
	底面及侧面	2.5	3.0	3.5	3.5			3.5	4.0	4.5	5.0			4.5	5.0	6.0		
>500~800	顶面	4.5	4.5	5.0	5.5	5.5		5.0	6.0	6.5	7.0	7.5		7.0	7.0	8.0	9.0	
	底面及侧面	3.5	3.5	4.0	4.5	4.5		4.0	4.5	5.0	5.0	5.5		5.0	5.0	6.0	7.0	
>800~1250	顶面	5.0	5.0	6.0	6.5	7.0	7.0	6.0	7.0	7.0	7.5	8.0	8.5	7.0	8.0	8.0	9.0	10.0
	底面及侧面	3.5	4.0	4.5	4.5	5.0	5.0	4.0	5.0	5.0	5.5	5.5	6.5	5.5	6.0	6.0	7.0	7.5

表 1-17　铸铁件尺寸偏差　　　（单位：mm）

铸件最大尺寸	1级精度 公称尺寸 ≤50	>50~120	>120~260	>260~500	>500~800	>800~1250	2级精度 ≤50	>50~120	>120~260	>260~500	>500~800	>800~1250	3级精度 ≤120	>120~260	>260~500	>500~800	>800~1250
≤120	±0.2	±0.3					±0.5	±0.8					±1.0				
>120~260	±0.3	±0.4	±0.6				±0.8	±1.0	±1.2				±1.5	±2.0			
>260~500	±0.4	±0.6	±0.8	±1.0			±1.0	±1.2	±1.5	±2.0			±1.8	±2.2	±2.5		
>500~1250	±0.6	±0.8	±1.0	±1.2	±1.4	±1.6	±1.2	±1.5	±2.0	±2.5	±3.0	±3.0	±2.5	±3.0	±3.0	±4.0	±5.0

表 1-18　平面加工余量　　　　　　　　　　　　　（单位：mm）

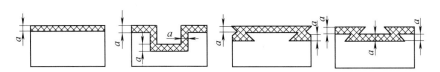

加 工 性 质	加工表面长度	加 工 表 面 宽 度					
		≤100		>100 ~ 300		>300 ~ 1000	
		余量 a	公差（＋）	余量 a	公差（＋）	余量 a	公差（＋）
粗加工后精刨或精铣	≤300	1.0	0.3	1.5	0.5	2.0	0.7
	>300 ~ 1000	1.5	0.5	2.0	0.7	2.5	1.0
	>1000 ~ 2000	2.0	0.7	2.5	1.2	3.0	1.2
精加工后磨削，零件安装时未经校准	≤300	0.3	0.10	0.4	0.12	—	—
	>300 ~ 1000	0.4	0.12	0.5	0.15	0.6	0.15
	>1000 ~ 2000	0.5	0.15	0.6	0.15	0.7	0.15
精加工后磨粗，零件安装在夹具中或用千分表校准	≤300	0.2	0.10	0.25	0.12	—	—
	>300 ~ 1000	0.25	0.12	0.30	0.15	0.4	0.15
	>1000 ~ 2000	0.3	0.15	0.40	0.15	0.4	0.15
刮	≤300	0.15	0.06	0.15	0.06	0.2	0.10
	>300 ~ 1000	0.2	0.10	0.20	0.10	0.25	0.12
	>1000 ~ 2000	0.25	0.12	0.25	0.12	0.30	0.15

注：1. 表中数值为每一加工表面的加工余量。

　　2. 当精刨或精铣时，最后一次行程前留的余量应 ≥0.5mm。

　　3. 热处理的零件磨前的加工余量需将表中数值乘以 1.2。

表 1-19　磨削外圆的加工余量　　　　　　　　　　　　（单位：mm）

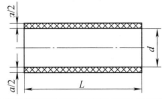

轴的直径 d	磨削性质	轴的性质	轴 的 长 度 L						磨前加工的公差等级
			≤100	>100 ~ 250	>250 ~ 500	>500 ~ 800	>800 ~ 1200	>1200 ~ 2000	
			直 径 余 量						
≤10	中心磨	未淬硬	0.2	0.2	0.3	—	—	—	IT11
		淬 硬	0.3	0.3	0.4	—	—	—	
	无心磨	未淬硬	0.2	0.2	0.2	—	—	—	
		淬 硬	0.3	0.3	0.4	—	—	—	

（续）

轴的直径 d	磨削性质	轴的性质	轴的长度 L						磨前加工的公差等级
			≤100	>100~250	>250~500	>500~800	>800~1200	>1200~2000	
			直径余量						
>10~18	中心磨	未淬硬	0.2	0.3	0.3	0.3	—	—	IT11
		淬硬	0.3	0.3	0.4	0.5	—	—	
	无心磨	未淬硬	0.2	0.2	0.2	0.3	—	—	
		淬硬	0.3	0.3	0.4	0.5	—	—	
>18~30	中心磨	未淬硬	0.3	0.3	0.3	0.4	0.4	—	
		淬硬	0.3	0.4	0.4	0.5	0.6	—	
	无心磨	未淬硬	0.3	0.3	0.3	0.3	—	—	
		淬硬	0.3	0.4	0.4	0.5	—	—	
>30~50	中心磨	未淬硬	0.3	0.3	0.4	0.5	0.6	0.6	
		淬硬	0.4	0.4	0.5	0.6	0.7	0.7	
	无心磨	未淬硬	0.3	0.3	0.3	0.4	—	—	
		淬硬	0.4	0.4	0.5	0.5	—	—	
>50~80	中心磨	未淬硬	0.3	0.4	0.4	0.5	0.6	0.7	
		淬硬	0.4	0.5	0.5	0.6	0.8	0.9	
	无心磨	未淬硬	0.3	0.3	0.3	0.4	—	—	
		淬硬	0.4	0.5	0.5	0.6	—	—	
>80~120	中心磨	未淬硬	0.4	0.4	0.5	0.5	0.6	0.7	
		淬硬	0.5	0.5	0.6	0.6	0.8	0.9	
	无心磨	未淬硬	0.4	0.4	0.4	0.5	—	—	
		淬硬	0.5	0.5	0.6	0.7	—	—	
>120~180	中心磨	未淬硬	0.5	0.5	0.6	0.6	0.7	0.8	
		淬硬	0.5	0.6	0.7	0.8	0.9	1.0	
	无心磨	未淬硬	0.5	0.5	0.5	0.5	—	—	
		淬硬	0.5	0.6	0.7	0.8	—	—	
>180~260	中心磨	未淬硬	0.5	0.6	0.6	0.7	0.8	0.9	
		淬硬	0.6	0.7	0.7	0.8	0.9	1.1	
>260~360	中心磨	未淬硬	0.6	0.6	0.7	0.7	0.8	0.9	
		淬硬	0.7	0.7	0.8	0.9	1.0	1.1	
>360~500	中心磨	未淬硬	0.7	0.7	0.8	0.8	0.9	1.0	
		淬硬	0.8	0.8	0.9	0.9	1.0	1.2	

注：1. 单件、小批生产时，本表的余量值应乘上系数 1.2，并取成一位小数。

　　2. 决定加工余量用的轴的长度计算，可参阅《金属机械加工工艺人员手册》。

表 1-20　按照孔公差 H7 加工的工序间尺寸　　　　（单位：mm）

加工孔的直径	直　径					
	钻		用车刀镗以后	扩孔钻	粗　铰	精　铰
	第 1 次	第 2 次				
3	2.9					3H7
4	3.9					4H7
5	4.8					5H7
6	5.8					6H7
8	7.8				7.96	8H7
10	9.8				9.96	10H7
12	11.0			11.85	11.95	12H7
13	12.0			12.85	12.95	13H7
14	13.0			13.85	13.95	14H7
15	14.0			14.85	14.95	15H7
16	15.0			15.85	15.95	16H7
18	17.0			17.85	17.94	18H7
20	18.0		19.8	19.8	19.94	20H7
22	20.0		21.8	21.8	21.94	22H7
24	22.0		23.8	23.8	23.94	24H7
25	23.0		24.8	24.8	24.94	25H7
26	24.0		25.8	25.8	25.94	26H7
28	26.0		27.8	27.8	27.94	28H7
30	15.0	28	29.8	29.8	29.93	30H7
32	15.0	30.0	31.7	31.75	31.93	32H7
35	20.0	33.0	34.7	34.75	34.93	35H7
38	20.0	36.0	37.7	37.75	37.93	38H7
40	25.0	38.0	39.7	39.75	39.93	40H7
42	25.0	40.0	41.7	41.75	41.93	42H7
45	25.0	43.0	44.7	44.75	44.93	45H7
48	25.0	46.0	47.7	47.75	47.93	48H7
50	25.0	48.0	49.7	49.75	49.93	50H7
60	30.0	55.0	59.5	59.5	59.9	60H7
70	30.0	65.0	69.5	69.5	69.9	70H7
80	30.0	75.0	79.5	79.5	79.9	80H7
90	30.0	80.0	89.3	—	89.8	90H7
100	30.0	80.0	99.3	—	99.8	100H7
120	30.0	80.0	119.3	—	119.8	120H7
140	30.0	80.0	139.3	—	139.8	140H7
160	30.0	80.0	159.3	—	159.8	160H7
180	30.0	80.0	179.3	—	179.8	180H7

注：1. 在铸铁上加工直径到 φ15mm 时，不用扩孔钻扩孔。

　　2. 用磨削作孔的最后加工方法时，精镗后的直径参阅表 1-21。

表 1-21　磨孔的加工余量　　　　　　　　　　　　　　（mm）

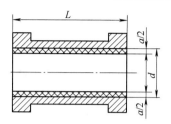

孔的直径 d	零件性质	磨 孔 的 长 度 L					磨前加工的公差等级
		≤50	>50～100	>100～200	≥200～300	>300～500	
		直 径 余 量 a					
≤10	未淬硬	0.2					
	淬　硬	0.2					
>10～18	未淬硬	0.2	0.3				
	淬　硬	0.3	0.4				
>18～30	未淬硬	0.3	0.3	0.4			
	淬　硬	0.3	0.4	0.4			
>30～50	未淬硬	0.3	0.3	0.4	0.4		
	淬　硬	0.4	0.4	0.4	0.5		
>50～80	未淬硬	0.4	0.4	0.4	0.4		
	淬　硬	0.4	0.5	0.5	0.5		
>80～120	未淬硬	0.5	0.5	0.5	0.5	0.6	IT11
	淬　硬	0.5	0.5	0.5	0.6	0.7	
>120～180	未淬硬	0.6	0.6	0.6	0.6	0.6	
	淬　硬	0.6	0.6	0.6	0.6	0.7	
>180～260	未淬硬	0.6	0.6	0.7	0.7	0.7	
	淬　硬	0.7	0.7	0.7	0.7	0.8	
>260～360	未淬硬	0.7	0.7	0.7	0.8	0.8	
	淬　硬	0.7	0.8	0.8	0.8	0.9	
>360～500	未淬硬	0.8	0.8	0.8	0.8	0.8	
	淬　硬	0.8	0.8	0.8	0.9	0.9	

注：1. 当加工在热处理时容易变形的薄的轴套时，应将表中加工余量乘以 1.3。
　　2. 单件、小批生产时，本表数值应乘以 1.3，并取成 1 位小数。

在确定加工余量时，要分别确定加工总余量（毛坯余量）和工序余量。加工总余量的大小与所选择的毛坯制造精度有关。用查表法确定工序余量时，粗加工工序余量不能用查表法得到，而是由总余量减去其他各工序余量之和而得到。

1.7　工序尺寸及其公差的确定

工件上的设计尺寸一般要经过几道工序的加工才能得到，每道工序所应保证的尺寸称为工序尺寸，它们是逐步向设计尺寸接近的，直到最后工序才保证设计尺寸。编制工艺规程的一个重要工作就是要确定每道工序的工序尺寸及公差。下面分工艺基准与设计基准重合和不重合两种情况，分别进行工序尺寸和公差的计算。

1.7.1　基准重合时，工序尺寸及其公差的计算

当工序基准、定位基准或测量基准与设计基准重合，表面多次加工时，工序尺寸及公差的计算是比较容易的，例如，轴、孔和某些平面的加工，计算时只需考虑各工序的加工余量和所能达到的精度。其计算顺序是由最后一道工序开始向前推算，计算步骤为：

1）定毛坯总余量和工序余量。

2）定工序公差。最终工序尺寸公差等于设计尺寸公差，其余工序公差按经济精度确定（见表 1-12 ~ 表 1-14）。

3）求工序基本尺寸。从零件图上的设计尺寸开始，一直往前推算到毛坯尺寸，某工序公称尺寸等于后道工序公称尺寸加上或减去后道工序余量。

4）标注工序尺寸公差。最后一道工序的公差按设计尺寸标注，其余工序尺寸公差按入体原则标注。

例 1-1　某零件孔的设计要求为 $\phi 100^{+0.035}_{0}$ mm，Ra 值为 $0.8\mu m$，毛坯为铸铁件，其加工工艺路线为：毛坯—粗镗—半精镗—精镗—浮动镗。求各工序尺寸。

解　首先，通过查表或凭经验确定毛坯总余量与其公差、工序余量以及工序的经济精度和公差值（见表 1-23），然后，计算工序基本尺寸，结果列于表 1-22 中。

表 1-22　工序尺寸及公差的计算　　　　（单位：mm）

工序名称	工序余量	工序的经济精度	工序公称尺寸	工序尺寸
浮动镗	0.1	H7 $\left(^{+0.035}_{0}\right)$	100	$\phi 100^{+0.035}_{0}$
精　镗	0.5	H9 $\left(^{+0.087}_{0}\right)$	100 − 0.1 = 99.9	$\phi 99.9^{+0.087}_{0}$
半精镗	2.4	H11 $\left(^{+0.22}_{0}\right)$	99.9 − 0.5 = 99.4	$\phi 99.4^{+0.22}_{0}$
粗　镗	5	H13 $\left(^{+0.54}_{0}\right)$	99.4 − 2.4 = 97	$\phi 97^{+0.54}_{0}$
毛　坯	8	±1.2	97 − 5 = 92 或 100 − 8 = 92	$\phi 92 \pm 1.2$

1.7.2　基准不重合时，工序尺寸及其公差的计算

当零件加工时，多次转换工艺基准，引起测量基准、定位基准或工序基准与设计基准不重合，这时，需要利用工艺尺寸链原理来进行工序尺寸及其公差的计算。

1. 工艺尺寸链的基本概念

（1）工艺尺寸链的定义和特征　在零件加工过程中，出一系列相互联系的尺寸所形成的尺寸封闭图形称为工艺尺寸链。

如图 1-23a 所示，假设零件图上标注设计尺寸 A_1 和 A_0，当用调整法最后加工表面 C 时（A、B 面已加工完成），为了使工件定位可靠和夹具结构简单，常选 A 面为定位基准，按尺寸 A_2 对刀加工 B 面，间接保证尺寸 A_0。则，A_1、A_2 和 A_0 这些相互联系的尺寸就形成一个尺寸封闭图形，即为工艺尺寸链，如图 1-23c 所示。

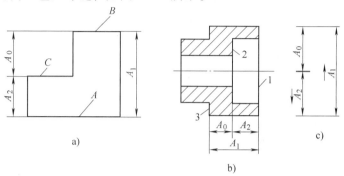

图 1-23　零件加工与测量中的尺寸联系

又如图 1-23b 所示零件，设计尺寸为 A_1、A_0，在加工过程中，因 A_0 不便直接测量，只有按照容易测量的 A_2 进行加工，以间接保证尺寸 A_0 的要求，则 A_1、A_2、A_0 也同样形成一个工艺尺寸链。

通过以上分析可知，工艺尺寸链的主要特征是：封闭性和关联性。

1）封闭性——尺寸链中各个尺寸的排列呈封闭形式，不封闭就不成为尺寸链。

2）关联性——任何一个直接保证的尺寸及其精度的变化，必将影响间接保证的尺寸和其精度。如上尺寸链中，A_1、A_2 的变化，都将引起 A_0 的变化。

（2）工艺尺寸链的组成　我们把组成工艺尺寸链的每一个尺寸称为环。如图 1-23c 中的 A_1、A_2、A_0 都是尺寸链的环。环又可分为封闭环和组成环。

1）封闭环——在加工过程中，间接获得、最后保证的尺寸称为封闭环。如图 1-23 中的 A_0 是间接获得的，为封闭环。封闭环用下标 "0" 表示。每个尺寸链只能有一个封闭环。

2）组成环——除封闭环以外的其他环称为组成环。组成环的尺寸是直接保证的，它又影响到封闭环的尺寸。按其对封闭环的影响又可分为增环和减环。

增环——当其余组成环不变，而该环增大（或减小）使封闭环随之增大（或减小）的环称为增环。如图 1-23c 中的 A_1 即为增环，为简明起见，可标记成 $\vec{A}_1$。

减环——当其余组成环不变，该环增大（或减小）反而使封闭环减小（或增大）的环称为减环。如图 1-23c 中的尺寸 A_2 即为减环。标记成 $\overleftarrow{A}_2$。

（3）工艺尺寸链的建立　利用工艺尺寸链进行工序尺寸及其公差的计算，关键在于正确找出尺寸链，正确区分增、减环和封闭环。其方法和步骤如下：

1）封闭环的确定。正确确定封闭环是解算工艺尺寸链最关键的一步。封闭环确定错了，整个尺寸链的解算将是错误的。

对于工艺尺寸链，要认准封闭环是"间接、最后"获得的尺寸这一关键点。在大多数情况下，封闭环可能是零件设计尺寸中的一个尺寸或者是加工余量值。

封闭环的确定还要考虑到零件的加工方案。如加工方案改变，则封闭环也将可能变成另一个尺寸。如图 1-23b 所示零件，当以表面 3 定位车削表面 1，获得尺寸 A_1，然后以表面 1 为测量基准车削表面 2 获得尺寸 A_2 时，则间接获得的尺寸 A_0 即为封闭环。但是，如果改变加工方案，以加工过的表面 1 为测量基准直接获得尺寸 A_2，然后调头以表面 2 为定位基准，采用定距装刀的调整法车削表面 3 直接保证尺寸 A_0 时，则 A_1 成为间接获得，是封闭环。

在零件的设计图中，封闭环一般是未注的尺寸（即开环）。

2）组成环的查找。从封闭环两端起，按照零件表面间的联系，逆向循着工艺过程的顺序，分别向前查找该表面最近一次加工的加工尺寸，之后再找出该尺寸另一端表面的最后一次加工尺寸，直至两边汇合为止，所经过的尺寸都为该尺寸链的组成环。

3）区分增减环。对于环数少的尺寸链，可以根据增、减环的定义来判别。对于环数多的尺寸链，可以采用箭头法，即从 A_0 开始，在尺寸的上方（或下边）画箭头，然后顺着各环依次画下去，凡箭头方向与封闭环 A_0 的箭头方向相同的环为减环，相反的为增环。

需要注意的是：所建立的尺寸链，必须使组成环数最少，这样能更容易满足封闭环的精度或者使各组成环的加工更容易、更经济。

（4）工艺尺寸链计算的基本公式　工艺尺寸链的计算，有极值法和概率法两种方法。一般多采用极值法。

1）极值法

①封闭环的基本尺寸计算。封闭环的基本尺寸等于所有增环的基本尺寸之和减去所有减环的基本尺寸之和，即

$$A_0 = \sum_{i=1}^{m} \vec{A}_i - \sum_{j=m+1}^{n-1} \overleftarrow{A}_j \tag{1-1}$$

式中　m——增环的环数；

n——包括封闭环在内的总环数。

②封闭环极限尺寸的计算。封闭环的最大极限尺寸等于所有增环的最大极限尺寸之和减去所有减环的最小极限尺寸之和，即

$$A_{0\max} = \sum_{i=1}^{m} \vec{A}_{i\max} - \sum_{j=m+1}^{n-1} \overleftarrow{A}_{j\min} \tag{1-2}$$

封闭环的最小极限尺寸等于所有增环的最小极限尺寸之和减去所有减环的最大极限尺寸之和，即

$$A_{0\min} = \sum_{i=1}^{m} \vec{A}_{i\min} - \sum_{j=m+1}^{n-1} \overleftarrow{A}_{j\max} \tag{1-3}$$

③封闭环上下偏差的计算。封闭环的上偏差等于所有增环的上偏差之和减去所有减环的下偏差之和，即

$$B_{\mathrm{s}}(A_0) = \sum_{i=1}^{m} B_{\mathrm{s}}(\vec{A}_i) - \sum_{j=m+1}^{n-1} B_{\mathrm{x}}(\overleftarrow{A}_j) \tag{1-4}$$

封闭环的下偏差等于所有增环的下偏差之和减去所有减环的上偏差之和，即

$$B_{\mathrm{x}}(A_0) = \sum_{i=1}^{m} B_{\mathrm{x}}(\vec{A}_i) - \sum_{j=m+1}^{n-1} B_{\mathrm{s}}(\overleftarrow{A}_j) \tag{1-5}$$

式中　$B_{\mathrm{s}}(\vec{A}_i)$、$B_{\mathrm{s}}(\overleftarrow{A}_j)$——增环和减环的上偏差；

$B_{\mathrm{x}}(\vec{A}_i)$、$B_{\mathrm{x}}(\overleftarrow{A}_j)$——增环和减环的下偏差。

④封闭环的公差计算。封闭环的公差等于所有组成环公差之和,即

$$T(A_0) = \sum_{i=1}^{n-1} T(A_i) \tag{1-6}$$

式中　$T(A_i)$——第 i 个组成环的公差值。

⑤封闭环平均尺寸和平均偏差的计算。封闭环的平均尺寸等于所有增环的平均尺寸之和减去所有减环的平均尺寸之和,即

$$A_{0M} = \sum_{i=1}^{m} \vec{A}_{iM} - \sum_{j=m+1}^{n-1} A_{iM} \tag{1-7}$$

封闭环的平均偏差等于所有增环的平均偏差之和减去所有减环的平均偏差之和,即

$$B_M(A_0) = \sum_{i=1}^{m} B_M(\vec{A}_i) - \sum_{j=m+1}^{n-1} B_M(\overleftarrow{A}_i) \tag{1-8}$$

式中　A_{0M}、$B_M(A_0)$——分别为封闭环的平均尺寸和平均偏差。

2）概率法。当工艺尺寸链的环数较多（五环以上）、且为大批大量生产时,应该按概率法计算,计算公式除用式（1-7）和式（1-8）外,其公差值的计算公式为

$$T_0 = K_m \sqrt{\sum_{i=1}^{n-1} T_i^2} \tag{1-9}$$

式中　T_0——封闭环的公差值;

　　　T_i——第 i 个组成环的公差值;

　　　K_m——平均分配系数,一般 $K_m = 1 \sim 1.7$,当工艺稳定而生产批量较大时取小值,反之取大值。如各环尺寸均符合正态分布,可取 $K_m = 1$,其他情况建议取 $K_m = 1.5$ 进行计算。

显然,在组成环数较多而且公差值不变时,由概率法计算得出的封闭环公差值要比用极值法计算的更小。因此,在保证封闭环精度不变的前提下,应用概率法可以使组成环公差放大,从而减低了加工时对工艺尺寸的精度要求,降低了加工难度和加工成本。

（5）尺寸链的计算形式　在工艺尺寸链解算时,有以下三种情况:

1）正计算。已知各组成环尺寸,求封闭环尺寸,其计算的结果是唯一的。这种情况主要用于设计尺寸校核。

2）反计算。已知封闭环求各组成环。这种情况实际上是将封闭环的公差值合理地分配给各组成环,分配时一般按照各组成环的经济精度来确定组成环的公差值,加以适当调整后,使各组成环公差之和等于或小于封闭环公差。它主要用于根据机器装配精度,确定各零件尺寸及偏差的情况。

3）中间计算。已知封闭环和部分组成环,求某一组成环。此法应用最广,广泛用于加工中基准不重合时工序尺寸的计算。

2. 工艺尺寸链的分析和解算

（1）测量基准与设计基准不重合时的工序尺寸计算　在零件加工时,会遇到一些表面加工之后设计尺寸不便直接测量的情况。因此需要在零件上另选一个易于测量的表面作测量基准进行测量,以间接检验设计尺寸。

例1-2　如图1-24a所示套筒零件,两端面已加工完毕,加工孔底面 C 时,要保证尺寸 $16_{-0.35}^{~~0}$mm,因该尺寸不便测量,试标出测量尺寸。

解　由于孔的深度可以用深度游标卡测量，因而尺寸 $16_{-0.35}^{\ 0}$ mm 可以通过尺寸 $A = 60_{-0.17}^{\ 0}$ mm 和孔深尺寸 x 间接计算出来，列出尺寸链如图 1-24b 所示。尺寸 $16_{-0.35}^{\ 0}$ mm 显然是封闭环。

由式（1-1）得　　　$16\text{mm} = 60\text{mm} - x$　　　则 $x = 44\text{mm}$

由式（1-4）得　　　$0 = 0 - B_x(x)$　　　则 $B_x(x) = 0$

由式（1-5）得　　　$-0.35\text{mm} = -0.17\text{mm} - B_s(x)$　　　则 $B_s(x) = +0.18\text{mm}$

所以测量尺寸　　　$x = 44_{\ 0}^{+0.18}$ mm

通过分析以上计算结果，可以发现，由于基准不重合而进行尺寸换算，将带来两个问题：

一是提高了组成环尺寸的测量精度要求和加工精度要求。如果能按原设计尺寸进行测量，则测量公差和加工时的公差为 0.35mm，换算后的测量尺寸公差为 0.18mm，按此尺寸加工使加工公差减小了 0.17mm，从而提高了测量和加工的难度。

二是假废品问题。在测量零件尺寸 x 时，如 A 的尺寸在 $60_{-0.17}^{\ 0}$ mm 之间，x 尺寸在 $44_{\ 0}^{+0.18}$ mm 之

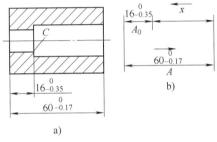

图 1-24　测量尺寸的换算

间，则 A_0 必在 $16_{-0.35}^{\ 0}$ mm 之间，零件为合格品。但是，如果 x 的实测尺寸超出 $44_{\ 0}^{+0.18}$ mm 的范围，假设偏大或偏小 0.17mm，即为 44.35mm 或 43.83mm，从工序上看，此件应报废。但如将此零件的尺寸 A 再测量一下，只要尺寸 A 也相应为最大 60mm 或最小 59.83mm，则算得 A_0 的尺寸相应为（60 - 44.35）mm = 15.65mm 和（59.83 - 43.83）mm = 16mm，零件实际上仍为合格品，这就是工序上报废而产品仍合格的所谓"假废品"问题。由此可见，只要实测尺寸的超差量小于另一组成环的公差值时，就有可能出现假废品。为了避免将实际合格的零件报废而造成浪费，对换算后的测量尺寸（或工序尺寸）超差的零件，应重新测量其他组成环的尺寸，再计算出封闭环的尺寸，以判断是否为废品。

（2）定位基准与设计基准不重合时的工序尺寸计算　零件调整法加工时，如果加工表面的定位基准与设计基准不重合，就要进行尺寸换算，重新标注工序尺寸。

例 1-3　如图 1-25a 所示零件，尺寸 $60_{-0.12}^{\ 0}$ mm 已经保证，现以 1 面定位用调整法精铣 2 面，试标出工序尺寸。

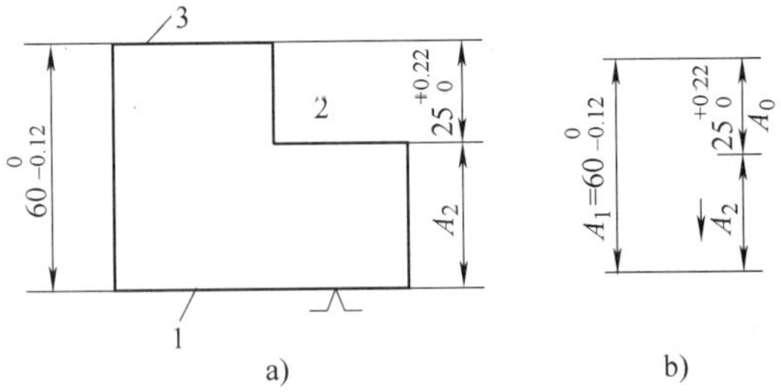

图 1-25　定位基准与设计基准不重合的尺寸换算

解　当以 1 面定位加工 2 面时，将按工序尺寸 A_2 进行加工，设计尺寸 $A_0 = 25_{\ 0}^{+0.22}$ mm 是本工序间接保证的尺寸，为封闭环，其尺寸链如图 1-25b 所示，则尺寸 A_2 的计算如下：

按式（1-1）求公称尺寸

$$25\text{mm} = 60\text{mm} - A_2　　　则：A_2 = 35\text{mm}$$

按式（1-4）求下偏差

$$+0.22\text{mm} = 0 - B_x(A_2)　　　则：B_x(A_2) = -0.22\text{mm}$$

按式（1-5）求上偏差

$$0 = -0.12\text{mm} - B_s(A_2) \qquad 则:B_s(A_2) = -0.12\text{mm}$$

则　工序尺寸 $A_2 = 35^{-0.12}_{-0.22}\text{mm}$

　　和例 1-2 一样，当定位基准与设计基准不重合进行尺寸换算时，也需要提高本工序的加工精度，使加工更加困难。同时，也会出现假废品的问题。

　　在进行工艺尺寸链计算时，还有一种情况必须注意。以图 1-25 为例，如零件图中标注的设计尺寸 $A_1 = 60^{0}_{-0.2}\text{mm}$，$A_0 = 25^{+0.22}_{0}\text{mm}$，则经过计算可得工序尺寸 $A_2 = 35^{-0.2}_{-0.22}\text{mm}$，其公差值 $T_2 = 0.02\text{mm}$，显然，精度要求过高，加工难以达到。有时还会出现公差值为零或负值的现象。遇到这种情况一般可以采取以下两种措施。

　　一是减小其他组成环的公差。即根据各组成环加工的经济精度来压缩各环公差。如上例中，加工 1 面和 3 面时同样可考虑用精铣的方法，查表 1-14 可得公称尺寸为 60mm 时的经济精度的公差值为 $T_1' = 0.12\text{mm}$，即将尺寸 A_1 改为 $A_1' = 60^{0}_{-0.12}\text{mm}$，重新求得 $A_2' = 35^{-0.12}_{-0.22}\text{mm}$，其公差 $T_2' = 0.1\text{mm}$，符合经济精度的公差。这实际上是尺寸链的反计算。

　　二是改变定位基准或加工方式。如采用第一种方法仍无法满足加工要求，则只能设法使定位基准与设计基准重合，即采用 3 面为定位基准，直接保证设计尺寸。这样将使夹具结构复杂，操作不方便。此外，还可以改变加工方式，如采用复合铣刀，同时铣削 2 面和 3 面，以保证设计尺寸。

　　（3）从尚需继续加工的表面上标注的工序尺寸计算　在加工过程中，有时会出现要用尚需加工的表面作为基准标注工序尺寸的情况，该工序尺寸也需要通过尺寸链计算来确定。

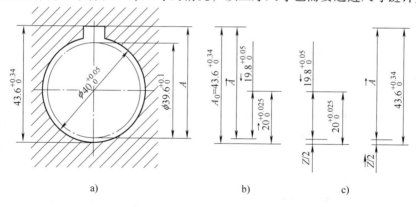

a)　　　　　　　　　　　　b)　　　　　　　　c)

图 1-26　内孔及键槽加工的工艺尺寸链

　　例 1-4　如图 1-26 所示为齿轮内孔的局部简图，设计要求为：孔径 $\phi 40^{+0.05}_{0}\text{mm}$，键槽深度尺寸为 $43.6^{+0.34}_{0}\text{mm}$。其加工顺序为：

1）镗内孔至 $\phi 39.6^{+0.1}_{0}\text{mm}$。

2）插键槽至尺寸 A。

3）热处理，淬火。

4）磨内孔至 $\phi 40^{+0.05}_{0}\text{mm}$。

试确定插键槽的工序尺寸 A。

　　解　先列出尺寸链如图 1-26b。要注意的是，当有直径尺寸时，一般应考虑用半径尺寸来列尺寸链。因最后工序是直接保证 $\phi 40^{+0.05}_{0}$ mm，间接保证 $43.6^{+0.34}_{0}$ mm，故 $43.6^{+0.34}_{0}$ mm 为封闭环，尺寸 A 和 $20^{+0.025}_{0}$ mm 为增环，$19.8^{+0.05}_{0}$ mm 为减环。利用基本公式计算可得

公称尺寸计算：
$$43.6\text{mm} = A + 20\text{mm} - 19.8\text{mm}$$
$$A = 43.4\text{mm}$$

上偏差计算：
$$+0.34\text{mm} = B_{s}(A) + 0.025\text{mm} - 0\text{mm}$$
$$B_{s}(A) = +0.315\text{mm}$$

下偏差计算：
$$0\text{mm} = B_{x}(A) + 0\text{mm} - 0.05\text{mm}$$
$$B_{x}(A) = +0.05\text{mm}$$

所以
$$A = 43.4^{+0.315}_{+0.05}\text{mm}$$

按入体原则标注为：$A = 43.45^{+0.265}_{0}$ mm

另外，尺寸链还可以列成图 1-26c 的形式，引进了半径余量 $Z/2$，图 1-26c 左图中 $Z/2$ 是封闭环，右图中的 $Z/2$ 则认为是已经获得，而 $43.6^{+0.34}_{0}$ mm 是封闭环。其解算结果与尺寸链图 1-26b 相同。

（4）保证渗氮、渗碳层深度的工艺计算　有些零件的表面需进行渗氮或渗碳处理，并且要求精加工后要保持一定的渗层深度。为此，必须确定渗前加工的工序尺寸和热处理时的渗层深度。

例 1-5　如图 1-27a 所示某零件内孔，材料为 38CrMoAlA，孔径为 $\phi 145^{+0.04}_{0}$ mm 内孔表面需要渗氮，渗氮层深度为 0.3～0.5mm。其加工过程为：

1）磨内孔至 $\phi 144.76^{+0.04}_{0}$ mm。

2）渗氮，深度 t_{1}。

3）磨内孔至 $\phi 145^{+0.04}_{0}$ mm，并保留渗层深度 $t_{0} = 0.3～0.5$ mm。

试求渗氮时的深度 t_{1}。

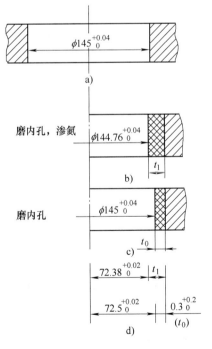

解　在孔的半径方向上划尺寸链如图 1-27d 所示，显然 $t_{0} = 0.3～0.5 = 0.3^{+0.2}_{0}$ mm 是间接获得，为封闭环。t_{1} 的求解如下：

t_{1} 的基本尺寸　$0.3\text{mm} = 72.38\text{mm} + t_{1} - 72.5\text{mm}$

则　　　　　　　　$t_{1} = 0.42\text{mm}$

t_{1} 的上偏差　$+0.2\text{mm} = +0.02\text{mm} + B_{s1} - 0\text{mm}$

则　　　　　　　　$B_{s1} = +0.18\text{mm}$

t_{1} 的下偏差　$0\text{mm} = 0\text{mm} + B_{x1} - 0.02\text{mm}$

则　　　　　　　　$B_{x1} = +0.02\text{mm}$

所以　　　　　　　$t_{1} = 0.42^{+0.18}_{+0.02}$ mm

即渗层深度为 0.44～0.6mm。

图 1-27　保证渗氮深度的尺寸换算

（5）靠火花磨削时的工序尺寸计算　靠火花磨削是一种定量磨削，是指在磨削工件端面时，由工人根据砂轮靠磨工件时产生的火花的大小来判断磨去余量的多少，从而间接保证加工尺寸的一种磨削方法。

例 1-6　如图 1-28a 所示阶梯轴，图 1-28b 为加工工序简图，加工顺序为：

1）精车各端面，保持工序尺寸 L_1 和 L_2。

2）靠火花磨削 B 面，保证设计尺寸。

求精车时的工序尺寸 L_1 和 L_2。

解　精车端面 A、C 时，工序尺寸直接保证设计尺寸，所以 $L_1 = 140_{-0.12}^{\ 0}$ mm。

工序尺寸 L_2 与设计尺寸 $80_{-0.17}^{\ 0}$ mm 只相差一个磨削余量 Z，画出尺寸链如图 1-28d。由于是定量磨削，所以磨削余量 Z 是组成环，要保证的设计尺寸 $L_3 = 80_{-0.17}^{\ 0}$ mm 是封闭环。其中的靠磨余量按经验数值确定为 $Z = 0.1 \pm 0.02$ mm，现在按平均尺寸计算法求解工序尺寸 L_2。

$$L_3 = 80_{-0.17}^{\ 0} \text{mm} = 79.915 \pm 0.085 \text{mm}$$

则

$$L_2 = (79.915 + 0.1) \pm 0.065 \text{mm} = 80.015 \pm 0.065 \text{mm} = 80.08_{-0.13}^{\ 0} \text{mm}$$

靠火花磨削具有以下特点：

1）靠火花磨削能保证磨去最小余量，无需停车测量，因此，生产率较高。

2）在尺寸链中，磨削余量是直接控制的，为组成环，而保证的设计尺寸为封闭环。

3）由于靠磨的余量值存在公差，因而靠磨后尺寸的误差要比靠磨前相应尺寸的误差增大一个余量公差值，尺寸精度更低。因而，要求靠磨前的工序尺寸公差应比设计尺寸公差缩小一个适当的数值。

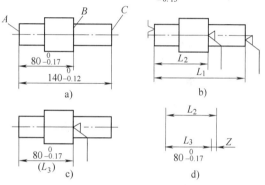

图 1-28　靠火花磨削的尺寸换算

1.8　机床与工艺装备的选择

在设计加工工序时，需要正确地选择机床设备名称、型号和工艺装备（即夹具、刀具、量具、辅具）的名称与型号，并填入相应工艺卡片中，这是保证零件的加工质量、提高生产率和经济效益的重要措施。

1.8.1　机床的选择

机床是加工零件的主要生产工具，当工件加工表面的加工方法确定以后，各工序所用的机床类型就已经确定。但每一类型的机床都有不用的形式，其工艺范围、技术规格、生产率及自动化程度等都不相同，在选择时应考虑以下问题：

（1）所选机床的精度应与零件要求的加工精度相适应　如果所选机床的精度太低，满足不了零件加工精度的要求；机床的精度太高，又增加制造成本，造成浪费。但是在单件、小批生产时，如果零件精度较高，又没有高精度的机床，也可以选择低一些精度的机床进行加工，而在工艺上采取措施来满足加工精度要求。

（2）所选择的机床的技术规格应与零件的尺寸相适应　小零件选用小型机床加工，大零件选用大型机床加工，使设备得到合理利用。

（3）所选择机床的生产率和自动化程度应与零件的生产纲领相适应　单件、小批生产应选择工艺范围较广的通用机床；大批、大量生产尽量选择生产率和自动化程度较高的专门化机床或自动机床。当然，在具备采用成组技术等条件时，则可以选用高效率的专用、自动、组合等机床，以满足相似零件组的加工要求，而不仅仅考虑某一零件批量的大小。

（4）机床的选择要考虑生产现场的实际情况　要充分利用现有的设备，或者提出对现在设备进行改装的意见，同时要考虑操作者的实际水平等。

1.8.2　工艺装备的选择

工艺装备的选择要考虑零件的生产类型、具体的加工条件、零件的加工要求和结构特点等方面的情况。

（1）夹具的选择　单件、小批量生产应尽量选用通用夹具，如机床自带的卡盘、平口钳、转台等。大批、大量生产时，应采用生产率和自动化程度较高的专用夹具，在采用计算机辅助制造、成组技术等新工艺，或提高生产效率时，则应选用成组夹具、组合夹具。夹具的精度应与零件的加工精度相适应。

（2）刀具的选择　刀具的选择主要取决于工序所采用的加工方法、加工表面的尺寸、工件材料、所要求的精度和表面粗糙度、生产率及经济性等，应尽可能采用标准刀具，必要时可采用高生产率的复合刀具或其他专用刀具。

（3）量具的选择　单件、小批生产时，应尽量采用通用量具，如游标卡尺、千分尺、千分表等。大批、大量生产时，则应采用各种专用量规、高生产率的检验仪器、检验夹具。所选量具的量程和分度值必须与零件的尺寸和精度相适应。

1.9　机械加工生产率和技术经济分析

在制订机械加工工艺规程时，必须在保证零件质量要求的前提下，提高劳动生产率和降低成本。也就是说，必须做到优质、高产、低消耗。因此，必须对工艺过程进行技术经济分析，探讨提高劳动生产率的工艺途径。

1.9.1　机械加工生产率分析

劳动生产率是指工人在单位时间内制造的合格品数量，或者指制造单件产品所消耗的劳动时间。劳动生产率一般通过时间定额来衡量。

1. 时间定额

时间定额是在一定的生产条件下制订出来的完成单件产品（如一个零件）或某项工作（如一个工序）所必须消耗的时间。时间定额不仅是衡量劳动生产率的指标，也是安排生产计划、计算生产成本的重要依据，还是新建或扩建工厂（或车间）时计算设备和工人数量的依据。

制订合理的时间定额是调动工人积极性的重要手段，它一般是由技术人员通过计算或类比的方法，或者通过对实际操作时间的测定和分析的方法而确定的。使用中，时间定额还应定期修订，以使其保持平均先进水平。

完成零件一个工序的时间定额，称为单件时间定额。它包括下列组成部分。

（1）基本时间（$T_{基本}$）　指直接改变生产对象的形状、尺寸、相对位置与表面质量等所耗费的时间。对机械加工来说，则为切除金属层所耗费的时间（包括刀具的切入和切出时

间），又称机动时间。可通过计算求出，以车外圆为例

$$T_{基本} = \frac{L + L_1 + L_2}{nf}i = \frac{\pi D\ (L + L_1 + L_2)}{1000vf}\frac{Z}{a_p}$$

式中　L——零件加工表面的长度（mm）；

L₁、L₂——刀具的切入和切出长度（mm）；

　　　n——工件每分钟转数（r/min）；

　　　f——进给量（mm/r）；

　　　i——进给次数（决定于加工余量 Z 和切削深度 a_p）；

　　　v——切削速度（m/min）；

　$T_{基本}$——基本时间（min）。

（2）辅助时间（$T_{辅助}$）　指在每个工序中，为保证完成基本工艺工作所用于辅助动作而耗费的时间。辅助动作主要有：装卸工件、开停机床、改变切削用量、试切和测量零件尺寸等所耗费的时间。

基本时间（$T_{基本}$）和辅助时间（$T_{辅助}$）的总和称为操作时间（$T_{操作}$）。

（3）工作地点服务时间（$T_{服务}$）　指工人在工作时为照管工作地点及保持正常工作状态所耗费的时间。例如，在加工过程中调整、更换和刃磨刀具、润滑和擦拭机床、清除切屑等所耗费的时间。工作地点服务时间（$T_{服务}$）可取操作时间的 2% ~ 7%。

（4）休息和自然需要时间（$T_{休息}$）　指工人在工作时间内为恢复体力和满足生理需要所消耗的时间。一般可取操作时间的 2%。

上述时间的总和称为单件时间，即

$$T_{单件} = T_{基本} + T_{辅助} + T_{服务} + T_{休息}$$

（5）准备终结时间（$T_{准终}$）　指当加工一批工件的开始和终了时，所做的准备工作和结束工作而耗费的时间。准备工作有：熟悉工艺文件、领料、领取工艺装备、调整机床等；结束工作有：拆卸和归还工艺装备、送交成品等。因该时间对一批零件（批量为 N）只消耗一次，故分摊到每个零件上的时间为 $T_{准终}/N$。

所以，批量生产时单件时间定额为上述时间之和，即

$$T_{定额} = T_{基本} + T_{辅助} + T_{服务} + T_{休息} + T_{准终}/N$$

在大量生产时，每个工作地点完成固定的一道的工序，一般不需要考虑准备终结时间，如果要计算，因 N 值很大，$T_{准终}/N \approx 0$，也可忽略不计。所以，其单件时间定额为

$$T_{定额} = T_{单件} = T_{基本} + T_{辅助} + T_{服务} + T_{休息}$$

2. 提高机械加工生产率的工艺措施

劳动生产率是衡量生产效率的一个综合技术经济指标，它不是一个单纯的工艺技术问题，而与产品设计、生产组织和管理工作有关，所以，改进产品结构设计、改善生产组织和管理工作，都是提高劳动生产率的有力措施。下面仅讨论与机械加工有关的一些工艺措施。

（1）缩减时间定额　在时间定额的五个组成部分中，缩减每一项都能使时间定额降低，从而提高劳动生产率。但主要应缩减占比例较大的部分，如单件小批生产时主要应缩减辅助时间，大批大量生产时主要应缩减基本时间，$T_{休息}$本来所占比例甚少，不宜作为缩减对象。

1）缩减基本时间。

①提高切削用量 n、f、a_p。增加切削用量将使基本时间减少，但会增加切削力、切削热

和工艺系统的变形以及刀具磨损等。因此，必须在保证质量的前提下采用。

要采用大的切削用量，关键要提高机床的承受能力特别是刀具的寿命。要求机床刚度好、功率大，要采用优质的刀具材料，如陶瓷车刀的切削速度可达 500m/min；聚晶氮化硼刀具可达 900m/min，并能加工淬硬钢。

②减小切削长度。在切削加工时，可以通过采用多刀加工、多件加工的方法，以减少切削长度。

图 1-29a 所示为采用三把刀具同时切削同一表面，切削行程约为工件长度的 1/3。

图 1-29b 所示为合并进给，用三把刀具一次性地完成三次进给，切削行程约可减少 2/3。

图 1-29c 所示的复合工步加工，也可大大减少切削行程。

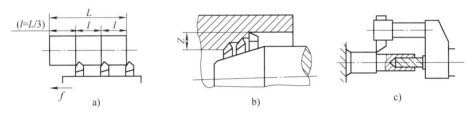

图 1-29　采用多刀加工减小切削行程长度

另外，将纵向进给改成横向进给也是减少刀具切削长度的一个有效办法。

③多件加工。多件加工可分为顺序多件加工、平行多件加工和平行顺序多件加工三种方式。

图 1-30a 所示为顺序多件加工，这样可减少刀具的切入和切出长度。这种方式多见于龙门刨床、镗削及滚齿加工中。

图 1-30b 所示为平行多件加工，一次进给可同时加工几个零件，所需基本时间与加工一个零件时基本相同。这种方式常用铣床和平面磨床上。

图 1-30c 所示为平行顺序多件加工，这种加工方式能非常显著地减少基本时间。常见于立轴式平面磨削和铣削加工。

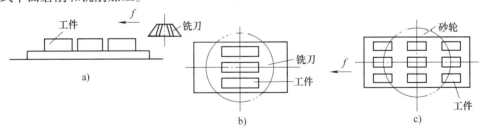

图 1-30　采用多件加工减少切削行程长度

2）缩减辅助时间。缩减辅助时间的方法主要是要实现机械化和自动化，或使辅助时间与基本时间重合。具体措施有：

①采用先进高效夹具。在大批、大量生产时，采用高效的气动或液压夹具；在单件、小批生产和中批生产时，采用组合夹具、可调夹具或成组夹具，都将减少装卸工件的时间。

②采用多工位连续加工。采用回转工作台和转位夹具，能在不影响切削的情况下装卸工

件，使辅助时间与基本时间重合。图 1-31 所示为利用回转工作台的多工位立铣；图 1-32 所示为双工位转位夹具。

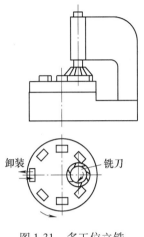

图 1-31　多工位立铣

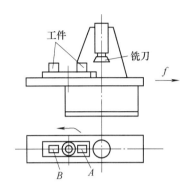

图 1-32　双工位转位夹具

③采用主动检验或数字显示自动测量装置。可以大大减少停机测量工件的时间。

④采用两个相同夹具交替工作的方法。当一个夹具安装好工件进行加工时，另一个夹具同时进行工件的装卸，这样也可以使辅助时间与基本时间重合。

3）缩减工作地点服务时间。缩减工作地点服务时间主要是要缩减调整和更换刀具的时间，提高刀具或砂轮的寿命。主要方法是采用各种快换刀夹、自动换刀装置、刀具微调装置以及不重磨硬质合金刀片等，以减少工人在刀具的装卸、刃磨、对刀等方面所耗费的时间。

4）缩减准备终结时间。在批量生产时，应设法缩减安装工具、调整机床的时间，同时应尽量扩大零件的批量，使分摊到每个零件上的准备终结时间减少。在中、小批生产时，由于批量小，准备终结时间在时间定额中占有较大比重，影响到生产率的提高。因此，应尽量使零件通用化和标准化，或者采用成组技术，以增加零件的生产批量。

（2）采用先进工艺方法　采用先进的工艺方法是提高劳动生产率极为有效的手段。主要有以下几种：

1）采用先进的毛坯制造方法。例如，粉末冶金、失蜡铸造、压力铸造、精密锻造等新工艺，可提高毛坯精度，减少切削加工的劳动量，提高生产率。

2）采用少、无切屑新工艺。如用挤齿代替剃齿，生产率可提高 6~7 倍。还有滚压、冷轧等工艺，都能有效地提高生产率。

3）采用特种加工。对于某些特硬、特脆、特韧的材料及复杂型面等，采用特种加工能极大地提高生产率。如用电解或电火花加工锻模型腔，用线切割加工冲模等，可减少大量的钳工劳动量。

4）改进加工方法。如用拉孔代替镗、铰孔，用精刨、精磨代替刮研等，都可大大提高生产率。

1.9.2　工艺过程的技术经济分析

制订机械加工工艺规程时，在满足加工质量的前提下，要特别注重其经济性。一般情况下，满足同一质量要求的加工方案可以有多种，这些方案中，必然有一个是经济性最好的方案。所谓经济性好，就是指在机械加工中能用最低的成本制造出合格的产品。这样，就需要对不同的工艺方案进行技术经济分析，从技术上和生产成本等方面进行比较。

1. 生产成本和工艺成本

制造一个零件（或产品）所耗费的费用总和叫生产成本。生产成本可分为两类费用：一类是与工艺过程直接有关的费用，称为工艺成本。工艺成本约占生产成本的70% ~75%。另一类是与工艺过程没有直接关系的费用，如行政人员的开支、厂房折旧费、取暖费等。下面仅讨论工艺成本。

（1）工艺成本的组成　按照工艺成本与零件产量的关系，可分为两部分费用。

1）可变费用 V——与零件年产量直接有关，并与之成正比变化的费用。它包括：毛坯材料及制造费、操作工人工资、通用机床折旧费和修理费、通用工艺装备的折旧费和修理费以及机床电费等。

2）不变费用 S——与零件年产量无直接关系，不随着年产量的变化而变化的费用。它包括：专用机床和专用工艺装备的折旧费和修理费、调整工人的工资等。

（2）工艺成本的计算　零件加工全年工艺成本可按下式计算

$$E = VN + S$$

式中　E——一种零件全年的工艺成本（元/年）；

V——可变费用（元/件）；

N——零件年产量（件/年）；

S——不变费用（元/年）。

每个零件的工艺成本可按下式计算

$$E_{单件} = E_d = V + \frac{S}{N}$$

式中　E_d——单件工艺成本（元/件）。

年工艺成本与年产量的关系可用图 1-33 表示，E 与 N 成线性关系，说明年工艺成本随着年产量的变化而成正比地变化。

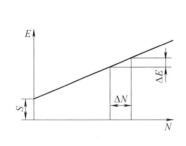

图1-33　全年工艺成本与年产量的关系

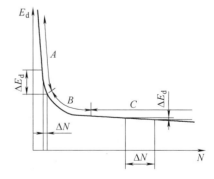

图1-34　单件工艺成本与年产量的关系

单件工艺成本与年产量是双曲线的关系，如图 1-34 所示。在曲线的 A 段，N 值很小，设备负荷低，$E_{单件}$ 就高，如 N 略有变化时，E_d 将有较大的变化。在曲线的 C 段，N 值很大，大多采用专用设备（S 较大、V 较小），且 S/N 值小，故 E_d 较低，N 值的变化对 E_d 影响很小。以上分析表明，当 S 值一定时（主要是指专用工装设备费用），就应该有一个相适应的零件年产量。所以，在单件、小批生产时，因 S/N 值占的比例大，就不适合使用专用工装设备（以降低 S 值）；在大批、大量生产时，因 S/N 值占的比例小，最好采用专用工装设备（减小 V 值）。

2. 不同工艺方案的经济性比较

（1）两种工艺方案基本投资相近　如果两种工艺方案基本投资相近，或在现有设备的情况下，可比较其工艺成本。

1）如两方案只有少数工序不同，可比其单件工艺成本。即

方案 I $\qquad\qquad E_{d1} = V_1 + \dfrac{S_1}{N}$

方案 II $\qquad\qquad E_{d2} = V_2 + \dfrac{S_2}{N}$

则　$E_{单件}$ 值小的方案经济性好。如图 1-35 所示。

2）当两种工艺方案有较多工序不同时，应比较其全年工艺成本。即

方案 I $\qquad\qquad E_1 = NV_1 + S_1$

方案 II $\qquad\qquad E_2 = NV_2 + S_2$

则　E 值小的方案经济性好。如图 1-36 所示。

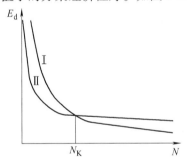

图 1-35　两种方案单件工艺成本的比较

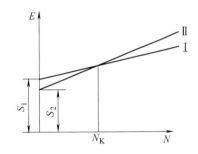

图 1-36　两种方案全年工艺成本的比较

由此可知，各方案的经济性好坏与零件年产量有关，当两种方案的工艺成本相同时的年产量称为临界年产量 N_K。即

$E_1 = E_2$ 时 $\qquad\qquad N_K V_1 + S_1 = N_K V_2 + S_2$

则 $\qquad\qquad\qquad N_K = \dfrac{S_2 - S_1}{V_1 - V_2}$

若 $N < N_K$，宜采用方案 II；

若 $N > N_K$，宜采用方案 I。

（2）两种工艺方案基本投资相差较大　如果两种工艺方案的基本投资相差较大时，则应比较不同方案的基本投资差额的回收期限 τ。

例如，方案 I 采用高生产率而价格贵的工装设备，基本投资 K_1 大，但工艺成本 E_1 低；方案 II 采用了生产率较低但价格便宜的工装设备，基本投资 K_2 小，但工艺成本 E_2 较高。也就是说，方案 I 的低成本是以增加投资为代价的，这时需考虑投资差额的回收期限 τ（年），其值可通过下式计算

$$\tau = \frac{K_1 - K_2}{E_2 - E_1} = \frac{\Delta K}{\Delta E}$$

式中　ΔK——基本投资差额（元）；

　　　ΔE——全年工艺成本差额（元/年）。

所以，回收期限就是指方案Ⅰ比方案Ⅱ多花费的投资，需要多长的时间由于工艺成本的降低而收回来。显然，τ 越小，则经济效益越好。但 τ 至少应满足以下要求：

1）小于所采用的设备的使用年限。

2）小于生产产品的更新换代年限。

3）小于国家所规定的年限。如新普通机床的回收期限为 4～6 年，新夹具为 2～3 年。

习　题

1-1　试述生产过程、工艺过程、工序、工步、进给、安装和工位的概念。

1-2　什么叫生产纲领？单件生产和大量生产各有哪些主要工艺特点？

1-3　某厂年产某型号柴油机 1000 台，已知连杆的备品率为 5%。机械加工废品率为 1%。试计算连杆的生产纲领，说明其生产类型及主要工艺特点。

1-4　图 1-37 所示零件，单件、小批生产时其机械加工工艺过程如下所述。试分析其工艺过程的组成（包括工序、工步、进给、安装）。

在刨床上分别刨削六个表面，达到图样要求；粗刨导轨面 A，分两次切削；刨削两越程槽；精刨导轨面 A；钻孔；扩孔；铰孔；去毛刺。

1-5　图 1-38a 所示零件，毛坯为 $\phi35mm$ 棒料，批量生产时其机械加工工艺过程如下所述。试分析其工艺过程的组成。

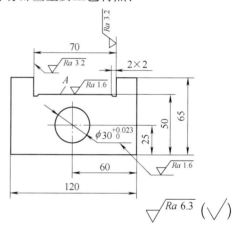

图 1-37　题 1-4 图

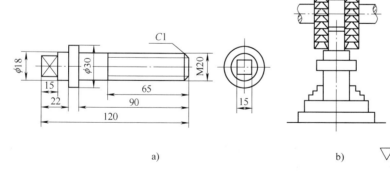

a)　　　　　　　　　　　b)

图 1-38　题 1-5 图

在锯床上切断下料，车一端面钻中心孔，调头，车另一端面钻中心孔；在另一台车床上将整批工件靠螺纹一边都车至 $\phi30mm$，调头再调刀车削整批工件的 $\phi18mm$ 外圆；又换一台

车床车 $\phi20$mm 外圆；在铣床上铣两平面，转 $90°$ 后，铣另外两平面；最后，车螺纹，倒角。

1-6　获得尺寸精度的机械加工方法有哪些？各有何特点？

1-7　试述设计基准、定位基准、工序基准的概念，并举例说明。

1-8　图 1-39 所示零件，若按调整法加工时，试在图中指出：

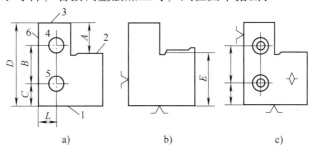

图 1-39　题 1-8 图

（1）加工平面 2 时的设计基准、定位基准、工序基准和测量基准。

（2）镗孔 4 时的设计基准、定位基准、工序基准和测量基准。

1-9　什么叫粗基准和精基准？试述它们的选择原则。

1-10　试分析下列加工情况的定位基准。

（1）拉齿坯内孔；（2）浮动铰刀铰孔；（3）珩磨内孔；（4）攻螺纹；（5）无心磨削销轴外圆；（6）磨削车床床身导轨面。

1-11　安排切削加工工序的原则是什么？为什么要遵循这些原则？

1-12　试拟订图 1-40 所示零件的机械加工工艺路线，零件为批量生产。

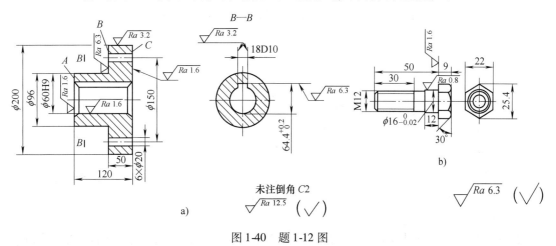

图 1-40　题 1-12 图

1-13　试对图 1-41 所示钻套制订机械加工路线，并查表确定内、外表面的工序尺寸和工序公差。材料为 20 钢，热轧圆钢，零件要求渗碳 0.8mm 后淬火 62HRC。

1-14　有一轴类零件，经过粗车—精车—粗磨—精磨达到设计尺寸 $\phi30_{-0.013}^{0}$ mm。现给出各工序的加工余量及工序尺寸公差见下表。试计算各工序尺寸及其偏差，并绘制精磨工序加工余量、工序尺寸及其公差关系图。

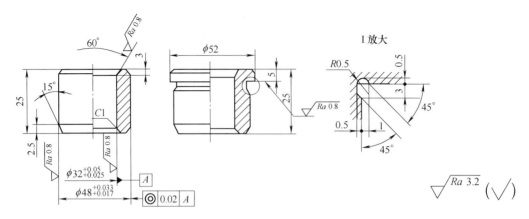

图 1-41 题 1-13 图

工序名称	加工余量/mm	工序尺寸公差/mm	工序名称	加工余量/mm	工序尺寸公差/mm
毛　坯		±1.5	粗　磨	0.4	0.033
粗　车	6	0.210	精　磨	0.1	0.013
精　车	1.5	0.052			

1-15　某零件上有一孔 $\phi 60^{+0.03}_{0}$，零件材料为 45 钢，热处理 42HRC，毛坯为锻件。孔的加工工艺过程是：(1) 粗镗；(2) 精镗；(3) 热处理；(4) 磨孔。试求各工序尺寸及其公差。

1-16　什么叫工艺尺寸链？试举例说明组成环、增环、减环、封闭环的概念。

1-17　试判别图 1-42 所示各尺寸链中哪些是增环，哪些是减环。

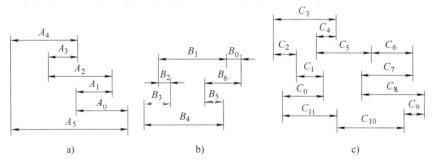

a)　　　　　　　　　　b)　　　　　　　　　　c)

图 1-42 题 1-17 图

1-18　在车床上按调整法加工一批如图 1-43 所示工件，现以加工好的 1 面为定位基准加工端面 2 和 3。试分别按极值法和概率法计算工序尺寸及其偏差，并对极值法计算结果作假废品分析。

1-19　图 1-44 所示工件，$A_1 = 70^{-0.02}_{-0.07}$mm，$A_2 = 60^{0}_{-0.04}$mm，$A_3 = 20^{+0.19}_{0}$mm。因 A_3 不便测量，试重新标出测量尺寸及其公差。

1-20　如图 1-45 所示零件已加工完外圆、内孔及端面，现需在铣床上铣出右端缺口。求调整刀具时的测量尺寸 H、A 及其偏差。

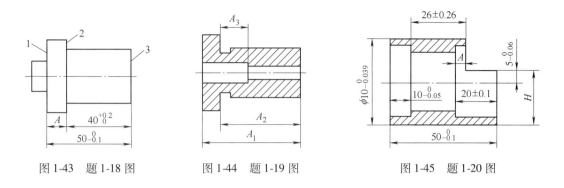

图 1-43 题 1-18 图 　　　　　 图 1-44 题 1-19 图 　　　　　 图 1-45 题 1-20 图

1-21 图 1-46a 所示为轴套零件简图,其内孔、外圆和各端面均已加工完毕。试分别计算按图 1-46b 中三种定位方案钻孔时的工序尺寸及偏差。

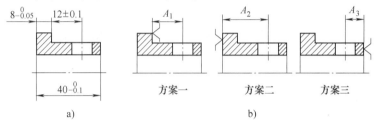

图 1-46 题 1-21 图

1-22 图 1-47 所示为某模板简图,镗削两孔 O_1、O_2 时均以底面 M 为定位基准,试标注镗两孔的工序尺寸。检验两孔孔距时,因其测量不便,试标注出测量尺寸 A 的大小及偏差。若 A 超差,可否直接判定该模板为废品?

1-23 图 1-48 中带键槽轴的工艺过程为:车外圆至 $\phi 30.5_{-0.1}^{\ 0}$ mm,铣键槽深度为 $H_{\ 0}^{+TH}$,热处理,磨外圆至 $\phi 30_{+0.016}^{+0.036}$ mm。设磨后外圆与车后外圆的同轴度公差为 $\phi 0.05$ mm,求保证键槽深度设计尺寸 $4_{\ 0}^{+0.2}$ mm 的铣槽深度 $H_{\ 0}^{+TH}$。

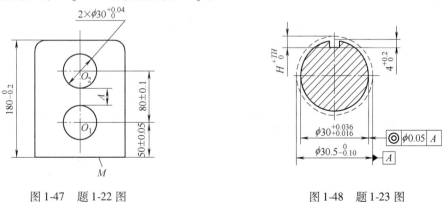

图 1-47 题 1-22 图 　　　　　　　　 图 1-48 题 1-23 图

1-24 图 1-49 所示零件,由于设计尺寸 $0.66_{-0.15}^{\ 0}$ mm 不便测量,车削时采用钻、镗孔 $\phi 6.3$ mm、镗孔 $\phi 7_{\ 0}^{+0.1}$ mm;调头车端面 2,保证总长 $11.4_{-0.08}^{\ 0}$ mm,镗孔 $\phi 7_{\ 0}^{+0.1}$ mm,保证深 A_1。试分析计算:

（1）校核所注轴向尺寸能否保证设计尺寸要求？

（2）按等公差法分配各组成环公差，并求出工序尺寸 A_1。

1-25　图 1-50a 所示为被加工零件的简图（图中只标注有关尺寸），图 1-50b 所示为工序图，在大批生产条件下其部分工艺过程如下：

工序 I：铣顶面。

工序 II：占孔，锪肩面。

工序 III：磨底面（磨削余量 0.5mm）。

试用极值法及概率法计算工序尺寸及公差（$A_0^{+\delta a}$、$B_0^{+\delta b}$、$C_0^{+\delta c}$）。

1-26　设某一零件图上规定的外圆直径为 $\phi 32_{-0.05}$ mm，渗碳深度为 0.5~0.8mm，现在为了使此零件可和另一种零件同炉进行渗碳，限定其工艺渗碳层深度为 0.8~1mm。试计算渗碳前车削工序的直径尺寸及公差？

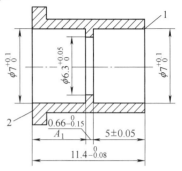

图 1-49　题 1-24 图

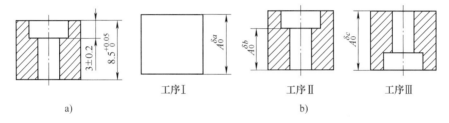

工序 I　　　　　　　工序 II　　　　　工序 III

a)　　　　　　　　　　　b)

图 1-50　题 1-25 图

1-27　图 1-51 所示阶梯轴，精车后靠火花磨削 M、N 面。试计算试切法精车 M 面和 N 面的工序尺寸。

1-28　图 1-52 所示为齿轮轴零件，图中标注有关的轴向尺寸，其中端面 1、2 需在热处理后进行靠火花磨削加工，按现场加工情况，靠磨余量及公差 $Z \pm \delta_z / 2 = (0.1 \pm 0.02)$ mm。试计算车削时各段外形的轴向尺寸。

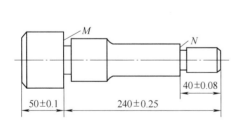

图 1-51　题 1-27 图

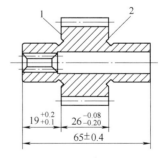

图 1-52　题 1-28 图

1-29　什么叫时间定额？批量生产和大量生产时的时间定额分别怎样计算？

1-30　什么叫工艺成本？它由哪两类费用组成？单件工艺成本与年产量的关系如何？

第 2 章 机械加工质量

机械产品是由若干个零件装配而成的，因此零件的质量是整台机器质量的基础。而零件的加工质量是零件质量的一个重要方面，直接影响产品的工作性能和使用寿命。机械零件的加工质量一般包括两个方面：一方面指宏观的零件几何参数，即机械加工精度；另一方面是指零件表面层的物理机械性能，即机械加工表面质量。

2.1 机械加工精度

2.1.1 概述

机械加工精度（简称加工精度）是指零件在机械加工后的几何参数（尺寸、几何形状和表面间相互位置）的实际值和理论值相符合的程度。符合的程度越好，加工精度也越高。经加工后零件的实际几何参数与理想零件的几何参数总有所不同，它们之间的差值称为加工误差。在生产实践中，都是用加工误差的大小来反映与控制加工精度的。研究加工精度的目的，就是研究如何把各种误差控制在允许范围内（即公差范围之内），弄清各种因素对加工精度的影响规律，从而找出降低加工误差、提高加工精度的措施。

2.1.2 影响加工精度的因素及其分析

在机械加工中，零件的尺寸、几何形状和表面间相互位置的形成，取决于工件和刀具在切削运动过程中的相互位置关系，而工件和刀具又安装在夹具和机床上。因此，在机械加工中，机床、夹具、刀具和工件就构成一个完整的系统即工艺系统。加工精度问题涉及到整个工艺系统的精度问题，而工艺系统中的种种误差在不同的条件下，以不同的程度反映为工件的加工误差。工艺系统中的误差是产生零件加工误差的根源，因此工艺系统的误差统称为原始误差（见图 2-1）。

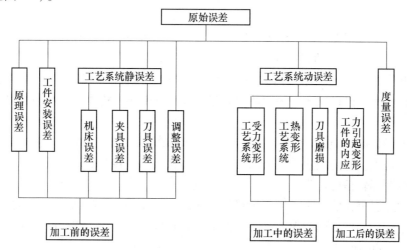

图 2-1 原始误差

研究各种原始误差的物理实质，掌握其变化的基本规律，是保证和提高零件加工精度的基础。

1. 加工原理误差

原理误差即是在加工中采用了近似的加工运动、近似的刀具轮廓和近似的加工方法而产生的原始误差。

例如，在车床上车削模数蜗杆，传动关系如图2-2所示。传动比 i 可用下式表示

$$i = \frac{\text{工件螺距 } P_1}{\text{机床丝杆螺距 } P} = \frac{z_1 z_3}{z_2 z_4}$$

上式中，由于蜗杆的螺距 $P_1 = \pi m$，其中 π 为无限不循环小数。在选用交换齿轮 z_1、z_2、z_3、z_4 时，只能取近似值计算，因此蜗杆的螺距必然存在误差。

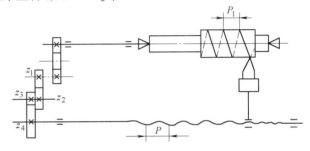

图2-2 车蜗杆时的传动关系

当用模数铣刀加工齿轮时，理论上应要求刀具轮廓与工件的齿槽形状完全相同，即每一种模数、每一种齿数的齿轮都应有相应的铣刀，这样就必须备有大量不同规格的铣刀，这是很不经济的，也是不可能的。实际生产中是将每种模数的齿轮按齿数分组，在一定齿数范围内用同一把铣刀进行加工。如齿数17~20为一组，加工这一组各个齿数的齿轮时，都使用组内按最小齿数17的齿形设计的铣刀。这样对于组内其他齿数的齿轮来说加工后便出现误差。

再如用齿轮滚刀加工渐开线齿轮，由于滚刀制造上的困难，而采用阿基米德基本蜗杆或法向直廓基本蜗杆代替渐开线基本蜗杆。这虽便于制造，却由于采用了近似的刀具轮廓而产生加工误差；又由于滚刀的切削刃数有限（8~12个），用这种滚刀加工齿轮就是一种近似的加工方法。因为切削不连续，包络而成的实际齿形不是一条光滑的渐开线，而是一条折线。

采用近似的加工原理，一定会产生加工误差，但是它使得加工成为可能，并且可以简化加工过程，使机床结构及刀具形状简化，刀具数量减少，成本降低，生产率提高。因此，只要能将误差合理地限制在规定的精度范围之内，它完全是一种行之有效的办法。

2. 机床、刀具、夹具的制造误差与磨损

（1）机床几何误差　机床几何误差包括机床本身各部件的制造误差、安装误差和使用过程中的磨损。其中以机床本身的制造误差影响最大。下面将机床主要项目的制造误差分述如下。

1）主轴回转误差。机床主轴是工件或刀具的位置基准和运动基准，它的误差直接影响着工件的加工精度。对主轴的精度要求，最主要的就是在运转时能保持轴线在空间的位置稳定不变，即所谓回转精度。

实际的加工过程说明，主轴回转轴线的空间位置，在每一瞬间都是变动着的，即存在着运动误差。主轴回转轴线运动误差表现为图2-3所示的三种形式：纯径向跳动误差、轴向窜动误差、纯角度摆动误差。

不同形式的主轴运动误差对加工精度影响不同，同一形式的主轴运动误差在不同的加工

方式中对加工精度的影响也不一样。

①主轴纯径向跳动误差对加精度的影响。图 2-4 所示为在镗床上镗孔的情况。设由于主轴的纯径向跳动而使轴心线在 Y 坐标方向上作简谐直线运动，其频率与主轴转速相同，其幅值为 A；再设主轴中心偏移最大（等于 A）时，镗刀尖正好通过水平位置 1。当镗刀转过一个 φ 角时（位置 $1'$），刀尖轨迹的水平分量和垂直分量分别计算得

$$Y = A\cos\varphi + R\cos\varphi = (A + R)\cos\varphi$$

$$Z = R\sin\varphi$$

将两式平方后相加并整理可得

$$\frac{Y^2}{(R + A)^2} + \frac{Z^2}{R^2} = 1$$

这是一个椭圆方程式，即镗出的孔是椭圆形，如图 2-4 虚线所示。

图 2-5 所示为车削情况，设主轴轴心仍沿 Y 坐标作简谐直线运动，在工件 1 处切出的半径比 2、4 处小一个振幅 A，而在工件 3 处切出的半径则相反，这样，上述四点的工件直径都相等，其他各点的直径误差也很小，所以车削出的工件表面接近一个真圆，但中心偏移。

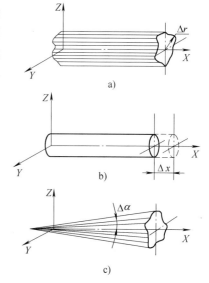

图 2-3　主轴回转轴线的运动误差

a）径向跳动误差　b）轴向窜动误差

c）角度摆动误差

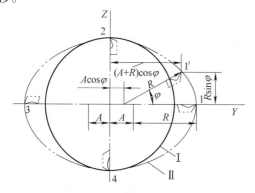

图 2-4　纯径向跳动对镗孔圆度的影响

Ⅰ—理想形状　Ⅱ—实际形状

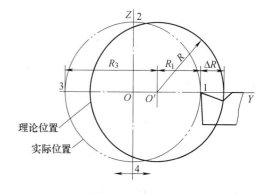

图 2-5　车削时纯径向跳动对圆度的影响

②主轴轴向窜动误差对加工精度的影响。主轴的纯轴向窜动对内、外圆加工没有影响，但所加工的端面却与内外圆轴线不垂直。主轴每转一周，就要沿轴向窜动一次，向前窜动的半周中形成右螺旋面，向后窜动的半周中形成左螺旋面，最后切出如同端面凸轮一样的形状，并在端面中心附近出现一个凸台。当加工螺纹时，则会产生单个螺距内的周期误差。

③纯角度摆动误差对加工精度的影响。主轴的纯角度摆动也因加工方法而异。车外圆时，会产生圆柱度误差（锥体）；镗孔时，孔将成椭圆形如图 2-6 所示。

实际上，主轴工作时，其回转轴线的运动误差是以上三种运动方式的综合。

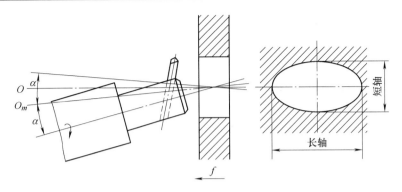

图 2-6　纯角度摆动对镗孔的影响

O—工件孔轴心线　　O_m—主轴回转轴心线

④影响主轴回转精度的因素及提高回转精度的措施。主轴回转轴线的运动误差不仅和主轴部件的制造精度有关，而且还和切削过程中主轴受力、受热后的变形有关。但主轴部件的制造精度是主要的，是主轴回转精度的基础，它包含轴承误差、轴承间隙、与轴承相配合零件的误差等。

当主轴采用滑动轴承支承时，主轴是以轴颈在轴承内回转的，对于车床类机床，主轴的受力方向是一定的，这时主轴轴颈被压向轴套表面某一位置。因此，主轴轴颈的圆度误差将直接传给工件，而轴套孔的误差对加工精度影响较小，如图 2-7a 所示。

对于镗床类机床，主轴所受切削力的方向是随着镗刀的旋转而旋转，因此，轴套孔的圆度误差将传给工件，而轴颈的误差对加工精度影响较小，如图 2-7b 所示。

当主轴用滚动轴承支承时，主轴的回转精度不仅取决于滚动轴承的精度，在很大程度上还和轴承的配合件有关。滚动轴承的精度取决于内、外环滚道的圆度误差、内座圈的壁厚差及滚动体的尺寸差和圆度误差等。

主轴轴承间隙对回转精度也有影响，如轴承间隙过大，会使主轴工作时油膜厚度增大，刚性降低。

由于轴承内、外座圈或轴套很薄，因此

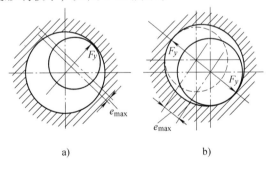

图 2-7　轴颈与轴套孔圆度误差引起的径向跳动

与之相配合的轴颈或箱体轴承孔的圆度误差，会使轴承的内、外座圈发生变形而引起主轴回转误差。

为提高主轴的回转精度，在滑动轴承方面，发展了静压轴承和三块瓦式动压轴承等技术，并取得了很好的效果。在滚动轴承方面，可选用高精度的滚动轴承，以及提高主轴轴颈和与主轴相配合零件的有关表面的加工精度，或采取措施使主轴的回转精度不反映到工件上去。如在卧式镗床上镗孔，工件装在镗模夹具中，镗杆支承在镗模夹具的支承孔上，镗杆的回转精度完全取决于镗模支承孔的形状误差及同轴度误差，因镗杆与机床主轴是浮动连接，故机床主轴精度对加工无影响。

2）导轨误差。床身导轨是确定机床主要部件的相对位置和运动的基准。因此，它的各项误差将直接影响被加工工件的精度。导轨误差分为：导轨在水平面内的误差；导轨在垂直平面内的误差；两导轨间的平行度误差。

①导轨在水平面内有直线度误差。如图 2-8 所示，使刀尖在水平面内产生位移 ΔY，造成工件在半径方向上的误差 ΔR。此项误差对于普通车床和外圆磨床，将直接反映在被加工工件表面的法向方向，所以对加工精度影响极大，使工件产生圆柱度误差（鞍形或鼓形）。

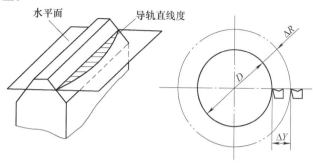

图 2-8　车床导轨在水平面内直线度引起的误差

②导轨在垂直平面内有直线度误差。如图 2-9 所示，使刀尖产生 ΔZ 的位移，造成工件在半径方向上产生误差 $\Delta R = \dfrac{(\Delta Z)^2}{2R}$，除加工圆锥形表面外，它对加工精度的影响不大，可以忽略不计。但对于龙门刨床、龙门铣床及导轨磨床来说，导轨在垂直面内的直线度误差将直接反映到工件上。如图 2-10 所示龙门刨床，工作台为薄长件，刚性很差，如果床身导轨为中凹形，刨出的工件也是中凹形。

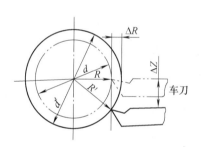

图 2-9　车床导轨在垂直平面内直线度引起的误差

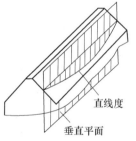

图 2-10　龙门刨床导轨在垂直平面内直线度引起的误差

③两导轨间有平行度误差。此时，导轨发生了扭曲，如图 2-11 所示。刀尖相对于工件在水平和垂直两方向上发生偏移，从而影响加工精度。设垂直于纵向进给的任意截面内，前、后导轨的平行度误差为 δ，则工件半径变化量 ΔR 因 δ 很小，$\alpha \approx \alpha'$，而近似地等于刀尖的水平位移 Δy，即

$$\Delta R \approx \Delta Y = \frac{H}{B}\delta$$

一般车床　$H/B \approx 2/3$，外圆磨床 $H \approx B$，因此这项原始误差对加工精度的影响不容忽视。由于 δ 在纵向不同位置处的值不同，因此加工出的工件产生圆柱度误差（鞍形、鼓形或锥度等）。

机床导轨的几何精度，不仅取决于机床的制造精度，而且与使用时的磨损及机床的安装状况有很

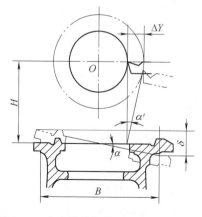

图 2-11　车床导轨扭曲对工件形状的影响

大关系。尤其是对大、重型机床因导轨刚性较差，床身在自重作用下很容易变形，因此，为减少导轨误差对加工精度的影响，除提高导轨制造精度外，还应注意机床的安装和调整，并应提高导轨的耐磨性。

3）传动链误差。对于某些加工方式，例如，车或磨螺纹、滚齿、插齿以及磨齿等，为保证工件的加工精度，除了前述的因素外，还要求刀具和工件之间具有准确的传动比。例如，车削螺纹时，要求工件每转一转，刀具走一个行程；在用单头滚刀滚齿时，要求滚刀每转一转，工件转过一个齿等。这些成形运动间的传动比关系是由机床的传动链来保证的，若传动链存在误差，在上述情况下，它是影响加工精度的主要因素。

传动链误差是由于传动链中的传动元件存在制造误差和装配误差引起的。使用过程中有磨损，也会产生传动链误差。各传动元件在传动链中的位置不同，影响也不同。通过传动误差的谐波分析可以判断误差来自传动链中的哪一个传动元件，并可根据其大小找出影响传动链误差的主要环节。

为减少传动链误差对加工精度的影响，可采取下列措施：

①减少传动链中的元件数目，缩短传动链，以减少误差来源。

②提高传动元件，特别是末端传动元件的制造精度和装配精度。

③传动链齿轮间存在间隙，同样会产生传动链误差，因此要消除间隙。

④采用误差校正机构来提高传动精度。

（2）刀具误差

1）刀具的制造误差。刀具的制造误差对加工精度的影响，根据刀具的种类不同而异。

采用成形刀具加工时，刀具切削基面上的投影就是加工表面的母线形状。因此切削刃的形状误差以及刃磨、安装、调整不正确，都会直接影响加工表面的形状精度。

采用展成法加工时，刀具与工件要作具有严格运动关系的啮合运动，加工表面是切削刃在相对啮合运动中的包络面，切削刃的形状必须是加工表面的共轭曲线。因此，切削刃的形状误差以及刃磨、安装调整不正确，同样都会影响加工表面的形状精度。

采用定径刀具（如钻头、铰刀、丝锥、板牙、拉刀等）加工时，刀具的尺寸误差直接影响加工表面的尺寸精度，一些多刃的孔加工刀具，如安装不正确（几何偏心等）或两侧刃刃磨不对称，都会使加工表面尺寸扩大。

采用一般刀具（车刀、铣刀、镗刀等）时，加工表面的形状由机床运动精度保证，尺寸由调整决定，刀具的制造精度对加工精度无直接影响。但如刀具几何参数和形状不适当，将影响刀具的磨损和寿命，间接影响工件的加工精度。

2）刀具的磨损。刀具的磨损，即刀具在加工表面法向的磨损量（见图 2-12 中的尺寸 μ），它直接反映出刀具磨损对加工精度的影响。刀具的磨损过程如图 2-13 所示，可分为三个阶段。

第一阶段称初期磨损阶段（$L < L_0$），磨损快，磨损量 μ 与切削路程 L_0 成非线性关系。

第二阶段称正常磨损阶段（$L_0 < L < L_1$），其特点是磨损较慢。磨损量 μ 与切削路程 L 成线性关系。

第三阶段称急剧磨损阶段（$L > L_1$），这时应停止切削，刃磨刀具。

刀具磨损使同一批工件的尺寸前后不一致，车削长工件时会产生锥度。

为减少刀具制造误差和磨损对加工精度的影响，除合理规定定尺寸刀具和成形刀具的制造公差外，还应根据工件的材料和加工要求，准确选择刀具材料、切削用量、冷却润滑，并准确刃磨，以减少磨损。必要时还可对刀具的尺寸磨损进行补偿。

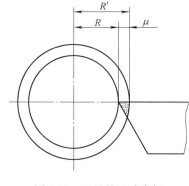

图 2-12　刀具的尺寸磨损

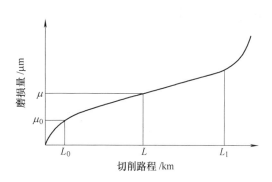

图 2-13　刀具磨损量与切削路程的关系

（3）夹具的制造误差与磨损　夹具误差包括工件的定位误差和夹紧变形误差、夹具的安装误差和分度误差以及夹具的磨损等。除定位误差中的基准不重合误差外，其他误差均与夹具的制造精度有关。

夹具误差首先影响工件被加工表面的位置精度，其次影响尺寸精度和形状精度。如图 2-14 夹具体 1 上的定位轴 5 的外径误差、定位轴与安装钻模板的圆柱表面间的同轴度误差以及钻模板 2 的孔距误差都会影响到尺寸（25 ± 0.15）mm。

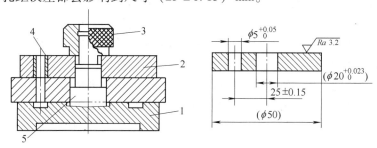

图 2-14　夹具误差的影响

1—夹具体　2—钻模板　3—钻模套　4—衬套　5—定位轴

夹具的磨损主要是定位元件和导向元件的磨损。例如图 2-14 中，定位轴 5 与钻、模板 2 间的磨损将增大它们之间的间隙，因而会增大加工误差。

为减少夹具误差所造成的加工误差，夹具的制造误差必须小于工件的公差，对于容易磨损的定位元件、导向元件等，除应采用耐磨的材料外，应做成可拆卸的，以方便更换。

3. 工艺系统受力变形及其对加工精度的影响

（1）工艺系统受力变形的现象　由机床、夹具、工件、刀具所组成的工艺系统是一个弹性系统（见图 2-15），在加工过程中由于切削力、夹紧力、重力、传动力、惯性力等外力的作用，将引起工艺系统各环节产生弹性变形，此变形造成位移。同时系统中各元件因其接触处的间隙也会产生位移和接触变形，从而破坏了刀具与工件之间已获得的准确位置，产生加

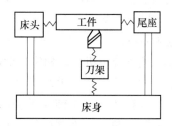

图 2-15　车床各部位弹性连接

工误差。例如，车细长轴时，如图 2-16 所示，由于轴变形，车完的轴就会出现中间粗两头细的鼓形。又如图 2-17 所示，在内圆磨床上切入式磨孔时，由于内圆磨头轴弹性变形，内孔会出现锥度误差。

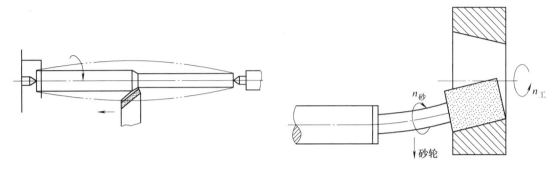

图 2-16 细长轴车削时的受力变形   图 2-17 切入式磨孔时磨头轴的受力变形

因此，工艺系统受力变形是影响加工精度的一项重要误差因素，它不但影响加工精度，而且还影响表面质量。

弹性系统在外力作用下所产生的变形位移，其大小取决于外力的大小和系统抵抗外力的能力。弹性系统在外力作用下抵抗变形的能力称为刚度。刚度越小，受力变形就越大。

（2）工艺系统受力变形对加工精度的影响　工件的加工精度除受切削力大小的影响外，还受切削力作用点位置变化的影响。例如，在车床上以两顶尖支承工件车外圆，当在车削短而粗的光轴时，工件不易变形，切削力使得前后顶尖和刀具产生让刀现象，在工件两端让刀量较大，中间让刀量较小，从而加工后为马鞍形，产生圆柱度误差。

如果是车削细长轴工件，因为工件刚性很差，切削力的变形都将转到工件的变形上，工艺系统的其他部分刚性相对较好，变形可以忽略不计。当切削至工件中间时，工件的变形量较大，当切削至工件两端时，工件的变形较小，因此切削后工件的误差表现为腰鼓形圆柱度误差。

（3）误差复映规律　在加工过程中，由于工件毛坯加工余量或材料硬度的变化，引起切削力和工艺系统受力变形的变化，因而产生工件的尺寸误差和形状误差。

如图 2-18 所示，为车削一个有圆度误差的毛坯，将刀尖调整到要求的尺寸（图中双点画线圆），在工件每一转过程中，背吃刀量发生变化，当车刀切至毛坯椭圆长轴时为最大背吃刀量 a_{p1}，切至椭圆短轴时为最小背吃刀量 a_{p2}，其余在椭圆长短轴之间切削，背吃刀量介于 a_{p1} 与 a_{p2} 之间。因此切削力 F_Y 也随背吃刀量 a_p 的变化而变化，由 F_{Ymax} 变到 F_{Ymin}，引起工艺系统中机床的相应变形为 Y_1 和 Y_2，这样就使加工后的工件产生与毛坯类似的圆度误差。这种加工后的工件存在与加工前相类似误差的现象，称为"误差复映"现象。下面来研究毛坯误差和加工误差之间的定量关系。

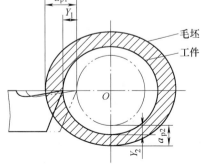

图 2-18 毛坯形状的误差复映

根据切削原理公式有：$F_Y = \lambda C_p a_p f^{0.75}$

式中　　$\lambda = F_Y / P_z$，一般取 0.4；

　　　　C_p——与工件材料及刀具几何角度有关的系数，由切削用量手册可查得；

　　　　a_p——背吃刀量（切削深度）；

　　　　f——进给量。

毛坯上的最大误差为 $\Delta_{坯} = a_{p1} - a_{p2}$，工件上的最大误差为 $\Delta_{工} = Y_1 - Y_2$，而 $Y_1 = F_{Ymax} / K_{系统}$、$Y_2 = F_{Ymin} / K_{系统}$

工件在一次进给后的加工误差为

$$\Delta_{工} = Y_1 - Y_2$$

$$= \frac{F_{Ymax}}{K_{系统}} - \frac{F_{Ymin}}{K_{系统}}$$

$$= \lambda C_p a_{p1} f^{0.75} \frac{1}{K_{系统}} - \lambda C_p a_{p1} f^{0.75} \frac{1}{K_{系统}}$$

$$= \lambda C_p f^{0.75} \frac{a_{p1} - a_{p2}}{K_{系统}} = \lambda C_p f^{0.75} \frac{\Delta_{坯}}{K_{系统}}$$

则

$$\frac{\Delta_{工}}{\Delta_{坯}} = \lambda C_p f^{0.75} \frac{1}{K_{系统}} = \varepsilon$$

上式表示了加工误差与毛坯误差之间的比例关系，说明了“误差复映”规律。ε 定量地反映了毛坯误差经过加工后减少的程度，称之为“误差复映系数”。可以看出，工艺系统刚度越高，ε 越小，即复映到工件上的误差越小。

若加工过程分几次进给进行，每次进给的复映系数为 ε_1、ε_2、$\varepsilon_3 \cdots \varepsilon_n$，则总的复映系数 $\varepsilon = \varepsilon_1$、$\varepsilon_2$、$\varepsilon_3 \cdots \varepsilon_n$。由于变形 Y 总是小于背吃刀量 a_p，所以 ε 总小于 1，因此，经过几次进给后，ε 降到很小数值，加工误差也就降到允许范围以内了。在成批大量生产中，用调整法加工一批工件时，误差的复映规律表明了因毛坯尺寸不一致造成加工后该批工件尺寸的分散。

4. 工艺系统热变形及其对加工精度的影响

机械加工中，工艺系统在各种热源作用下会产生一定的热变形。由于工艺系统热源分布的不均匀性以及各环节结构和材料的不同，使工艺系统各部分所产生的热变形既复杂又不均匀，从而破坏了刀具与工件之间正确的相对位置关系和相对运动关系。

工艺系统热变形对精加工影响较大。据统计，在精密加工中，由于热变形引起的加工误差占总加工误差的 40%~70%；在大型零件加工中，热变形对加工精度的影响也十分显著；在自动化生产中，热变形导致加工精度不断变化。

（1）工艺系统热源　加工过程中，工艺系统的热源主要有两大类：内部热源和外部热源。

内部热源主要包括：来自切削过程的切削热，它以不同的比例传给工件、刀具、切屑及周围的介质。另一种是摩擦热，它来自机床中的各种运动副和动力源，如高速运动导轨副、齿轮副、丝杠螺母副，蜗杆副、摩擦离合器、电动机等。

外部热源主要来自外部环境，如气温、阳光、取暖设备、灯光、人体等。

（2）机床热变形　不同类型的机床因其结构与工作条件的差异而使热源和变形形式各

不相同。磨床的热变形对加工精度影响较大，一般外圆磨床的主要热源是砂轮主轴的摩擦热及液压系统的发热；而车、铣、钻、镗等机床的主要热源则是主轴箱。主轴箱轴承的摩擦热以及主轴箱中油液的发热导致主轴箱及与它相连部分的床身温度升高。图 2-19 为卧式车床热变形情况示意图。其中图 2-19a 表示温升使床身变形、主轴抬高和倾斜；图 2-19b 为主轴抬高量和倾斜量与运转时间的关系。关于各类机床工作时热变形的大概趋势及减少机床热变形对加工精度的影响的基本途径，请查阅有关资料，不作详细阐述。

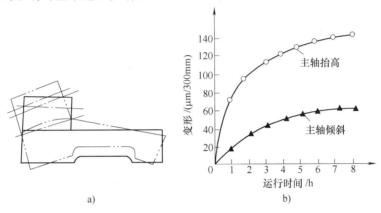

图 2-19　卧式车床热变形情况示意图
a）热变形示意图　b）热变形曲线

（3）工件热变形　工件的热变形是由切削热引起的，热变形的情况与加工方法和受热是否均匀有关，在车、磨外圆时工件均匀受热而产生热伸长，热伸长量按下式计算

$$\Delta L = \alpha L \Delta t$$

式中　α——工件材料的热膨胀系数（1/℃）；

　　　L——工件在热变形方向上的尺寸（mm）；

　　　Δt——工件平均温升（℃）。

例如，6 级丝杠的螺距累积误差在全长上不许超过 0.02mm，现磨削一根 3m 长的丝杠，每磨一次温升为 3℃，能否达到要求？（钢 $\alpha = 12 \times 10^{-6}/℃$）

$$\Delta L = 12 \times 10^{-6} \times 3000 \times 3 mm = 0.1mm$$

因此，由于切削热引起的热伸长而产生的误差比规定的公差大 4 倍，可见热变形对加工精度的影响是很大的。

当工件能够自由热伸长时，工件的热变形主要影响尺寸精度，否则工件还会产生圆柱度误差。加工螺纹时产生螺距误差。

当工件进行铣、刨、磨等平面的加工时，工件单侧受热，上、下表面温升不等，从而导致工件向上凸起，中间切去的材料较多，冷却后被加工表面呈凹形。

减少工件热变形对加工精度影响的措施有：

1）在切削区施加充足的切削液。

2）提高切削速度或进给量，以减少传入工件热量。

3）粗、精加工分开，使粗加工的余热不带到精加工工序中。

4）刀具和砂轮勿让过分的磨钝才进行刃磨和修正，以减少切削热和磨削热。

5) 使工件在夹紧状态下有伸缩的自由（如采用弹簧后顶尖等）。

（4）刀具热变形　使刀具产生热变形的热源主要也是切削热，尽管这部分热量很小（占总热量的 3% ~ 5%），但因刀具体积小，热容量小，因此刀具的工作表面会被加热到很高的温度。图 2-20 所示的三条曲线中，A 表示车刀在连续工作状态下升温中的变形过程；B 表示切削停止后，刀具冷却的变形过程；C 表示刀具在间断切削时（如车短小轴类），刀具处于加热冷却交替的状态，因切削时间短，所以刀具热变形对加工精度影响

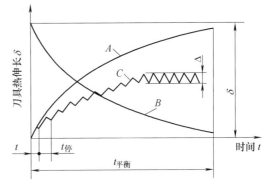

图 2-20　车刀热变形曲线

较小，但在刀具达到热平衡前，先后加工的一批零件仍存在一定误差。

加工大型零件，刀具热变形往往造成几何形状误差。如车削长轴时，可能由于刀具热伸长而产生锥体。

减少刀具热变形对加工精度影响的措施有：减小刀具伸出长度；改善散热条件；改进刀具角度，减小切削热；合理选用切削用量以及加工时加切削液使刀具得到充分冷却等。

5. 工件内应力引起的变形

所谓内应力，是指当外部载荷去掉以后，仍残存在工件内部的应力。它是由于金属内部宏观或微观的组织发生了不均匀的体积变化而产生的。其外界因素来自热加工、冷加工。具有内应力的零件，其内部组织处于一种不稳定状态。它内部的组织有强烈的倾向要恢复到一个稳定的没有内应力的状态。在这一过程中，工件的形状逐渐变化（如翘曲变形），从而丧失其原有精度。

（1）内应力产生的原因

1）毛坯制造中产生的内应力。在铸、锻、焊及热处理等毛坯热加工中，由于毛坯各部分受热不均或冷却速度不等以及金相组织的转变，都会引起金属不均匀的体积变化，从而在其内部产生较大的内应力。如图 2-21a 所示，一内外壁厚不等的铸件，浇注后在冷却过程中，由于壁 1、壁 2 较薄，冷却较快，而壁 3 较厚，冷却较慢。

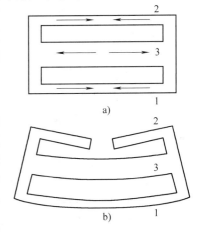

图 2-21　铸造内应力及其变形

因此当壁 1、壁 2 从塑性状态冷却到弹性状态时，壁 3 尚处于塑性状态。这时壁 1、壁 2 在收缩时并未受到壁 3 的阻碍，铸件内部不产生内应力。但当壁 3 也冷却到弹性状态时，壁 1、壁 2 基本冷却，故壁 3 收缩受到壁 1、壁 2 的阻碍，使壁 3 内部产生残留拉应力，壁 1、壁 2 产生残留压应力，拉、压应力处于平衡状态。此时，若在壁 2 上开一个缺口（如图 2-21b 所示）则壁 2 的压应力消失，壁 1、壁 3 分别在各自的压、拉内应力作用下产生伸长和收缩变形、工件弯曲，直到内应力重新分布达到新的平衡。

2）冷校直产生的内应力。一些细长轴工件（如丝杠等）由于刚度较低，容易产生弯曲变形，常采用冷校直的办法使之变直。如图 2-22 所示，一根无内应力向上弯曲的长轴，当中部受到载荷 F 作用时，将产生内应力，其轴心线以上产生压应力、轴心线以下产生拉应

力（见图 2-22b），两条虚线之间是弹性变形区、虚线之外是塑性变形区。当工件去掉外力后，工件的弹性恢复受到塑性变形区的阻碍，致使内应力重新分布（见图 2-22c）。由此可见，工件经冷校直后内部产生残留应力，处于不稳定状态，若再进行切削加工，工件将重新产生弯曲变形。

3）切削加工产生的内应力。在切削加工形成的力和热的作用下，使被加工表面产生塑性变形，也能引起内应力，并在加工后引起工件变形。

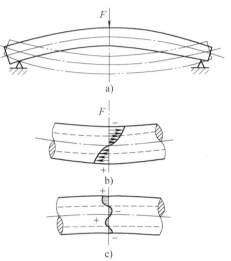

图 2-22　校直引起的内应力

（2）减小或消除内应力的措施

1）采用适当的热处理工序。对于铸、锻、焊接件，常进行退火、正火或人工时效处理，以后再进行机械加工。对重要零件，在粗加工和半精加工后还要进行时效处理，以消除毛坯制造及加工中的内应力。

2）给工件足够的变形时间。对于精密零件粗、精加工应分开；大型零件，由于粗、精加工一般安排在一个工序内进行，故粗加工后先将工件松开，使其自由变形，再以较小夹紧力夹紧工件进行精加工。

3）零件结构要合理。结构要简单，壁厚要均匀。

6. 调整误差

在机械加工中，由于工艺系统"机床－夹具－工件－刀具"没有调整到正确的位置，而产生的加工误差，称为调整误差。

调整误差与调整方法有关。

（1）试切法调整　试切法调整就是对被加工零件进行试切－测量－调整－再试切，直到符合规定的尺寸要求时，再正式切出整个加工表面。这种调整方法主要用于单件、小批量生产。显然这时引起调整误差的因素有：

1）测量误差。测量误差是由测量器具误差、测量温度变化、测量力以及视觉偏差等引起的误差，使加工误差扩大。

2）微量进给的影响。在试切中，总是要微量调整刀具的进给量，以便最后达到零件的尺寸精度。但是，在低速微量进给中，常会出现进给机构的"爬行"现象，结果使刀具的实际进给量比手轮转动刻度数总要偏大或偏小些，以致难于控制尺寸精度，造成加工误差。

3）切削厚度影响。在切削加工中，刀具所能切掉的最小切削厚度是有一定限度的。锐利的切削刃最小切削厚度仅为 $5\mu m$，已钝的切削刃切削厚度可达 $20\sim50\mu m$，切削厚度再小时切削刃就切不下金属而打滑，只起挤压作用。精加工时，试切的金属层总是很薄的，由于打滑和挤压，试切的金属实际上可能没有切下来。这时，如果认为试切尺寸已合格，就合上纵向进给机构切削下去，则新切到部分的背吃刀量将比已试切的部分要大，刀具不会打滑，因此，最后所得的工件尺寸会比试切部分小些（见图 2-23a）。粗加工时，新切到部分的背吃刀量大大超过试切部分，切削力突然增加，由于工艺系统受力变形，产生让刀也大些

（见图 2-23b），车削外表面时就使尺寸变大了。

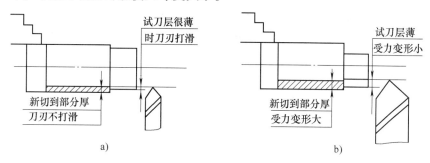

图 2-23　试切调整

（2）按定程机构调整　在半自动机床、自动机床和自动线上，广泛应用行程挡块、靠模及凸轮等机构来保证加工精度。这些机构的制造精度和磨损以及与其配合使用的离合器行程开关、控制阀等的灵敏度就成了影响调整误差的主要因素。

（3）用样件或样板调整　在各种仿形机床、多刀机床和专用机床的加工中，常采用专门的样件或样板来调整刀具、机床与工件之间的相对位置，这样样件或样板本身的制造误差、安装误差、对刀误差就成了影响调整误差的主要因素。

2.1.3　加工误差的综合分析

实际生产中，影响加工精度的因素往往是错综复杂的，由于多种原始误差同时作用，有的可以相互补充或抵消，有的则必须相互叠加，不少原始误差的出现，又带有一定的随机性，而且还往往有许多考察不清或认识不到的误差因素，因此很难用前述单因素的估算方法来分析其因果关系。这时只能通过对生产现场实际加工出的一批工件进行检查测量，运用数理统计的方法加以处理和分析，从中找出误差的原因和规律，并加以控制或消除，以保证工件达到规定的加工精度。

1. 加工误差的性质

影响加工精度的一些误差因素，按其性质的不同，可分为两大类：即系统性误差和随机性误差。

（1）系统性误差　当顺次加工一批零件时，误差的大小和方向基本保持不变或误差随加工时间按一定的规律而变化，都称为系统性误差。前者称为常值系统性误差，后者称为变值系统性误差。

原理误差，机床、刀具、夹具、量具的制造误差、一次调整引起的误差等均与加工时间无关，其大小和方向均保持不变，因此都是常值性系统误差。例如：铰刀本身直径比规定直径大 0.02mm，则加工一批工件所有铰孔直径都比规定的尺寸大 0.02mm。

机床、刀具未达到热平衡时的热变形过程中所引起的加工误差是随加工时间而有规律地变化的，故属于变值系统性误差。

（2）随机性误差　在顺次加工一批工件时，误差出现的大小或方向作无规律变化的称为随机性误差。

如毛坯误差的复映、定位误差、夹紧误差、多次调整误差、内应力引起的变形误差等都是随机性误差。

必须指出，对于某一具体误差来说，应根据其实际情况来判定其是属于系统性误差还是随机性误差。如大量生产中，加工一批工件往往需经过多次调整，每次调整时产生的调整误差就不可能是常值，变化也无一定规律，此时的调整误差就是随机性误差。但对一次调整中加工出来的工件来说，调整误差又属于常值系统性误差。

2. 加工误差的数理统计方法

常用的统计分析方法有两种：分布曲线法和点图法。此处仅介绍分布曲线法。

（1）实际分布曲线　用调整法加工出来的一批工件，尺寸总是在一定范围内变化的，这种现象称为尺寸分散。尺寸分散范围就是这批工件最大和最小尺寸之差。如果将这批工件的实际尺寸测量出来，并按一定的尺寸间隔分成若干组，然后以各个组的尺寸间隔宽度（组距）为底、以频数（同一间隔组的零件数）或频率（频数与该批零件总数之比）为高作出若干矩形，即直方图。如果以每个区间的中点（中心值）为横坐标，以每组频数或频率为纵坐标得到的一些相应的点，将这些点连成折线即为分布折线图。当所测零件数量增多、尺寸间隔很小时，此折线便非常接近于一条曲线，这就是实际分布曲线。

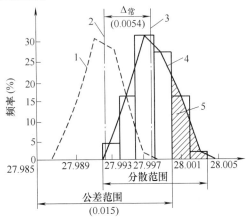

图 2-24　活塞销孔直径尺寸分布图
1—理论分布位置　2—公差范围中心（27.9925）
3—分散范围中心（27.9979）　4—实际
分布位置　5—废品区

图 2-24 所示为一批 $\phi 28_{-0.015}^{0}$ mm 活塞销孔镗孔后孔径尺寸的直方图和分布折线图，它是根据表 2-1 数据绘制的。

表 2-1　活塞销孔直径频数统计表

组别 k	尺寸范围/mm	组中心值 x/mm	频数 m	频率 m/n
1	27.992～27.994	27.993	4	4/100
2	27.994～27.996	27.995	16	16/100
3	27.996 27.998	27.997	32	32/100
4	27.998～28.000	27.999	30	30/100
5	28.000～28.002	28.001	16	16/100
6	28.002～28.004	28.003	2	2/100

由图 2-24 可以看出：

1）尺寸分散范围（28.004mm － 27.992mm ＝ 0.012mm）小于公差带宽度（T = 0.015mm），表示本工序能满足加工精度要求。

2）部分工件超出公差范围（阴影部分）成为废品，究其原因是尺寸分散中心（27.9979mm）与公差带中心（27.9925mm）不重合，存在较大的常值系统性误差（$\Delta_{常}$ = 0.0054mm），如果设法使尺寸分散中心与公差带中心重合，把镗刀伸出量调短 0.0027mm 使分布折线左移到理想位置，则可消除常值系统性误差，使全部尺寸都落在公差带内。

（2）直方图和分布折线图的作法

1）收集数据。一个工序加工的全部零件称为总体，从总体中抽出来进行研究的一批零件称样本。收集数据时，通常在一次调整好机床加工的一批工件中取 100 件（称样本容量），测量各工件的实际尺寸或实际误差，并找出其中的最大值 X_{max} 和最小值 X_{min}。

2）分组。将抽取的工件按尺寸大小分成 k 组。k 可由表 2-2 中的经验数据确定，通常每组至少有 4～5 个数据。

表 2-2　分组数

数据的数量	组数 k
50～100	6～10
100～250	7～12

3）计算组距

组距　$h = \dfrac{X_{max} - X_{min}}{k - 1}$

按上式计算出的 h 值应根据量仪的最小分辨值的整数倍进行圆整。

4）计算组界

各组组界：$X_{min} \pm (j-1)h \pm h/2$

$$(j = 1、2、3、\cdots k)$$

各组的中值：$X_{min} + (j-1)h$

5）统计频数 mi。计算频率 mi/n

6）绘制直方图和分布折线图。

（3）正态分布曲线　实践表明，在正常生产条件下，无占优势的影响因素存在，而加工的零件数量又足够多时，其尺寸分布总是按正态分布的。因此，在研究加工精度问题时，通常都是用正态分布曲线（高斯曲线）来代替实际分布曲线，使加工误差的分析计算得到简化。

1）正态分布曲线方程式

$$y = \frac{1}{\sigma\sqrt{2\pi}} e^{-\frac{(X - \bar{X})^2}{2\sigma}}$$

其曲线形状如图 2-25 所示。

当采用正态分布曲线代替实际分布曲线时，上述方程的各个参数分别为

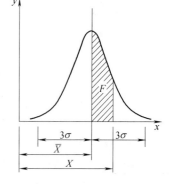

图 2-25　正态分布曲线

X——分布曲线的横坐标，表示工件的实际尺寸或实际误差；

$\bar{X}$——工件的平均尺寸，尺寸的分散中心，即

$$\bar{X} = \frac{1}{n}\sum_{j=1}^{n} X_i = \frac{1}{n}\sum_{j=1}^{k} m_j X_j$$

σ——工序的标准差（均方根偏差）即

$$\sigma = \sqrt{\frac{1}{n}\sum_{j=1}^{n}(X_i - \bar{X})^2} = \sqrt{\frac{1}{n}\sum_{j=1}^{k}(X_j - \bar{X})m_j}$$

y——分布曲线纵坐标，表示分布曲线概率密度（分布密度）；

n——样本总数；

X_j——组中心值；

k——组数；

e——自然对数底（e = 2.7189）。

正态分布曲线下面所包含的全部面积代表了全部工件，即

$$\int \frac{1}{\sigma \sqrt{2\pi}} e^{-\frac{(X-\bar{X})^2}{2\sigma}} dX = 1$$

而图 2-25 中阴影部分的面积 F 为尺寸从 $\bar{X}$ 到 X 间的工件的频率。

$$F = \frac{1}{\sigma \sqrt{2\pi}} \int_{\bar{X}}^{X} e^{-\frac{(X-\bar{X})^2}{2\sigma}} dX$$

为计算方便，令 $\dfrac{X - \bar{X}}{\sigma} = Z$，则

$$F = \phi(Z) = \frac{1}{\sqrt{2\pi}} \int_{0}^{Z} e^{-\frac{Z^2}{2}} dZ$$

各种不同 Z 值的函数 $\phi(Z)$ 值见表 2-3。

表 2-3　$\phi(Z) = \dfrac{1}{\sqrt{2\pi}} \displaystyle\int_{0}^{Z_1} e^{-\frac{Z^2}{2}} dZ$ 之值

Z	$\phi(Z)$	Z	$\phi(Z)$	Z	$\phi(Z)$	Z	$\phi(Z)$	Z	$\phi(Z)$	Z	$\phi(Z)$	Z	$\phi(Z)$
0.01	0.0040	0.17	0.0675	0.33	0.1293	0.49	0.1879	0.80	0.2881	1.30	0.4032	2.20	0.4861
0.02	0.0080	0.18	0.0714	0.34	0.1331	0.50	0.1915	0.82	0.2939	1.35	0.4115	2.30	0.4893
0.03	0.0120	0.19	0.0753	0.35	0.1368	0.52	0.1985	0.84	0.2995	1.40	0.4192	2.40	0.4918
0.04	0.0100	0.20	0.0793	0.36	0.1406	0.54	0.2054	0.86	0.3051	1.45	0.4265	2.50	0.4938
0.05	0.0199	0.21	0.0832	0.37	0.1443	0.56	0.2123	0.88	0.3106	1.50	0.4332	2.60	0.4953
0.06	0.0239	0.22	0.0871	0.38	0.1480	0.58	0.2190	0.90	0.3159	1.55	0.4394	2.70	0.4965
0.07	0.0279	0.23	0.0910	0.39	0.1517	0.60	0.2257	0.92	0.3212	1.60	0.4452	2.80	0.4974
0.08	0.0319	0.24	0.0948	0.40	0.1554	0.62	0.2324	0.94	0.3264	1.65	0.4505	2.90	0.4981
0.09	0.0359	0.25	0.0987	0.41	0.1591	0.64	0.2389	0.96	0.3315	1.70	0.4554	3.00	0.49865
0.10	0.0398	0.26	0.1023	0.42	0.1628	0.66	0.2454	0.98	0.3365	1.75	0.4599	3.20	0.49931
0.11	0.0438	0.27	0.1064	0.43	0.1664	0.68	0.2517	1.00	0.3413	1.80	0.4641	3.40	0.49966
0.12	0.0478	0.28	0.1103	0.41	0.1700	0.70	0.2580	1.05	0.3531	1.85	0.4678	3.60	0.499841
0.13	0.0517	0.29	0.1141	0.45	0.1772	0.72	0.2642	1.10	0.3643	1.90	0.4713	3.80	0.499928
0.14	0.0557	0.30	0.1179	0.46	0.1776	0.74	0.2703	1.15	0.3749	1.95	0.4744	4.00	0.499968
0.15	0.0596	0.31	0.1217	0.47	0.1808	0.76	0.2764	1.20	0.3849	2.00	0.4772	4.50	0.499997
1.16	0.0636	0.32	0.1255	0.48	0.1844	0.78	0.2823	1.25	0.3944	2.10	0.4821	5.00	0.49999997

查表可知：当 $Z = 0.3$ 即 $X - \bar{X} = \pm 0.3\sigma$ 时，$2\phi(Z) = 0.2358$

当 $Z = 1.1$ 即 $X - \bar{X} = \pm 1.1\sigma$ 时，$2\phi(Z) = 0.7286$

当 $Z = 3$ 即 $X - \bar{X} = \pm 3\sigma$ 时，$2\phi(Z) = 0.9973$

2）正态分布曲线的特点：

①曲线呈钟形，中间高、两边低；这表示尺寸靠近分散中心的工件占大部分，而尺寸远离分散中心的工件是极少数。

②曲线以 $X = \bar{X}$ 为轴对称分布，表示工件尺寸大于 $\bar{X}$ 和小于 $\bar{X}$ 的频率相等。

③工序标准差 σ 是决定曲线形状的重要参数。如图 2-26 所示，σ 越大，曲线越平坦，尺寸越分散，也就是加工精度越低；σ 越小，曲线越陡峭，尺寸越集中，也就是加工精度越高。

④曲线分布中心 $\overline{X}$ 改变时，整个曲线将沿 X 轴平移，但曲线的形状保持不变，如图 2-27 所示。这是常值系统性误差影响的结果。

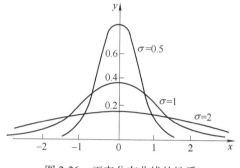

图 2-26　正态分布曲线的性质

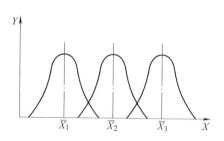

图 2-27　σ 不变时 $\overline{X}$ 使分布曲线移动

⑤从表 2-3 中可以查出，当 $X - \overline{X} = \pm 3\sigma$ 时，$F = 49.865\%$，$2F = 99.73\%$，即工件尺寸在 $\overline{X} \pm 3\sigma$ 以内的频率占 99.73%，这就是说，在 $X - \overline{X} = \pm 3\sigma$ 范围内，实际上已差不多包含了该批零件的全部，只有 0.27% 的工件尺寸在 $\pm 3\sigma$ 之外，可忽略不计。因此，一般取 6σ 为正态分布曲线的尺寸分散范围。

例 2-1　已知 $\sigma = 0.005\text{mm}$ 零件公差带 $T = 0.02\text{mm}$，且公差对称于分散范围中心，$X = 0.01\text{mm}$。试求此时的废品率。

解
$$Z = X / \sigma = 0.01 / 0.005 = 2$$
查表 2-6，当 $Z = 2$ 时，$2\phi(Z) = 0.9544$，故废品率为
$$[1 - 2\phi(Z)] \times 100\% = [1 - 0.9544] \times 100\% = 4.6\%$$

例 2-2　车一批轴的外圆，其图样规定的尺寸为 $\phi 20_{-0.1}^{\;0}\text{mm}$，根据测量结果，此工序的分布曲线是按正态分布，其 $\sigma = 0.025\text{mm}$，曲线的顶峰位置和公差中心相差 0.03mm，偏于右端。试求其合格率和废品率。

解　如图 2-28 所示，合格率由 A、B 两部分计算

$$Z_A = \frac{X_A}{\sigma} = \frac{0.5T + 0.03}{\sigma} = \frac{0.5 \times 0.1 + 0.03}{0.025} = 3.2$$

$$Z_B = \frac{X_B}{\sigma} = \frac{0.5T - 0.03}{\sigma} = \frac{0.5 \times 0.1 - 0.03}{0.025} = 0.8$$

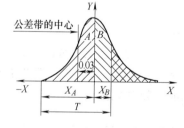

图 2-28　轴直径尺寸分布曲线

查表 2-3 得：$Z_A = 3.2$，$\phi(Z_A) = 0.49931$；$Z_B = 0.8$，$\phi(Z_B) = 0.2881$

故合格率：$(0.49931 + 0.2881) \times 100\% = 78.741\%$

不合格率：$(0.5 - 0.2881) \times 100\% = 21.2\%$

由图 2-28 可知，虽有废品，但尺寸均大于零件的上限尺寸，故可修复。

3）非正态分布。工件实际尺寸的分布情况，有时并不近似于正态分布，而是出现非正态分布。例如，将两次调整下加工的零件混在一起，尽管每次调整下加工的零件是按正态分

布的，但由于两次调整的工件平均尺寸及工件数可能不同，于是分布曲线将为如图 2-29a 所示的双峰曲线。如果加工中刀具或砂轮的尺寸磨损比较显著，分布曲线就会如图 2-29b 所示形成平顶分布。当工艺系统出现显著的热变形时，分布曲线往往不对称（例如，刀具热变形严重，加工轴时偏向左，加工孔时则偏右，如图 2-29c 所示），用试切法加工时，由于操作者主观上存在着宁可返修也不要报废的倾向，也往往出现不对称分布的现象（加工轴宁大勿小，偏右；加工孔宁小勿大，偏左）。

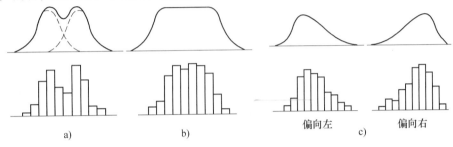

图 2-29　非正态分布

a）双峰曲线　b）平顶分布　c）不对称分布

4）正态分布曲线的应用：

①计算合格率和废品率。

②判断加工误差的性质。如果加工过程中没有变值系统性误差，那么它的尺寸分布应服从正态分布；如果尺寸分散中心与公差带中心重合，则说明不存在常值系统性误差，若不重合则两中心之间的距离即常值系统性误差；如果实际尺寸分布与正态分布有较大出入，说明存在变值系统性误差，则可根据图 2-29 初步判断变值系统误差是什么类型。

③判断工序的工艺能力能否满足加工精度的要求。所谓工艺能力是指处于控制状态的加工工艺所能加工出产品质量的实际能力，可以用工序的尺寸分散范围来表示其工艺能力，大多数加工工艺的分布都接近正态分布，而正态分布的尺寸分散范围是 6σ，故一般工艺能力都取 6σ。因此，工艺能力能否满足加工精度要求，可以用下式判断

$$C_p = \frac{T}{6\sigma}$$

式中　T——工件公差。

C_p 称为工艺能力系数，如果 $C_p \geq 1$ 时，可认为工序具有不产生不合格产品的必要条件，如果 $C_p < 1$ 时，那么该工序产生不合格品是不可避免的。根据工艺能力系数的大小，可将工艺能力分为 5 级，见表 2-4。

表 2-4　工序能力等级表

工艺能力系数 C_p	工艺等级	工艺能力判断	工艺能力系数 C_p	工艺等级	工艺能力判断
$C_p > 1.67$	特级	工艺能力很充分	$0.67 < C_p \leq 1.00$	三级	工艺能力不足
$1.33 < C_p \leq 1.67$	一级	工艺能力足够	$C_p \leq 0.67$	四级	工艺能力极差
$1.00 < C_p \leq 1.33$	二级	工艺能力勉强			

5）分布曲线法的缺点。加工中随机性误差和系统性误差同时存在，由于分析时没有考

虑到工件加工的先后顺序，故不能反映误差的变化趋势，因此很难把随机性误差和变值系统性误差区分开来。由于必须要等一批工件加工完毕后才能得出分布情况，因此不能在加工过程中及时提供控制精度的资料。而点图分析法则可以克服和弥补分布曲线法的不足。点图分析法是在加工过程中定期测量一组工件，分析每组零件的尺寸变化趋势和尺寸分散情况，从而对加工过程进行监控的一种方法。关于点图分析法的具体情况可查阅相关资料。

2.1.4　提高加工精度的工艺措施

前面分析和讨论了各种原始误差因素对加工精度的影响，并提出了一些解决单个问题的措施。下面再通过一些实例，进一步阐述保证和提高加工精度的途径，用以说明如何运用理论知识来分析和解决综合性的加工精度问题。

1. 直接消除和减少原始误差

采取措施直接消除和减少原始误差，显然可以提高加工精度，特别是从改变加工方式和工装结构等方面着手，来消除产生原始误差的根源，往往可事半功倍，收到更好的效果。

例如，加工长径比 l/d 较大的细长轴时（见图2-30a），因工件刚度极差，容易产生弯曲变形和振动，严重影响加工精度。采取跟刀架和90°车刀，虽提高了工件的刚度，减少了径向切削力 F_Y，但只解决了 F_Y 把工件"顶弯"的问题。由于工件在轴向切削力 F_X 作用下，形成细长杆受偏心压缩而失稳弯曲，工件弯曲后，高速转旋产生的离心力以及工件受切削热作用产生的热伸长受后顶尖的限制，都会进一步加剧其弯曲变形，因而加工精度仍难以提高。为此可采取下列措施：

1）采用反向进给的切削方式（见图2-30b），进给方向由卡盘一端指向尾架。这时尾架改用可伸缩的弹性顶尖，F_X 力对工件是拉伸作用，就不会因 F_X 和热应力而压弯工件。

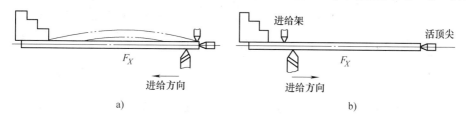

图 2-30　不同进给方向加工细长轴的比较

2）采用大进给量和较大主偏角的车刀，增大了 F_X 力，使 F_Y 和 F_X 对工件的弯矩相互抵消了一部分，起着抑制振动的作用而切削平稳。

3）在卡盘一端的工件上车出一个缩颈（见图2-31）以增加工件柔性，减少了因坯料弯曲而在卡盘强制夹持下产生轴线歪斜的影响。

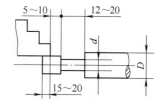

图 2-31　夹持端车出缩颈

又如，在加工刚性不足的圆环零件或磨削精密薄片零件时，为消除或减少夹紧变形而产生的原始误差，可以采取以下两个措施：

1）采用弹性夹紧机构，使工件在自由状态下定位和夹紧。

2）采用临时性加强工件刚性的方法。

图2-32所示为磁力吸盘夹紧和弹性夹紧两种夹紧方式工件变形状态的比较。

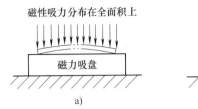

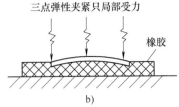

图 2-32　两种夹紧方式工件变形状态的比较

直接吸牢进行磨削后将工件取下，由于弹性恢复，使已磨平的表面又产生翘曲。改进的方法是在工件和吸盘之间垫入一层薄的橡皮，当吸紧工件时，橡皮被压缩，使工件变形减小，经过多次反正面磨削，便可将工件的变形磨去，从而可以消除由于夹紧而引起的弯曲变形所造成的原始误差。

2. 补偿或抵消原始误差

误差补偿的方法就是人为地造出一种新的误差去抵消工艺系统中出现的关键性的原始误差。误差抵消的方法是利用原有的一种误差去抵消另一种误差。无论用何种方法，都应力求使两者大小相等、方向相反，从而达到减少甚至完全消除原始误差的目的。

大型龙门铣床的横梁在立铣头自重的作用下会产生的变形，在这种情况下若是采用加强横梁或减轻铣头自重的办法来直接消除或减少误差，显然是不可行的，而应采取误差补偿的方法。其做法是：在刮研横梁导轨时故意使导轨面产生"向上凸"的几何形状误差，以抵消横梁因铣头重量而产生"向下垂"的受力变形，这样，就用人为的误差抵消了变形而产生的误差，如图 2-33 所示。

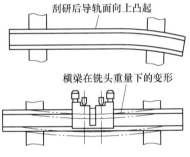

图 2-33　龙门铣床横梁变形与刮研

3. 转移变形或转移误差

误差转移法就是把影响加工精度的原始误差转移到不影响（或少影响）加工精度的方向或其他零部件上去。

图 2-34 所示为一个转移变形的示例。从图中可见，龙门铣床的横梁除采用误差补偿的办法之外，还可以在横梁上再安装一根附加的梁，使它承担铣头和配重的重量，把弯曲变形转移到附加的梁上去。显而易见，附加梁的受力变形对加工精度不产生任何影响，只是使机床结构复杂些。

六角车床都采用"立刀"安装法，把切削刃的切削基面放在垂直平面内就把其转位误差转移到了误差的不敏感方向，由此产生的加工误差就可减少到可以忽略不计的程度。

4. 均分原始误差

在加工中，当前面工序的误差较大时，由于本工序的定位误差或复映误差的影响，可能会使本工序超差。若提高前面某道工序的加工精度不经济，则可采用分组调整、均分误差的方

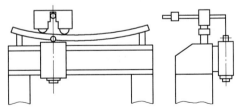

图 2-34　用附加梁转移横梁的变形

法，即将前面一道工序的尺寸按误差大小分为 n 组，使每组工件的误差缩小为原来的 $1/n$，然后按各组调整刀具与工件的相互位置，或针对每组制造适当尺寸的定位元件，以提高本道工序的加工精度。

如某厂在剃削齿轮时，采用心轴装夹工件。齿轮内孔尺寸为 $\phi25^{+0.013}_{0}$mm（IT6），所选心轴尺寸为 $\phi25.002$mm。由于孔轴配合间隙过大，造成齿轮齿圈径向跳动超差。此外，剃齿时还易发生振动，引起齿面误差和噪声，因此，必须减小配合间隙。由于孔精度已达到IT6 级，若再提高往往不经济。因此，采用分化误差方法，把工件按尺寸大小分成三组，对每组工件制造相应的心轴与其配合，从而大大减小了配合间隙，保证齿轮精度要求。分组情况见表 2-5。

表 2-5　尺寸分组　　　　　　　　　　　　　（单位：mm）

组号	工件内孔尺寸	心轴尺寸	配合精度	组号	工件内孔尺寸	心轴尺寸	配合精度
1	$\phi25^{+0.004}_{0}$	$\phi25.002$	±0.002	3	$\phi25^{+0.013}_{+0.008}$	$\phi25.011$	+0.002 −0.003
2	$\phi25^{+0.008}_{+0.004}$	$\phi25.006$	±0.002				

5. "就地加工"保证精度

在机械加工和装配中，有些精度问题牵涉到很多零件的相互关系，如果仅仅从提高零部件本身的精度着手，有些精度指标不但不能达到，即使达到，成本也很高。采用"就地加工"这一简捷的方法，可保证装配后的最终精度。

例如，在六角车床的加工制造中，转塔上六个安装刀架的大孔的轴心线必须保证和机床主轴旋转的轴心线重合，而六个平面又必须和主轴中心线垂直。如果把转塔作为单独零件加工出这些表面，要在装配中达到上述两项要求是很难的，因为其中包含了很复杂的尺寸链关系。采用"就地加工"的方法，既经济又能达到上述要求。

采用"就地加工"解决六角车床转塔上六个安装刀架的大孔的轴心线，六个平面同立轴旋转的轴心线的位置精度问题的具体办法是：这些表面在装配前不进行精加工，在六角转塔装配到机床上以后，在主轴上装上镗刀杆，使镗刀旋转，转塔作纵向进给运动，就可以依次精镗出转塔上的六个孔，然后再在主轴上安装一个能作径向进给运动的小刀架，刀具一面旋转，一面作径向进给运动，依次精加工出转塔上的六个平面。由于转塔

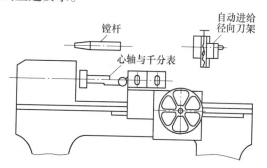

图 2-35　六角车床转塔上六个孔和
平面加工与检验

上的孔的轴心线是依据主轴旋转轴心线而加工成的，保证了二者的同轴度，同理，也保证了六个平面与主轴旋转轴心线的垂直度。然后卸去刀架，换上心轴和千分表，就可以检查所要求的同轴度和垂直度（见图 2-35）。

从上述示例中可以看出，在装配中为保证最终精度，采用"就地加工"的要求是：要保证部件间什么样的位置关系，就在这样的位置上利用一个部件装上刀具加工另一个部件。有时也把这种办法称为"自干自"。在机床上"就地"修正花盘平面的平面度，修正卡爪的

同轴度，在机床上修正夹具的定位面等等，都是采用了"自干自"的方法。

2.2　机械加工的表面质量

2.2.1　概述

机械加工表面质量是指零件加工后的表面层状态，它是判定零件质量的主要依据之一。因为机械零件的破坏大多是从表面开始的，而任何机械加工都不能获得完美的表面，总会存在着一定程度的微观不平度和表面层的物理力学性能的变化。因此，探讨和研究机械加工表面质量，就是为了掌握机械加工中各种工艺因素对加工表面质量影响的规律，以便运用这些规律来控制加工过程，达到改善表面质量，提高产品使用性能的目的。

1. 机械加工表面质量的含义

表面质量的含义有以下两方面的内容：

（1）表面层的几何形状特征

1）表面粗糙度。即表面的微观几何形状误差。评定的参数主要有轮廓算术平均偏差 Ra 或轮廓微观不平度十点平均高度 Rz。

2）波度。它是介于宏观几何形状误差与表面粗糙度之间的周期性几何形状误差，如图 2-36 所示。其主要产生于振动，应作为工艺缺陷设法消除。

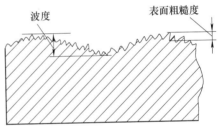

图 2-36　表面粗糙度和波度

（2）表面层物理力学性能的变化　表面层物理力学性能主要指下面三个方面的内容：

1）表面层的加工硬化。

2）表面层金相组织的变化。

3）表面层残留应力。

2. 表面质量对零件使用性能的影响

（1）表面质量对零件耐磨性的影响　零件的耐磨性是一项很重要的性能指标，当零件的材料、润滑条件和加工精度决定之后，表面质量对耐磨性起着关键的作用。因加工后的零件表面存在着凸起的轮廓峰和凹下的轮廓谷，两配合面或结合面的实际接触面积总比理想接触面积小，实际上只是在一些凸峰顶部接触，这样，当零件受力的作用时，凸峰部分的应力很大。零件的表面越粗糙，实际接触面积就越小，凸峰处单位面积上的应力就越大。当两个零件相对运动时，接触处就会产生弹性、塑性变形和剪切等现象，凸峰部分被压平而造成磨损。

虽然表面粗糙度对摩擦面影响很大，但并不是表面粗糙度越小越耐磨。过于光滑的表面会挤出接触面间的润滑油，引起分子之间的亲和力加强，从而产生表面咬焊、胶合，使得磨损加剧，如图 2-37 所示。就零件的耐磨性而言，最佳表面粗糙度 Ra

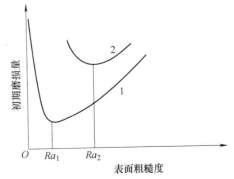

图 2-37　初始磨损量与表面粗糙度的关系
1—轻载荷　2—重载荷

的值在 $0.8 \sim 0.2 \mu m$ 之间为宜。

零件表面纹理形状和纹理方向对耐磨性也有显著的影响。一般来讲，圆弧状的、凹坑状的表面纹理，耐磨性好；而尖峰状的表面纹理耐磨性差，因它的承压面小，而压强大。在轻载并充分润滑的运动副中，两配合面的刀纹方向与运动方向相同时，耐磨性较好；与运动方向垂直时，耐磨性最差；其余的情况，介于上述的两者之间。而在重载又无充分润滑的情况下，两结合表面的刀纹方向垂直时，磨损较小。由此可见，重要的零件应规定最后工序的加工纹理方向。

零件表面层材料的冷作硬化，能提高表面层的硬度，增强表面层的接触刚度，减少摩擦表面间发生弹性和塑性变形的可能性，使金属之间咬合的现象减少，因而增强了耐磨性。但硬化过度会降低金属组织的稳定性，使表层金属变脆、脱落，致使磨损加剧，所以硬化的程度和深度应控制在一定的范围内。

表面层金属的残留应力和金相组织发生变化时，会影响表层金属的硬度，因此也将影响耐磨性。

（2）零件表面质量对零件疲劳强度的影响　零件在交变载荷的作用下，其表面微观不平的凹谷处和表面层的缺陷处容易引起应力集中而产生疲劳裂纹，造成零件的疲劳破坏。试验表明，减小表面粗糙度值可以使零件的疲劳强度有所提高。因此，对于重要零件的重要表面，往往应进行光整加工，以减小零件的表面粗糙度值，提高其疲劳强度。

冷作硬化可以在零件表面形成一个冷硬层，因而能阻碍表面层疲劳裂纹的出现，从而提高疲劳强度。但冷硬程度过大，表层金属变脆，反而易于产生裂纹。

表面残留应力对疲劳强度也有很大影响。当表面层为残留压应力时，能延缓疲劳裂纹的扩展，提高零件的疲劳强度；当表面层为残留拉应力时，容易使零件表面产生裂纹，从而降低其疲劳强度。

（3）零件表面质量对零件耐蚀性能的影响　零件的耐蚀性在很大程度上取决于零件的表面粗糙度。零件表面越粗糙，凹谷越深，越容易沉积腐蚀性介质而产生腐蚀。因此，减小零件表面粗糙度值，可以提高零件的耐蚀性能。

零件表面层的残留压应力和一定程度的硬化有利于阻碍表面裂纹的产生和扩展，因而有利于提高零件的抗腐蚀能力。而表面残留拉应力则降低零件的耐蚀性能。

（4）零件表面质量对配合性质及其他性能的影响　由于零件表面粗糙度的存在，将影响配合精度和配合性质。在间隙配合中，零件表面的粗糙度将使配合件表面的凸峰被挤平，从而增大配合间隙，降低配合精度；在过盈配合中，则将使配合件间的有效过盈量减小甚至消失，影响了配合的可靠性。因此，对有配合要求的表面，必须规定较小的表面粗糙度值。

在过盈配合中，如果表面硬化严重，将可能造成表层金属与内部金属脱离的现象，从而破坏配合的性质和精度。表面残留应力过大，将引起零件变形，使零件的几何尺寸改变，这样也将影响配合精度和配合性质。

表面质量对零件的其他性能也有影响，例如，减小零件的表面粗糙度值可以提高密封性能，提高零件的接触刚度，降低相对运动零件的摩擦因数，从而减少发热和功率损耗，减少设备的噪声等。

2.2.2　影响机械加工表面粗糙度的因素

零件经过机械加工之后所获得的表面，其质量的好坏，影响因素很多，一般来说，最主要的是几何因素、物理因素和加工中工艺系统的振动等。

1. 影响机械加工表面粗糙度的几何因素

切削加工过程中，刀具相对于工件作进给运动时，在被加工表面上残留的面积越大，所获得表面将越粗糙。用单刃刀切削时，残留面积只与进给量 f、刀尖圆角半径 r_0 及刀具的主偏角 κ_r、副偏角 κ'_r 有关，如图 2-38 所示。

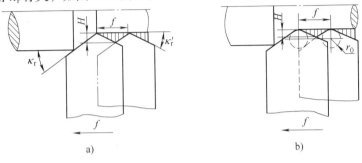

图 2-38 切削层残留面积
a）尖刀切削 b）带圆角半径 r_0 刀的切削

尖刀切削时（如图 2-38a）

$$H = \frac{f}{\cot\kappa_r + \cot(\kappa'_r)}$$

带圆角半径 r_0 的刀切削时（见图 2-38b）

$$H \approx \frac{f^2}{8r_0}$$

由公式可知，减小进给量 f，减小主、副偏角，增大刀尖圆角半径，都能减小残留面积的高度 H，也就减小了零件的表面粗糙度值。

进给量 f 对表面粗糙度影响较大，当 f 值较低时，虽然有利于表面粗糙度值的减小，但生产率也成比例地降低，而且过小的进给量，将造成薄层切削，反而容易引起振动，使得表面粗糙度值增大。

增大刀尖圆角半径有利于表面粗糙度值的减小，但同时会引起进给抗力 F_y 的增加，从而加大工艺系统的振动。因此在增大刀尖圆角半径时，要考虑进给抗力的潜在因素。

减小主、副偏角均有利于表面粗糙度值的降低。但在精加工时，它们对表面粗糙度的影响较小。

前角对表面粗糙度没有直接影响。但适当增大前角，刀具易于切入工件，塑性变形小，有利于减小表面粗糙度值。

2. 影响机械加工表面粗糙度的物理因素

从切削过程的物理因素考虑，刀具的刃口圆角及后（刀）面与工件的挤压与摩擦使金属材料发生塑性变形，将增大表面粗糙度值。在加工塑性材料而形成带状切屑时，与前（刀）面上容易形成硬度很高的积屑瘤，它可以代替前（刀）面和切削刃进行切削，使刀具的几何角度、背吃刀量发生变化。积屑瘤的轮廓很不规则，因而使工件表面上出现深浅和宽窄都不断变化的刀痕。有些积屑瘤易断裂且嵌入工件表面，更加大了表面粗糙度值。同时，在切削过程中，由于切屑在前（刀）面上的摩擦和冷焊作用，使切屑在前（刀）面上产生周期性停留，严重时使表面出现撕裂现象，在已加工表面上形成鳞刺，造成表面不平。而在加工脆性材料时，切屑成碎粒状，加工表面往往出现微粒崩碎痕迹，留下许多麻点，使表面显得粗糙。

从以上物理因素对表面粗糙度的影响来看，要减小表面粗糙度值，除必须减少切削力引起的塑性变形外，主要应避免产生积屑瘤和鳞刺，其主要工艺措施有：选择不易产生积屑瘤和鳞刺的切削速度；改善材料的切削性能；正确选择切削液等。

3. 影响磨削加工表面粗糙度的因素

（1）磨削加工的特点

1）磨削过程比金属切削刀具的切削过程要复杂得多。砂轮在磨削工件时，磨粒在砂轮表面上所分布的高度是不一致的。磨粒的磨削过程常分为：滑擦阶段、刻划阶段和切削阶段。但对整个砂轮来讲，滑擦作用、刻划作用、切削作用是同时产生的。

2）砂轮的磨削速度高。磨削温度高，磨削时，砂轮线速度为 $v_砂 = 30 \sim 50 \text{m/s}$，目前高速磨削发展很快，$v_砂 = 80 \sim 125 \text{m/s}$。磨粒大多为负前角，单位切削力比较大，故切削温度很高，磨削点附近的瞬时温度可高达 $800 \sim 1000 \text{℃}$。这样高的温度常引起被磨表面烧伤、工件变形和产生裂纹。

3）磨削时砂轮的线速度高，参与切削的磨粒多，所以，单位时间内切除金属的量大。径向切削力较大，会引起机床工作系统发生弹性变形和振动。

（2）影响磨削加工表面粗糙度的因素　影响磨削表面粗糙度的因素很多，主要的有：

1）磨削用量的影响。

①砂轮速度。随着砂轮线速度的增加，在同一时间里参与切削的磨粒数也增加，每颗磨粒切去的金属厚度减少，残留面积也减少，而且高速磨削可减少材料的塑性变形，减小表面粗糙度值。

②工件速度。在其他磨削条件不变的情况下，随工件线速度的降低，每颗磨粒每次接触工件时切去的切削厚度减少，残留面积也小，因而表面粗糙度值小。但必须指出，工件线速度过低时，工件与砂轮接触的时间长，传到工件上的热量增多，甚至会造成工件表面金属微熔，反而增大表面粗糙度值，而且还增加了表面烧伤的可能性。因此，通常取工件线速度等于砂轮线速度的 1/60 左右。

③磨削深度和光磨次数。磨削深度增加，则磨削力和磨削温度都增加，磨削表面塑性变形程度增大，从而增大表面粗糙度值。为提高磨削效率又能获得较小的表面粗糙度值，一般开始采用较大的磨削深度，然后采用较小的磨削深度，最后进行无进给磨削，即光磨。光磨次数增加，可减小表面粗糙度值。

2）砂轮的影响。

①砂轮的粒度。粒度越细，则砂轮单位面积上的磨粒越多，每颗磨粒切去的金属厚度越少，刻痕也细，表面粗糙度就越小。但粒度过细切屑容易堵塞砂轮，使工件表面温度增高，塑性变形加大，表面粗糙度值反而会增大，同时还容易引起烧伤，所以常用的砂轮粒度在 $80^{\#}$ 以内。

②砂轮的硬度。砂轮太软，则磨粒易脱落，有利于保持砂轮的锋利，但很难保证砂轮的等高性。砂轮如果太硬，磨损了的磨粒也不易脱落，这些磨损了的磨粒会加剧与工件表面的挤压和摩擦作用，造成工件表面温度升高，塑性变形加大，并且还容易使工件产生表面烧

伤。所以砂轮的硬度以适中为好，主要根据工件的材料和硬度进行选择。

③砂轮的修整。砂轮使用一段时间后就必须进行修整，及时修整砂轮有利于获得锋利和等高的微刃。慢的修整进给量和小的修整深度，还能大大增加切刃数，这些均有利于降低被磨工件的表面粗糙度值。

④砂轮材料。砂轮材料即指磨料，它可分为氧化物类（刚、玉）、碳化物类（碳化硅、碳化硼）和高硬磨料类（人造金刚石、立方碳化硼）。钢类零件用刚玉砂轮磨削可得到满意的表面粗糙度；铸铁、硬质合金等工件材料用碳化物砂轮磨削时表面粗糙度值较小；用金刚石砂轮磨削可得到极小的表面粗糙度值，但加工成本也比较高。

3）被加工材料的影响。工件材料的性质对磨削的表面粗糙度影响也较大，太硬、太软、太韧的材料都不容易磨光，这是因为材料太硬时，磨粒很快钝化，从而失去切削能力；材料太软时砂轮又很容易被堵塞；而韧性太大且导热性差的材料又容易使磨粒早期崩落，这些都不利于获得较小的表面粗糙度值。表 2-6 是一般磨削时表面粗糙度值 Ra 为 $0.8 \sim 0.2 \mu m$ 的工艺参数，供参考。

表 2-6　磨削工艺参数

工艺参数		外圆磨削	内圆磨削	平面磨削
砂轮粒度		$46^{\#} \sim 60^{\#}$	$46^{\#} \sim 80^{\#}$	$36^{\#} \sim 60^{\#}$
修整工具		单颗金刚石，金刚石片状修整器		
砂轮圆周速度/(m/s)		≈ 35	$20 \sim 30$	$20 \sim 35$
修整时工作台速度/(mm/min)		$400 \sim 600$	$100 \sim 200$	$300 \sim 500$
修整时切削深度/mm		$0.01 \sim 0.02$	$0.005 \sim 0.010$	$0.01 \sim 0.02$
修整光磨次数（单行程）		—	2	—
工件线速度/(m/min)		$20 \sim 30$	$20 \sim 50$	—
磨削时纵进给速度/(m/min)		$1.2 \sim 3.0$	$2 \sim 3$	$17 \sim 30$
磨削深度/mm	横向	$0.02 \sim 0.05$	$0.005 \sim 0.010$	$2 \sim 5$（双行程）
	垂向	—		$0.005 \sim 0.020$（双行程）
光磨次数（单行程）		$1 \sim 2$	$2 \sim 4$	$1 \sim 2$

2.2.3　影响材料表面物理力学性能的工艺因素

影响材料表面物理力学性能的工艺因素有三项：表面层残留应力；冷作硬化；金相组织变化。在机械加工中，这些影响因素的产生，主要是由于工件受到切削力和切削热作用的结果。

1. 表面残留应力

切削过程中金属材料的表层组织发生形状变化和组织变化时，在表层金属与基体材料交界处将会产生相互平衡的弹性应力，该应力就是表面残留应力。零件表面若存在残留压应力，可提高工件的疲劳强度和耐磨性；若存在残留拉应力，就会使疲劳强度和耐磨性下降。如果残留应力值超过了材料的疲劳强度极限时，还会使工件表面层产生裂纹，加速工件的破损。

残留应力的产生，主要与下面几个因素有关。

（1）冷塑性变形的影响　切削过程中，表面层材料受切削力的作用引起塑性变形，使工件材料的晶格拉长和扭曲。由于原来晶格中的原子排列是紧密的，扭曲之后，金属的密度下降，比容增加，造成表面层金属体积发生变化，于是基体金属受其影响而处于弹性变形状态。切削力去掉后，基体金属趋向复原，但受到已产生塑性变形的表层金属的牵制而不得复原，由此而产生残留应力。通常表面层金属受刀具后（刀）面的挤压和摩擦影响较大，其作用使表面层产生冷态塑性变形，表面体积变大，但受基部金属的牵制而产生了残留压应力，而基部金属为残留拉应力，表、里有部分应力相平衡。

（2）热塑性变形的影响　工件加工表面在切削热作用下产生热膨胀，此时基体金属温度较低，因此表层金属的热膨胀受到基体的限制而产生热压缩应力。当表面层金属的应力超过材料的弹性变形范围时，就会产生热塑性变形。当切削过程结束时，温度下降至与基体温度一致的过程中，表层金属的冷却收缩造成了表面层的残留拉应力，里层则产生与其相平衡的压应力。

（3）金相组织变化的影响　切削加工时，切削区的高温将引起工件表层金属的相变。金属的组织不同，其密度也不同，当表层金属产生相变后，使得密度增大而体积减小，工件表层产生残留拉应力，里层产生压应力。当表层金属组织的密度减小、体积增大时，表层产生压应力，里层回火组织产生拉应力。

加工后表面层的实际残留应力是以上三方面原因综合的结果。在切削加工时，切削热一般不是很高，此时主要以塑性变形为主，表面残留应力多为压应力。磨削加工时，通常磨削区的温度较高，热塑性变形和金相组织变化是产生残留应力的主要因素，所以表面层产生残留拉应力。

2. 表面层加工硬化

机械加工过程中，由于切削力的作用，使被加工表面产生强烈的塑性变形，加工表面层晶格间剪切滑移，晶格严重扭曲、拉长、纤维化以及破碎，造成加工表面层强化和硬度增加。这种现象，被称为加工硬化。切削力越大，塑性变形越大，硬化程度也越大。表面强化层的深度有时可达 0.5mm，硬化层的硬度比基体金属硬度高 1 ~ 2 倍。

应当指出，表层金属在产生塑性变形的同时，还产生一定数量的热，使金属表面层温度升高。当温度达到 $(0.25 ~ 0.3) T_{熔}$ 范围时，就会产生冷硬的回复，回复作用的速度取决于温度的高低和冷硬程度的大小。温度越高，冷硬程度越大，作用时间越长，回复速度越快，因此在冷硬进行的同时，也进行着回复。

影响冷作硬化的主要因素有：

（1）切削用量　切削用量中切削速度和进给量的影响最大。当切削速度增大时，刀具与工件接触时间短，塑性变形程度减小。一般情况下，速度大时温度也会增高，因而有助于冷硬的回复，故硬化层深度和硬度都有所减小。当进给量增大时，切削力增加，塑性变形也增加，硬化现象加强，但当进给量较小时，由于刀具刃口圆角在加工表面单位长度上的挤压次数增多，硬化程度也会增大。

（2）刀具　刀具的刃口圆角大、后（刀）面的磨损、前后（刀）面不光洁都将增加刀具对工件表面层金属的挤压和摩擦作用，使得冷硬层的程度和深度都增加。

（3）工件材料　工件材料的硬度越低、塑性越大时，切削后的冷硬现象越严重。

3. 表面层金相组织变化与磨削烧伤

机械加工时，在工件的加工区及其附近区域将产生一定的温升。对于切削加工而言，切削热大都被切屑带走，其影响不太严重。但在磨削加工时，由于磨削速度很高、磨削区面积大以及磨粒的负前角的切削和滑擦作用，会使得加工区域达到很高的温度。当温升达到相变临界点时，表层金属就会发生金相组织变化，产生极大的表面残留应力，强度和硬度降低，甚至出现裂纹，这种现象称为磨削烧伤。烧伤严重时，表面会出现黄、褐、紫、青等烧伤色，这是工件表面在瞬时高温下产生的氧化膜颜色。不同的烧伤颜色，表明工件表面受到的烧伤程度不同。

磨削淬火钢时，若磨削区温度超过相变温度 Ac_3，则马氏体转变为奥氏体，如果这时无切削液，则表层金属的硬度将急剧下降，工件表面层被退火，这种烧伤叫退火烧伤。干磨时，很容易出现这种现象。若磨削区的温度使工件表层的马氏体转变为奥氏体时，具有充分的切削液进行冷却，则表层金属因急冷，形成二次淬火马氏体，硬度比回火马氏体高，但很薄，只有几个微米厚，而表层之下的是硬度较低的回火索氏体和托氏体。二次淬火层很薄，表层的硬度总的来说是下降的，因此也认为是烧伤，俗称淬火烧伤。如磨削区的温度未达到相变温度，但已超过了马氏体的转变温度（一般为350℃以上），这时马氏体将转变成硬度较低的回火托氏体或索氏体，这叫回火烧伤。三种烧伤中，退火烧伤最严重。

磨削烧伤使零件的使用寿命和性能大大降低，有些零件甚至因此而报废，所以磨削时应尽量避免烧伤。引起磨削烧伤直接的因素是磨削温度，大的磨削深度和过高的砂轮线速度，是引起零件表面烧伤的重要因素。此外，零件材料也是不能忽视的一个方面。一般而言，热导率低、比热容小、密度大的材料，磨削时容易烧伤。使用硬度太高的砂轮，也容易发生烧伤。

避免烧伤主要是设法减少磨削区的高温对工件的热作用。磨削时采用强有力的、效果好的切削液，能有效地防止烧伤；合理地选用磨削用量、适当地提高工件转动的线速度，也是减轻烧伤的方法之一。但过大的工件线速度会影响工件表面粗糙度；选择和使用合理硬度的砂轮，也是减小工件表面烧伤的一条途径。

2.2.4　机械加工中的振动

在机械加工过程中，工艺系统有时会发生振动，即在刀具的切削刃和工件上正在被切削的表面之间，除了名义上的切削运动之外，还会出现一种周期性的相对运动。这种相对运动会导致一系列不利的影响，有时甚至会带来相当严重的不良后果。

振动使工艺系统的各种成形运动受到干扰和破坏，使加工表面出现振纹，降低了零件的加工精度和增大表面粗糙度值。在精密加工中，振动往往是提高加工精度和表面质量的主要障碍。强烈的振动会使切削过程无法进行，被迫降低切削用量，降低了劳动生产率。振动还严重影响刀具和机床的寿命，噪声也影响工人的身体健康。研究机械加工中振动的产生机理，探讨如何提高工艺系统的抗振性和消除振动的措施，乃是机械加工工艺学的重要课题之一。

金属切削加工中的振动，主要是强迫振动和自激振动两种类型。磨削加工中的振动主要是强迫振动，切削加工中的振动常常是自激振动。

1. 强迫振动

（1）产生强迫振动的原因　在外界周期性干扰力的作用下，工艺系统被迫产生振动，这些干扰力可能来源于工艺系统之外，称为外部振源，该振源主要是由于其他机器的振动，从地基上传来，激起了工艺系统的振动；也可能来自工艺系统的内部，称为内部振源，主要有：①机床上的转动件因质量不均匀产生的离心力。②工艺系统中某些传动件的缺陷，如带传动时的带厚薄不均匀，接口不良，柔性不一，多根带传动时长短不一等等，都会引起传动中传动力的周期变化；带传动若中心距过大，容易引起传动带的滑动和横向振动；滚动轴承和齿轮等传动件如有过大的形位误差时，也会引起振动。③往复机构中的转向和冲击及不连续表面和铣、拉、滚削等的断续切削加工所引起的振动等等。

（2）强迫振动的特性分析

1）强迫振动的频率等于激振力的频率，与系统的固有频率无关。

2）强迫振动的稳态过程是简谐振动，只要有激振力存在，振动系统就不会被阻尼衰减掉。

3）强迫振动的振幅取决于振源激振力、频率比和阻尼比。激振力幅增加时，振动的振幅也增加。

当激振频率与系统的固有频率 ω_0 相近或相等时，振幅趋于最大值，振动很强烈，称为共振区。当两者之比等于 1 时，振幅最大，这种现象称共振。增大阻尼能大幅度地降低共振区的振幅。

2. 自激振动

在机械加工中，往往会出现一种不是由于任何周期性的振源所激发的振动，其频率也不等于可以找到的任何一种激振力的频率。这种振动当切削宽度达到一定数值时会突然发生，振幅急剧上升；而当刀具一旦离开工件，振动和伴随着振动出现的交变切削力便立即消失。这种由振动系统本身引起的交变力作用而产生的振动，称为自激振动，也叫作"颤振"。它有以下特点：

1）自激振动是一种不衰减的振动。外部振源在最初起触发作用，但维持振动所需的交变力由振动过程产生，所以当运动停止时，交变力也随之消失，自激振动也随即停止。

2）自激振动的频率等于或接近于系统的固有频率。

3）维持自激振动的能量来源于机床的能量。自激振动是否产生以及振幅的大小取决于振动系统在每一周期内，输入的能量是否大于消耗的能量。如果振动系统中由于自激振动而输入的能量大于所消耗的能量，则自激振动将产生，反之，则不会产生自激振动。

3. 减少机械加工振动的途径

当机械加工过程中出现影响加工质量的振动时，首先要判断这种振动是强迫振动还是自激振动，然后再采取相应措施来消除或减小振动。消除或减小振动的途径一般有以下三大类。

（1）消除或减弱产生振动的条件　首先是减小机床内外引起振动的干扰力，这能有效地减小强迫振动。机床上高速旋转的齿轮、卡盘等回转零部件要进行动平衡，同时提高其制造精度和安装精度，以减小振动的产生。其次通过改变电动机转速或传动比，使激振力的频率远离机床加工薄弱环节的固有频率，以避免产生共振。再次是采取隔振措施，将电动机和液压系统等动力源与机床本体分离；使电动机与床身采用柔性连接；利用橡皮、弹簧、木材等材料将机床与地面以及振源与机床之间进行隔离，使振源产生的部分振动被吸收。为了减小自激振动，可以合理地选用切削用量和刀具参数。切削速度在 20～60m/min 时易产生自激振动，要尽量避免采用这个速度范围，在表面粗糙度允许的情况下，适当加大进给量可减小自激振动，适当地加大前角和主偏角，也有利于减小振幅。

（2）提高工艺系统的抗振性　提高工艺系统薄弱环节的刚度，可以有效地提高机床加工系统的稳定性。采用刮研零件的接触表面，减少运动件间的间隙，提高接触刚度；对滚动轴承施加预载荷；选用吸振能力较强的铸铁材料；加工细长轴、薄壁件等刚度较差的零件时，增加辅助支承，如中心架、跟刀架、辅助支承等，都能有效地起到减振作用。

（3）采用消振减振装置　当各种措施都不能收到满意效果时，可以考虑增设减振装置。减振装置是通过一个弹性元件将附加质量连接到主振系统上，当系统振动时，利用附加质量的动力作用，使加到主振系统上的附加作用力与激振力大小相等、方向相反，相当于增加了阻尼，从而抑制主振系统振动的目的。

习　　题

2-1　说明加工误差、加工精度的概念以及它们之间的区别。

2-2　原始误差包括哪些内容？

2-3　何谓加工原理误差？由于近似加工方法都将产生加工原理误差，因而都不是完善的加工方法，这种说法对吗？

2-4　主轴回转运动误差取决于什么？它可分为哪三种基本形式？产生原因是什么？对加工精度的影响又如何？

2-5　机床导轨误差怎样影响加工精度？

2-6　为什么对卧式车床床身导轨在水平面内的直线度要求高于在垂直面内的直线度要求？而对平面磨床的床身导轨，其要求却相反？

2-7　何谓传动链误差？可通过哪些措施来减少传动链对加工精度的影响？

2-8　举例说明工艺系统由于受力变形对加工精度产生怎样的影响。

2-9　在车床上加工心轴时（见图2-39）粗、精车外圆 A 及台肩面 B，经检验发现 A 有圆柱度误差、B 对 A 有垂直度误差。试从机床几何误差的影响，分析产生以上误差的主要原因。

2-10　用小钻头加工深孔时，在钻床上常发现孔轴线偏弯（见图 2-40a）在车床上常发现孔径扩大（见图 2-40b）。试分析其原因。

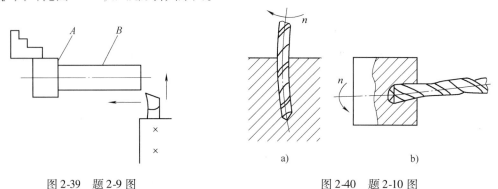

图 2-39　题 2-9 图　　　　　　　　　　　　　　图 2-40　题 2-10 图

2-11　在外圆磨床上磨削薄壁套筒，工件安装在夹具上（见图 2-41），当磨削外圆全图样要求尺寸（合格）卸下工件后，发现工件外圆呈鞍形。试分析造成此项误差的原因。

2-12　当龙门刨床床身导轨不直时（见图 2-42），加工后的工件会成什么形状？

（1）当工件刚度很差时。

（2）当工件刚度很大时。

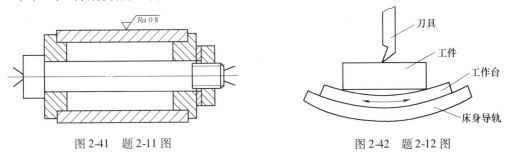

图 2-41　题 2-11 图　　　　　　　　　　图 2-42　题 2-12 图

2-13　工具车间加工夹具的钻模板时，其中两道工序的加工情况及技术要求如图 2-43 所示。

工序Ⅲ（见图 2-43a）：在卧式铣床上铣 A 面。

工序Ⅴ（见图 2-43b）：在立式钻床上钻两孔 C。

试从机床几何误差的影响，分析这两道工序产生相互位置误差的主要原因是什么。

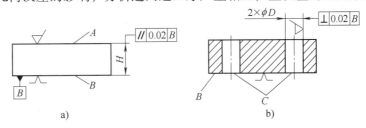

图 2-43　题 2-13 图

2-14　在内圆磨床上加工不通孔（见图 2-44），若只考虑磨头的受力变形，试推想孔表面可产生怎样的加工误差。

2-15　在大型立车上加工盘形零件的端面及外圆时（见图 2-45），因刀架较重，试推想由于刀架自重可能会产生怎样的加工误差。

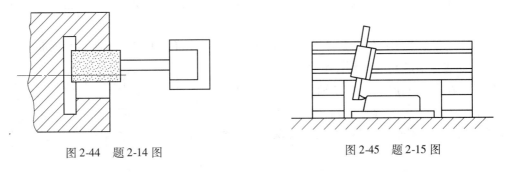

图 2-44　题 2-14 图　　　　　　　　　　图 2-45　题 2-15 图

2-16　镗削加工时，试比较有前引导和没有前引导时，镗孔刚度对孔径及轴向形状误差的影响。

2-17　说明误差复映的概念，误差复映系数的大小与哪些因素有关。

2-18　试分析工件产生内应力的主要原因及经常出现的场合。为减少内应力的影响，应在设计和工艺方面采取哪些措施？

2-19　为什么细长轴冷校直后会产生残留内应力？其分布情况怎样？对加工精度将带来什么影响？

2-20　试分析图 2-46 所示床身铸坯形成残留内应力的原因，并确定 A、B、C 各点残留内应力的符号。当粗刨床面切去 A 层后，床面会产生怎样的变形？

2-21　如图 2-47a 所示之铸件，若只考虑铸造残留内应力的影响，试分析当用面铣刀铣去上部连接部分后，工件将发生怎样的变形。又如图 2-47b 所示铸件，当采用宽度为 B 的三面刃铣刀分别将中部板条、左边框板条切开时，开口宽度 B 的各个尺寸将如何变化。

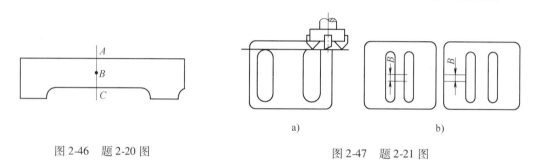

图 2-46　题 2-20 图　　　　　　　　　　图 2-47　题 2-21 图

2-22　在机械加工中的工艺系统热源有哪些？试分析这些热源对机床、刀具、工件热变形的影响如何。

2-23　试分别说明下列各种加工条件对加工误差的影响有何不同。

（1）刀具的连续切削与间断切削。

（2）加工时工件均匀受热与不均匀受热。

（3）机床热平衡前与热平衡后。

2-24　在精密丝杠车床上加工长度 $L = 2000\text{mm}$ 的丝杠，室温为 $20℃$，加工后工件的温升至 $45℃$，车床丝杠温升至 $25℃$。若丝杠与工件材料均为 45 钢（$\alpha = 11 \times 10^{-6}/℃$ 时），试求被加工的丝杠由于热变形而引起的螺距累积误差为多少。

2-25　加工误差根据它的统计规律，可分为哪几类？这几类误差各有什么特点？试举例说明。

2-26　实际生产中在什么条件下加工出来的一批工件符合正态分布曲线？该曲线有何特点？表示曲线特征的基本参数有哪些？

2-27　在车床上加工一批光轴的外圆，加工后经检测，若整批工件发现有下列几何形状误差，如图 2-48 所示。试分别说明可能产生上述误差的各种因素。

2-28　试举例说明用误差补偿法如何提高加工精度。对于变值系统性误差及随机误差能否补偿呢？

2-29　在自动车床上加工一批直径为 $\phi18^{+0.03}_{-0.08}\text{mm}$

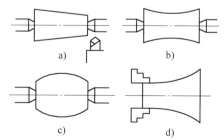

图 2-48　题 2-27 图

的小轴，抽检 25 件其尺寸见下表（单位为 mm）。

17. 89	17. 92	17. 93	17. 94	17. 94
17. 95	17. 95	17. 96	17. 96	17. 96
17. 97	17. 97	17. 97	17. 98	17. 98
17. 98	17. 99	17. 99	18. 00	18. 00
18. 01	18. 02	18. 02	18. 04	18. 05

试根据以上数据绘制实际尺寸分布曲线，计算合格率、废品率、可修复废品率及不可修复废品率。

2-30　在两台相同的自动车床上加工一批小轴的外圆，要求保证直径 ϕ（11 ± 0.02）mm。第一台加工 1000 件，其直径尺寸按正态分布，平均值 $X_{11} = 11.005$ mm，均方差 $\sigma_1 = 0.004$ mm。第二台加工 500 件其直径尺寸也按正态分布，且 $X_{22} = 11.015$ mm。$\sigma_2 = 0.0025$ mm。试求：

（1）在同一图上画出两台机床加工的两批工件的尺寸分布图，并指出哪台机床的工序精度高。

（2）计算并比较哪台机床废品率高，并分析其产生的原因及提出改进的办法。

2-31　在自动机床上一次调整连续加工 50 个零件，按加工的先后顺序测量零件的尺寸（公称尺寸为 ϕ30mm）见下表。

工件序号	测定值/mm	工件序号	测定值/mm	工件序号	测定值/mm	工件序号	测定值/mm	工件序号	测定值/mm
1	29. 940	11	30. 150	21	30. 165	31	30. 275	41	30. 240
2	30. 035	12	29. 950	22	30. 125	32	30. 330	42	30. 295
3	30. 000	13	30. 110	23	30. 225	33	30. 140	43	30. 200
4	30. 010	14	30. 065	24	30. 075	34	30. 445	44	30. 415
5	29. 910	15	30. 025	25	30. 275	35	30. 200	45	30. 560
6	30. 170	16	29. 880	26	30. 245	36	30. 260	46	30. 520
7	30. 070	17	30. 080	27	30. 005	37	30. 420	47	30. 280
8	30. 002	18	30. 190	28	30. 210	38	30. 120	48	30. 330
9	29. 970	19	30. 045	29	30. 165	39	30. 325	49	30. 150
10	30. 085	20	29. 960	30	29. 970	40	30. 080	50	30. 500

试分析判断有无变值系统性误差的存在，并估计该自动机床加工时随机误差的分散范围。若该零件的尺寸要求为 ϕ（30 ± 0.3）mm 或 ϕ30 ± 0.35mm 时，试问该工序工艺能力属于哪个等级。

2-32　何谓"就地加工"？何谓"偶件配合加工"？这两种方法能保证加工精度的原因何在？试举例说明。

2-33　表面质量的含义包括哪些主要内容？为什么机械零件的表面质量与加工精度有同等重要的意义？

2-34　表面粗糙度与加工公差等级有什么关系？试举例说明机器零件的表面粗糙度对其使用寿命及工作精度的影响。

2-35　为什么机器上许多静止连接的接触表面往往要求较小的表面粗糙度值，而有相对运动的表面又不能对表面粗糙度值要求过低？

2-36　车削一铸铁零件的外圆表面，若进给量 $f = 0.5\text{mm/r}$，车刀刀尖的圆弧半径 $r = 4\text{mm}$。问能达到的表面粗糙度值为多少？

2-37　高速精镗内孔时，采用锋利的尖刀，刀具的主偏角 $\kappa_r = 45°$，副偏角 $\kappa_r' = 20°$，要求加工表面的 $Ra = 0.8\mu\text{m}$。试求：

（1）当不考虑工件材料塑性变形对粗糙度的影响时，计算采用的进给量为多少。

（2）分析实际加工表面的表面粗糙度值与计算所得的是否相同，为什么？

2-38　工件材料为 15 钢，经磨削加工后要求表面粗糙度值达 $Ra0.04\text{mm}$ 是否合理？若要满足此加工要求，应采用什么措施？

2-39　为什么非铁金属用磨削加工得不到低表面粗糙度值？通常为获得低表面粗糙度值的加工表面应采用哪些加工方法？

2-40　机械加工过程中为什么会造成被加工零件表面层物理力学性能的改变？这些变化对产品质量有何影响？

2-41　磨削淬火钢时，加工表面层的硬度可能升高或降低，试分析其原因。

2-42　为什么会产生磨削烧伤及裂纹？它们对零件的使用性能有何影响？减少磨削烧伤及裂纹的方法有哪些？

2-43　磨削加工时，影响加工表面粗糙度的因素有哪些？磨削外圆时，为什么说提高工件速度 $v_\text{工}$ 及砂轮速度 $v_\text{砂}$，有利于降低加工表面的表面粗糙度值，防止表面烧伤并能提高生产率？

2-44　试列举磨削表面常见的几种缺陷，并分析其产生的主要原因。

2-45　加工精密零件时，为了保证加工的表面质量，粗加工前常有球化处理、退火和正火，粗加工后常有调质、回火，精加工前常有渗碳、渗氮及淬火工序。试分析这些热处理工序的作用如何。

2-46　什么是强迫振动？它有何特征？在高速磨削和精密铣削中应采用哪些措施来消除或减少受迫振动对加工过程的影响？

2-47　何谓自激振动？它有何特征？它与强迫振动有何区别？

第 3 章　机床夹具设计基础

3.1　概述

在机械加工过程中，为了保证加工精度，固定工件，使之占有确定位置以接受加工或检测的工艺装备统称为机床夹具，简称夹具。

3.1.1　工件在夹具上的安装

在机械加工中，利用夹具安装工件时，工件安装在夹具上，夹具再安装到机床上，最终要使工件相对于刀具和机床占有一个准确的加工位置（即定位）。工件定位后，还需对工件压紧夹牢，使其在加工过程中不发生位置变化（即夹紧）。工件从定位到夹紧的整个过程就是安装。下面以实例进行分析。

图 3-1a 所示为铣削轴上键槽的工序图，图 3-1b 所示为所采用的液压铣床夹具。

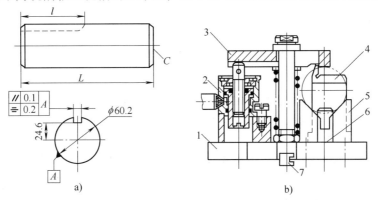

a)　　　　　　　　　　　　　　　　b)

图 3-1　工序图及液压铣床夹具

1—夹具体　2—液压缸　3—压板　4—对刀块　5—V 形块　6—圆柱销　7—定向键

工件以圆柱面及端面 C 为定位基准，分别与夹具上的定位元件 V 形块 5 和圆柱销 6 接触而定位，由液压传动的压板 3 夹紧。夹具是通过定向键 7 与铣床工作台 T 形槽配合，安装在机床上。本工序中，键槽宽度由铣刀保证，而键槽的距离尺寸和相互位置精度，则由夹具来保证。如图 3-2 所示，具体分析如下：

1）夹具上 V 形块 5 的轴线（即检验心轴的轴线）与底面及两个定向键 7 的一侧面（安装基面）平行，而定向键和 T 形槽配合，T 形槽又与导轨方向一致，因此，工件在 V 形块上定位，可以保证所加工键槽的侧面、底面与其轴线平行。

2）工件的轴线在 V 形块的对称面上，而对刀块的垂直

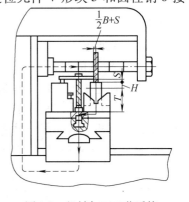

图 3-2　机械加工工艺系统

工作面至 V 形块对称面的距离为 $B/2 + S$（B 为铣刀宽度，S 为塞尺宽度），故通过塞尺对刀，使铣刀的位置和 V 形块两工作面对称，从而保证键槽的对称度要求。

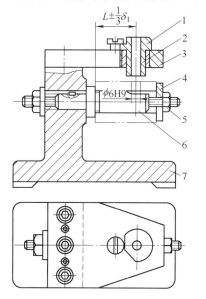

3）对刀块的水平工作面至 V 形块轴线的距离为 $H = 24.6\text{mm} - S$，通过塞尺对刀，可保证加工尺寸要求 24.6mm。

4）工件定位时，其端面 C 紧靠定位销 6，则可通过调整行程挡铁（图 3-1 中未示出），来控制槽的长度 l。

图 3-3 是专供加工轴套零件上 $\phi 6H9$ 径向孔的钻床夹具。工件以内孔及端面为定位基准，在夹具的定位销 6 及其端面上定位，即确定了工件在夹具中的正确位置。拧紧螺母 5，通过开口垫圈 4，将工件夹紧，由于钻套 1 的中心到定位销 6 端面的位置，是根据工件上 $\phi 6H9$ 孔中心到工件端面的尺寸 L 来确定的，所以确定了工件与钻头之间的正确加工位置。并且在加工中又能防止钻头的轴线引偏。

图 3-3　轴套零件钻床夹具
1—快换钻套　2—钻套用衬套　3—钻模板　4—开口垫圈　5—螺母
6—定位销　7—夹具体

通过以上实例分析可知，用夹具安装工件的方法有以下几个特点：

1）工件在夹具中的正确定位，是通过工件上的定位基准面与夹具上的定位元件相接触而实现的。因此，不再需要找正便可将工件夹紧。

2）由于夹具预先在机床上已调整好位置（也有在加工过程中再进行找正的），因此，工件通过夹具相对于机床也就占有了正确的位置。

3）通过夹具上的对刀装置，保证了工件加工表面相对于刀具的正确位置。

3.1.2　机床夹具的分类和组成

1. 机床夹具的分类

随着机械制造业的发展，机床夹具的种类日趋繁多，机床夹具一般可按应用范围、使用机床、夹紧动力源来分类。机床夹具的分类如图 3-4 所示。

2. 机床夹具的组成　虽然机床夹具的种类繁多，但它们的工作原理基本上是相同的。将各类夹具，作用相同的结构或元件加以概括，可得出夹具一般所共有的几个组成部分，这些组成部分既相互独立又相互联系。

（1）定位元件　定位元件的作用是确定工件在夹具中的正确位置。如图 3-1 中的定

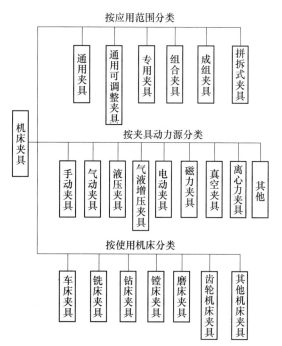

图 3-4　机床夹具的分类

位销 6、V 形块 5 都是定位元件。

（2）夹紧装置　夹紧元件的作用是将工件压紧夹牢，并保证工件在加工过程中正确位置不变。夹紧装置包括夹紧元件或其组合以及动力源。如图 3-3 中的开口垫圈 4 和螺母 5，图 3-1 中的液压缸 2 和压板 3。

（3）夹具与机床之间的联接元件　这种元件用于确定夹具对机床主轴、工作台或导轨的相互位置。如图 3-1 中的定向键。

（4）对刀或导向元件　这些元件的作用是保证工件与刀具之间的正确位置。用于确定刀具在加工前正确位置的元件，称为对刀元件，如图 3-1 中的对刀块。用于确定刀具位置并引导刀具进行加工的元件，称为导向元件，如图 3-3 中的快换钻套。

（5）其他装置或元件　根据工序要求的不同，有些夹具上还设有分度装置、靠模装置、工件顶出器、上下料装置以及标准化了的其他连接元件。

（6）夹具体　夹具体是夹具的基座和骨架，用来配置、安装各夹具元件使之组成一整体。

上述各组成部分中，定位元件、夹紧装置、夹具体是夹具的基本组成部分。

3.1.3　机床夹具在机械加工中的作用

夹具在机械加工中的作用可归纳为以下几个方面。

（1）保证加工精度　由于采用夹具安装，可以准确地确定工件与机床、刀具之间的相互位置，所以在机械加工中，可以保证工件各表面的相互位置精度，使其不受或少受各种主观因素的影响。因而容易获得较高的加工精度，并使一批工件的精度稳定。

（2）提高生产率、降低成本　采用夹具使工件装夹方便，免去工件逐个找正、对刀所花费的时间，因此可以大大缩短这部分的辅助时间。如果采用气动、液动等动力装置，更可大幅度地缩短辅助时间。另外，采用夹具后，产品质量稳定，对操作工人的技术水平的要求可以降低等，均有利于提高生产率和降低成本。

（3）扩大机床工艺范围　使用专用夹具可以改变原机床的用途和扩大机床的使用范围，实现一机多能。例如，在车床或摇臂钻床上安装镗模夹具后，就可以对箱体孔系进行镗削加工；通过专用夹具还可将车床改为拉床使用，附加靠模装置便可以进行仿形车削或铣削加工，以充分发挥通用机床的作用。

（4）减轻工人的劳动强度　采用夹具安装工件方便、省力，特别是采用气动或液动夹紧时，可以较大地减轻工人的劳动强度。

以上分析，显示了夹具在机械加工中的重要性，所以夹具的设计和改进，是技术革新中的一个主要内容。由于生产规模和生产条件不同，夹具的功用也有所侧重，其结构的复杂程度也有所不同。对于单件、小批量生产，宜采用通用夹具、通用可调夹具。对于大批大量生产，夹具的主要作用则是在保证加工精度的前提下尽量提高生产率。此时，宜采用专用夹具，虽然夹具的制造费用要大一些，但由于生产率的提高，产品质量的稳定，技术经济效果还是显著的。

3.2　工件定位的基本原理及定位元件

在研究和分析工件定位问题时，定位基准的选择是一个关键问题。一般地说，工件的定位基准一旦被选定，则工件的定位方案也基本上被确定。定位方案是否合理，直接关系到工件的加工精度能否保证。关于定位基准的选择问题，在第 1 章中已有详细的阐述。夹具设计中，如因定位基准的选择使夹具设计有困难，夹具设计人员可以与工艺人员协商，改选定位基准，使夹具结构更加简单和经济。

3.2.1 工件定位的基本原理

1. 六点定位原则

任何一个处于空间自由状态的工件，对于直角坐标系来说，都具有六个自由度。如图 3-5a 所示长方体工件，它在空间的位置是任意的，即能沿 OX、OY、OZ 三个坐标轴移动（见图 3-5b），称为移动自由度，分别表示为 $\vec{X}$、$\vec{Y}$、$\vec{Z}$；并能绕着三个坐标轴转动（见图 3-5c），称为转动自由度，分别表示为 $\hat{X}$、$\hat{Y}$、$\hat{Z}$。

定位，就是限制自由度。工件的六个自由度如果都加以限制了，工件在空间的位置就完全被确定下来了。

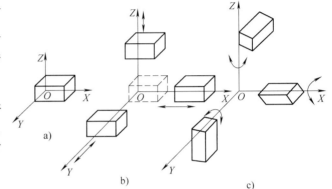

分析工件定位时，通常是用一个支承点限制工件的一个自由度，

图 3-5　工件的六个自由度

用合理设置的六个支承点，限制工件的六个自由度，使工件在夹具中的位置完全确定，这就是所说的"六点定位原则"，简称"六点定则"。

对于长方体工件，欲使其完全定位，可以在其底面设置三个不共线的支承点 1、2、3（见图 3-6a），限制工件的三个自由度 $\hat{X}$、$\hat{Y}$、$\vec{Z}$；侧面设置两个支承点 4、5，限制了 $\vec{Y}$、$\hat{Z}$ 两个自由度；端面设置一个支承点 6，限制 $\vec{X}$ 自由度。于是共限制了工件的六个自由度，实现了完全定位。在具体的夹具中，支承点是由定位元件来体现的。图 3-6b 所示设置了六个支承钉，每个支承钉与工件的接触面很小，可视为支承点。

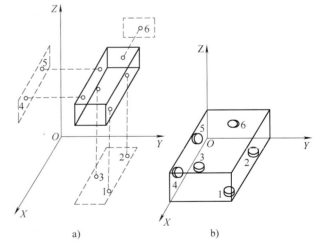

图 3-6　长方体形工件的定位

对于圆盘类工件，也可以采取类似方法定位。如图 3-7 所示，图 3-7a 所示为在环形工件上钻孔的工序图，图 3-7b 所示为相应设置六个支承点，工件端面紧贴在支承点 1、2、3 上，限制 $\vec{X}$、$\hat{Y}$、$\hat{Z}$ 三个自由度；工件内孔紧靠支承点 4、5，限制 $\vec{Y}$、$\vec{Z}$ 两个自由度；键槽侧面靠在支承点 6 上，限制 $\hat{X}$ 自由度。图 3-7c 是图 3-7b 中六个支承点所采用定位元件的具体结

构，以台阶面 A 代替 1、2、3 三个支承点，短销 B 代替 4、5 两个支承点，键槽中的防转销 C 代替支承点 6。

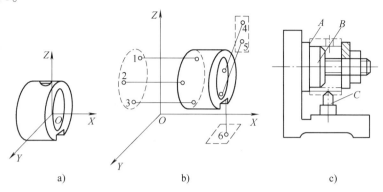

图 3-7　环形工件定位时支承点的分布示例

对于轴类零件，如图 3-8a 所示，可在外圆柱表面上，设置四个支承点 1、3、4、5，限制 $\vec{Y}$、$\vec{Z}$、$\hat{Y}$、$\hat{Z}$ 四个自由度；槽侧设置一个支承点 2，限制 $\hat{X}$ 一个自由度；端面设置一个支承点 6，限制 $\vec{X}$ 一个自由度，工件实现完全定位，为了在外圆柱面上设置四个支承点，一般采用 V 形块，如图 3-8b 所示。

通过以上分析，可将定位基准按其所限制的自由度数分为：

（1）主要定位基准面　如图 3-6 所示的 XOY 平面，设置三个支承点，限制了工件的三个自由度，这样的平面称为主要定位基面。一般应选择较大的表面作为主要定位基面。面积越大、三个支承点布置得越远，所组成的三角形就越大，工件定位就越稳定，在布置三个支承点时，应尽量使三点围成的面积最大，还应注意使三个支承点相对于主要定位基面对称配置。

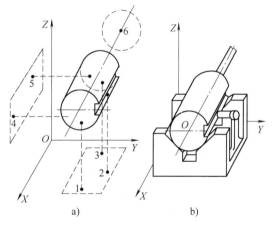

图 3-8　轴类零件的定位

（2）导向定位基准面　如图 3-6 所示的 XOZ 平面，设置两个支承点，限制工件两个自由度的平面或圆柱面，称为导向定位基面。该基面应选取工件上窄长的表面，且两支承点间的距离应尽量远些，以保证对 $\hat{Z}$ 的限制精度。

（3）双导向定位基准面　限制工件四个自由度的圆柱面，称为双导向定位基准面，如图 3-9 所示。

（4）双支承定位基准面　限制工件两个移动自由度的圆柱面，称为双支承定位基准面，如图 3-10 所示。

（5）止推定位基准面　限制工件一个移动自由度的表面，称为止推定位基准面。如图 3-6 所示的 YOZ 面，由于它只和一个支承点接触，在工件加工中，有时还要承受加工过程中的切削力和冲击等，因此，可以选取工件上窄小且与切削力方向相对的表面作为止推定位基准。因为止推定位基准所限制的移动是导向方向的移动，所以止推支承点的支承方向应平行于导向的方向。

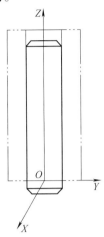

图 3-9　双导向定位

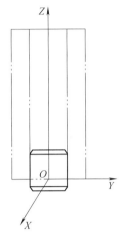

图 3-10　双支承定位

（6）防转定位基准面　限制工件一个转动自由度时，称作防转定位基面。如图 3-8 中轴上通槽的侧面，为减少工件的角向定位误差，防转支承点距工件安装后的回转轴线要尽量远些。

在分析限制工件在空间的自由度，也就是分析工件的定位时，需注意下面两点：

一是用定位支承点限制工件的自由度，可以理解为：定位支承点与工件的定位基准必须始终保持紧贴接触，即工件上的定位基面与夹具上的定位元件的工作表面要始终保持接触配合。若二者一旦脱离，就表示定位支承点，即定位元件失去了限制工件自由度的作用，也就是失去了定位的作用。

二是在分析定位支承点，即定位元件起定位作用时，不要考虑力的影响。工件在某一方向上的自由度被限制，是指工件在该方向有了确定的位置，而不是指工件在受到使工件脱离支承点的外力时，不能运动。使工件在外力作用下不能运动，这是夹紧的任务。所以，不要把"定位"与"夹紧"两个概念相混淆，两者更不能互相取代。如果认为工件被夹紧后，其位置不能动，所有自由度也就被限制了，是完全错误的。

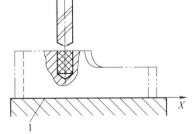

如图 3-11 所示，工件在支承 1 和两个圆柱销 2 上定位，工件在 X 方向上的任一位置都可以夹紧，如图 3-11 中的双点画线位置和虚线位置，这就是说工件在 X 方向上的位置不确定，因此钻出孔的位置也不确定（如出现尺寸 A_1 和 A_2）。只有在 X 方向设置一个止推销时，在 X 方向才能取得确定的位置。

2. 工件的定位形式

工件的定位有以下四种形式。

（1）完全定位　工件的六个自由度全部被限制的定

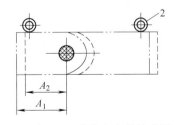

图 3-11　定位与夹紧关系图

位，称为完全定位。当工件在 X、Y、Z 三个坐标方向上均有尺寸要求或位置精度要求时，一般采用这种定位方式，如图 3-7 所示。

（2）不完全定位　没有限制工件的全部自由度，但能满足加工要求的定位，称为不完全定位。如图 3-12 所示。图 3-12a 所示为在车床上加工通孔，根据加工要求，不需要限制 $\vec{X}$

和 $\hat{X}$ 两个自由度，故用自定心卡盘夹持限制其余四个自由度，就可实现四点定位。图 3-12b 所示为平板工件磨平面，工件只有厚度和平行度要求，故只需限制 $\vec{Z}$、$\hat{X}$、$\hat{Y}$ 三个自由度，在磨床上采用电磁工作台即可实现三点定位。再如图 3-1 所示轴上铣键槽的情况，因键槽在圆周上的位置无任何要求，故绕工件轴线转动的自由度不必限制，只需五点定位即可。

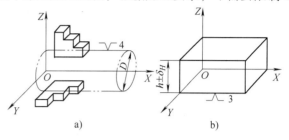

图 3-12　不完全定位示例

（3）欠定位　工件加工要求应该限制的自由度没有完全被限制的定位，称为欠定位。欠定位无法保证加工要求，所以是绝不允许的。如图 3-7 所示，若无防转销 C，工件绕 X 轴转动方向上的位置将不确定，钻出的孔与下面的槽难以达到对称要求。

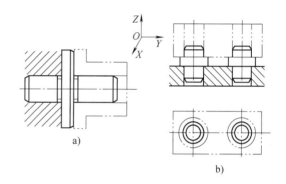

图 3-13　过定位的例子

（4）过定位　两个或两个以上的定位支承点，同时限制工件的同一个自由度的定位，称为过定位。图 3-13 所示为两种过定位的示例。图 3-13a 所示为孔与端面联合定位情况，由于大端面限制 $\vec{Y}$、$\hat{X}$、$\hat{Z}$ 三个自由度，长销限制 $\vec{X}$、$\vec{Z}$、$\hat{X}$、$\hat{Z}$ 四个自由度，可见 $\hat{X}$、$\hat{Z}$ 被两个定位元所重复限制，出现过定位。图 3-13b 所示为平面与两个短圆柱销联合定位情况，平面限制 $\vec{Z}$、$\hat{X}$、$\hat{Y}$ 三个自由度，两个短圆柱销分别限制 $\vec{X}$、$\vec{Y}$ 和 $\vec{Y}$、$\vec{Z}$ 共四个自由度，则 $\vec{Y}$ 自由度被重复限制，出现过定位。过定位可能导致下列后果。

1）工件无法安装。如图 3-14 所示，工件以 P、M 两面及孔 O 为定位基面，在支承板 2（两块）和定位销 1 上定位。支承板 2（两块）与工件底面 P 接触，限制工件的 $\vec{Z}$、$\hat{X}$、$\hat{Y}$ 三个自由度，则 $\vec{Z}$ 自由度被重复限制。当工件的尺寸 H 和夹具上定位元件之间的尺寸 H_1 有误差时，将发生干涉而无法装入工件。

2）造成工件或定位元件变形。图 3-15a

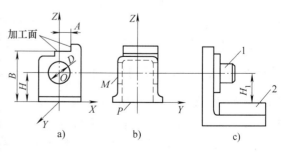

图 3-14　变速箱壳体定位方案
1—定位销　2—支承板

所示为加工连杆孔的正确定位方案。平面 1 限制 $\vec{Z}$、$\hat{X}$、$\hat{Y}$ 三个自由度；短圆柱销 2 限制 $\vec{X}$、$\vec{Y}$ 两个自由度；防转销 3 限制 $\hat{Z}$ 自由度；属完全定位。如果用长销代替短销 2，如图 3-15b 所示，长销限制 $\vec{X}$、$\vec{Y}$、$\hat{X}$、$\hat{Y}$ 四个自由度，将使 $\hat{X}$ 和 $\hat{Y}$ 被重复限制。由于工件孔与端面、长销外圆与凸台面均有垂直度误差，若长销刚性很好，将造成工件与平面 1 为点接触，致使定位不稳定或在夹紧力作用下使工件变形；若长销刚性不足，则将弯曲而不能保证定位精度，甚至损坏夹具。这两种情况都是不允许的。

由于过定位往往会带来不良后果，一般确定定位方案时，应尽量避免。消除或减小过定位所引起的干涉，一般有两种方法。

1）改变定位元件的结构，使定位元件重复限制自由度的部分不起定位作用。为达此目的，可采用图 3-16 所示方法之一。图 3-16a、b 对图 3-14 所示的结构作了改进，图 3-16a 将圆柱销改为削边销；图 3-16b 将定位板改为斜楔定位；图 3-16c 为在工件与大端面之间加球面垫圈，或改为小端面，如图 3-16d 所示，则可避免过定位。

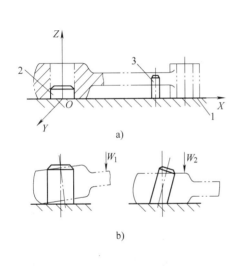

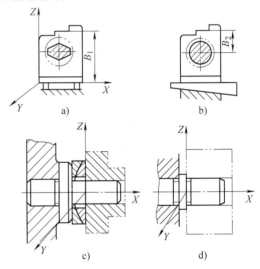

图 3-15　连杆定位简图
1—平面　2—短圆柱销　3—防转销

图 3-16　消除过定位的措施

2）提高工件定位基准之间以及定位元件工作表面之间的位置精度。这样也可消除因过定位而引起的不良后果，仍能保证工件的加工精度，而且有时还可以使夹具制造简单，使工件定位稳定，刚性增强。因此，过定位亦可合理应用。如图 3-17 所示，在滚齿机（或插齿机）上加工齿形时，以工件内孔和一端面作为定位基准面，在夹具的心轴和支承凸台上定位，由图 3-17 可知，长心轴限制工件的 $\vec{X}$、$\vec{Y}$、$\hat{X}$、$\hat{Y}$ 四个自由度，支承凸台限制工件的 $\vec{Z}$、$\hat{X}$、$\hat{Y}$ 三个自由度，则 $\hat{X}$、$\hat{Y}$ 自由度被重复限制。但由于齿坯加工时工艺上保证了作为定位基准用的内孔和端面具有很高的垂直度，定位心轴与支承凸台之间也保证了很高的垂直度，即使存在极小的垂直度误差，还可以利用心轴和工件内孔间的配合间隙来补偿。而且还提高了齿坯在加工中的刚性和稳定性，有利于保证加工精度，反而可以获得良好的效果。

3.2.2　定位方式及定位元件

在分析工件定位时，为了简化问题，习惯上都是利用定位支承点这一概念，但是工件在夹具中定位时，是把定位支承点转化为具有一定结构的定位元件与工件相应的定位基准面相接触或配合而实现的。工件上的定位基准面与相应的定位元件合称为定位副。定位副的选择及其制造精度直接影响工件的定位精度和夹具的复杂程度以及操作性能等。下面按不同的定位基准面分别介绍其所用定位元件的结构形式。

1. 工件以平面定位

工件以平面为定位基准时，常用支承钉和支承板作定位元件来实现定位。下面分别介绍平面定位元件的结构特点。

（1）主要支承　主要支承就是起限制自由度作用的支承，有固定支承、可调支承和自位支承三种。

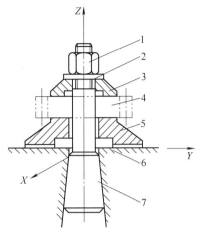

图 3-17　滚齿时齿坯的定位和夹具
1—压紧螺母　2—垫圈　3—压板　4—工件
5—支承凸台　6—工作台　7—心轴

1）固定支承。属固定支承的有各种支承钉和支承板，如图 3-18 和图 3-19 所示。图 3-18 所示支承钉一般用于较小的定位面，A 型为平头支承钉，多用于精基准面定位，B 型为球头支承钉，用于粗基准面定位，C 型为齿纹头支承钉，能增大摩擦因数，防止工件受力后滑动，常用于侧面定位。

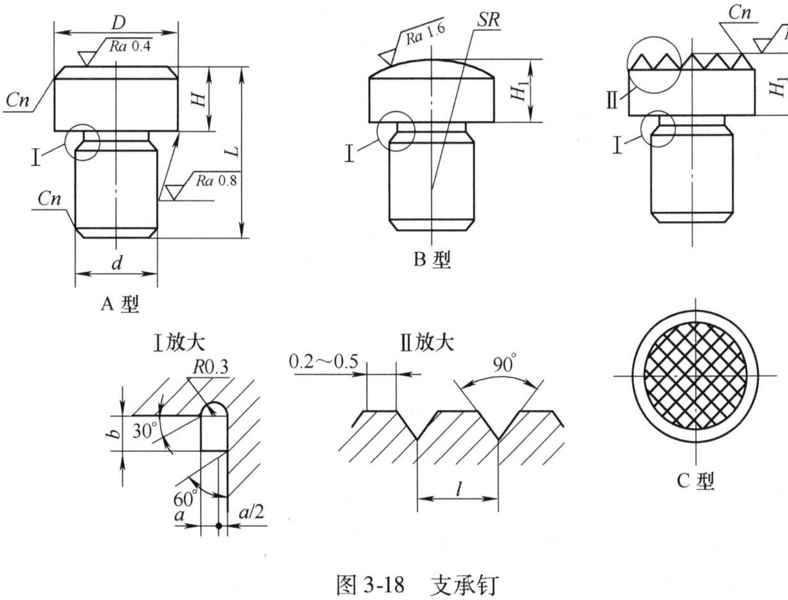

A 型

B 型

C 型

I 放大

II 放大

图 3-18　支承钉

图 3-19 所示的支承板，一般用于较大的定位面，A 型结构简单，便于制造，但不利于清除切屑，故适用于顶面和侧面定位，B 型则易保证工作表面清洁，故适用于底面定位。

为保证各固定支承的定位表面严格共面，装配后，需将其工作表面一次磨平，也可以对支承钉和支承板的高度 H 以及夹具上的相关零件尺寸的公差严加控制。

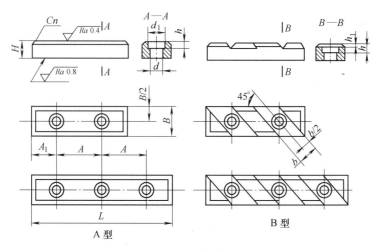

图 3-19　支承板

支承钉与夹具体孔的配合用 H7/r6 或 H7/n6，当支承钉需要经常更换时，应加衬套。衬套外径与夹具体孔的配合一般用 H7/n6 或 H7/r6，衬套内径与支承钉的配合选用 H7/js6。

支承板通常用 2 个或 3 个 M4～M10 的螺钉紧固在夹具体上，当受力较大有移动趋势，或定位板在某一方向有位置尺寸要求时，应装圆锥销或将支承板嵌入夹具体槽内。

当工件定位基准面尺寸较小或刚性较差时可设计形状与基准面相仿的非标准的整体式支承板，这样可简化夹具结构，提高支承刚度。

2）可调支承。可调支承是指支承的高度可以进行调节。图 3-20 所示为几种常用的可调支承。调整时要先松开螺母再调整高度，调好后用防松螺母锁紧。

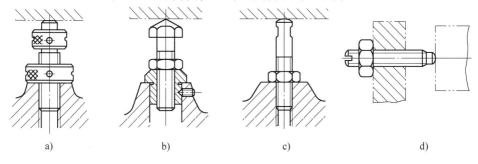

图 3-20　几种常用的可调支承方式

可调支承主要用于工件以粗基准面定位，或定位基面的形状复杂（如成型面、台阶面等），以及各批毛坯的尺寸、形状变化较大时。这时如采用固定支承，则由于各批毛坯尺寸不稳定，使后续工序的加工余量发生较大变化，影响其加工精度。图 3-21 所示箱体工件，第一道工序以 A 为粗基准面定位，铣 B 面。由于不同批毛坯双孔位置不准（如图 3-21 中虚线所示），使双孔与 B 面的距离尺寸 H_1 及 H_2 变化较大。当再以 B 面为精基准定位镗双

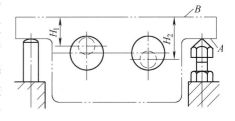

图 3-21　可调支承应用示例

孔时，就可能出现余量不均（如图 3-21 中实线孔位置），甚至出现余量不够的现象。若将固定支承改为可调支承，再根据每批毛坯的实际误差大小调整支承位置，就可保证镗孔工序的加工质量。

此外，在系列化产品的生产中，往往采用同一夹具来安装规格化了的零件。这时，夹具上也通常采用可调支承，以适应定位面的尺寸在一定范围内的变化。图 3-22 所示为在规格化的销轴端部铣槽，采用可调支承 3 轴向定位，通过调整其高度位置，可以加工不同长度的销轴类工件。

可调支承在一批工件加工前调整一次。在同一批工件加工中，它的作用与固定支承相同，所以可调支承在调整后需要锁紧。

3）自位支承（或称浮动支承）。当既要保证定位副接触良好，又要避免过定位时，常把支承做成浮动或联动结构，使之自位，称为自位支承。如图 3-23 所示，即为夹具中常用的几种自位支承。图 3-23a、b 的结构为两点式自位支承，与工件有两个接触点，可用于断续表面或阶梯表面的定位；图 3-23c 为球面三点式，当定位基面在两个方向上均不平或倾斜时，能实现三点接触；图 3-23d 为滑柱三点式，在定位基面不直或倾斜时，仍能实现三点接触。自位支承的工作特点是：在定位过程中，支承点位置能随工件定位基面位置的变化而自行浮动并与之适应。

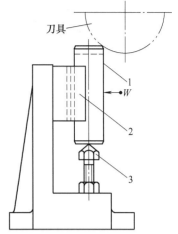

图 3-22　使用可调支承加工
不同尺寸的相似工件
1—销轴　2—V 形块　3—可调支承

当自位支承中的一个点被压下，其余点即上升，直至这些点都与定位基面接触为止。而其作用仍相当于一个固定支承，只限制一个自由度。由于增加了接触点数，可提高工件的支承刚度和稳定性，但夹具结构稍复杂，适用于工件以毛面定位或刚性不足的场合。

（2）辅助支承　工件因尺寸形状特殊或局部刚度较差，有可能产生定位不稳或受力变形等，此时，需增设辅助支承，用以承受工件重力、夹紧力或切削力。辅助支承的工作特点是：待工件定位夹紧后，再行调整辅助支承，使其与工

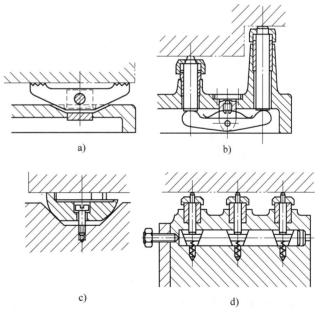

图 3-23　几种常用的自位支承方式

件的有关表面接触并锁紧。而且辅助支承是每安装一个工件就调整一次。如图 3-24 所示，工件以小端的孔和端面在短销 2 和支承环 3 上定位，钻大端面圆周一组通孔。由于小头端面太小，工件又高，钻孔位置离工件中心又远，因此受钻削力后定位很不稳定，且工件又容易变形，为了提高工件定位稳定性和安装刚性，则需在图 3-24 所示位置增设三个均布的辅助

支承。但此支承不起限制自由度作用，也不允许破坏原有定位。

另外，辅助支承还可以起到预定位作用。如图 3-25 所示，当工件的重心超出主要支承所形成的稳定支承区域（即图 3-25 中 V 形块的区域）时，工件上重心所在一端便会下垂，使工件上的定位基准面脱离定位元件，特别是工件较重时，无法靠手力或夹紧力来纠正。若在工件重心部位下方增设辅助支承，便能解决一端向上翘的现象，并能保证将工件放在定位元件上时，基本上接近其正确定位位置，再通过夹紧工件实现定位。

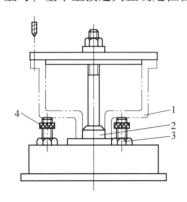

图 3-24　辅助支承提高工件
稳定性和刚性
1—工件　2—短定位销　3—支承环
4—辅助支承

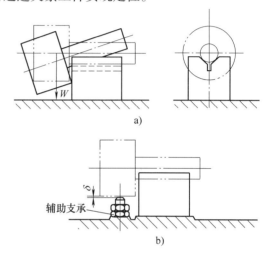

图 3-25　辅助支承起预定位作用

辅助支承有以下几种类型。

1）螺旋式辅助支承。如图 3-26a 所示，这种支承结构简单，但操作费时，效率较低，适用于小批生产。

2）推引式辅助支承。图 3-26b 所示为推引式辅助支承。工件由主要支承定位后，推动手轮 1，使滑柱 3 与工件接触，推力大小要适当，不能让滑柱顶起工件，然后转动手轮使斜楔 2 开槽部分张开而锁紧。推引式辅助支承适用于工件较重、切削负荷较大的情况。

3）自位式辅助支承。如图 3-26c 所示。所谓自位，就是辅助支承销与工件表面的接触，由弹簧的弹力来保证，弹力的大小要能保证支承销弹出且始终与工件接触，但又不能顶起工件而破坏定位。待工件安装好后，旋转手柄以锁紧顶住工件的支承销 2。锁紧后的辅助支承相当于刚性支承，因此在安装下一个工件时，要松开锁紧机构，让支承销重新处于自位状态。

4）液压锁紧的辅助支承。图 3-26d 所示为液压锁紧辅助支承。使用时支承滑柱 1 在弹簧 3 作用下与工件接触，弹簧力由螺钉 2 调节。由小孔通入压力油，使薄壁夹紧套变形，进而锁紧滑柱 1。这类辅助支承结构紧凑，操作方便，但必须有液压动力源才能使用。

辅助支承，不限制工件的自由度，严格来说，辅助支承不能算是定位元件。

2. 工件以圆柱孔定位

生产中，工件以圆柱孔定位应用较广。如加工各类套筒、盘类、连杆、拨叉等。所采用的定位元件有圆柱销和各种心轴。这种定位方式的基本特点是：定位孔与定位元件之间处于配合状态，并要求孔中心线与夹具规定的轴线重合。孔定位还经常与平面定位联合使用。

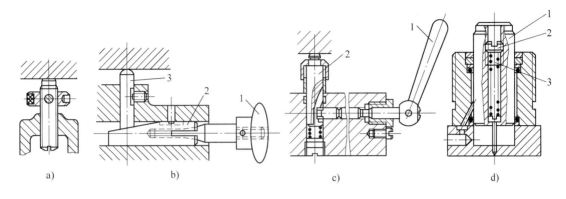

图 3-26　辅助支承

a）螺旋式

b）推引式　1—手轮　2—斜楔　3—滑轮

c）自位式　1—手柄　2—支承销

d）液压锁紧式　1—支承滑柱　2—螺钉　3—弹簧

（1）圆柱销　图 3-27 为圆柱定位销结构。当工作部分直径 $D < 10\text{mm}$ 时，为增加刚度避免销子因撞击而折断，或热处理时淬裂，通常将根部倒成圆角 R，如图 3-27a 所示。这时夹具体上应有沉孔，使定位销圆角部分沉入孔内，而不妨碍定位。

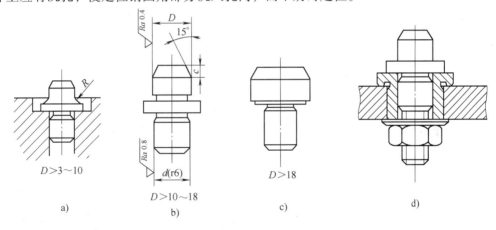

图 3-27　圆柱定位销

大批、大量生产时，为了便于更换定位销，可设计成图 3-27d 所示带衬套的可换结构。为便于工件顺利装入，定位销的头部应有 15°倒角。

定位销工作部分直径，可根据工件的加工要求和安装方便，按 g5、g6、f6、f7 制造。定位销可用 $\dfrac{\text{H7}}{\text{r6}}$ 或 $\dfrac{\text{H7}}{\text{n6}}$ 配合压入夹具体孔中。衬套外径与夹具体为过渡配合（H7/n6），其内径与定位销为间隙配合 $\left(\dfrac{\text{H7}}{\text{h6}}、\dfrac{\text{H6}}{\text{h5}}\right)$。常用的定位销已经标准化。根据定位需要，也可设计非标准的定位销。

（2）圆锥销　生产中工件以圆柱孔在圆锥销上定位的情况也很常见，如图 3-28 所示。这时为孔端与锥销接触，其交线是一个圆，限制了工件的三个自由度 $(\vec{X}、\vec{Y}、\vec{Z})$，相当于三个止推定位支承。图 3-28a 用于粗基准，图 3-28b 用于精基准。

但是工件以单个圆锥销定位时易倾斜，故在定位时可成对使用（见图 3-29a），或与其他定位元件联合使用。图 3-29b 所示为采用圆锥—圆柱组合定位，此时，圆锥部分使工件定心准确，圆柱部分可减小工件由于锥销的锥度过大而倾斜，还可使工件装卸方便；图 3-29c 所示为采用浮动圆锥销和固定支承组合定位，此时，工件的底面为主要定位基准，这样既保证了工件沿轴向的准确位置，同时又消除了过定位，圆销部分仍起径向定心作用。以上三种联合定位方式，均限制了工件的五个自由度。

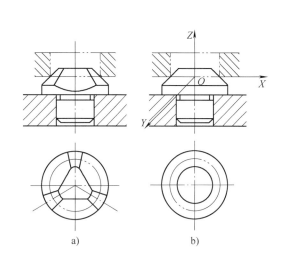

图 3-28　圆锥销定位

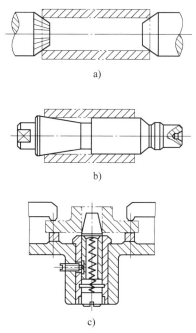

图 3-29　圆锥销组合定位

（3）定位心轴　心轴主要用于套筒类和空心盘类工件的车、铣、磨及齿轮加工。心轴的种类很多，除下面要介绍的刚性心轴外，还有弹性心轴、液性塑料心轴等，但这类心轴属于定心夹紧装置，将在后面介绍。

图 3-30 所示为三种圆柱刚性心轴的典型结构。图 3-30a 所示为间隙配合心轴，其定位部分直径按 h6、g6、f7 制造。切削力矩靠端部螺旋夹紧产生的夹紧力传递。这种心轴装卸工件方便，但定心精度不高。为了实现轴向定位以及承受切削力，常以孔和端面联合定位，故要求孔与端面垂直，一般在一次安装中加工。心轴的定位圆柱面与端面亦应在一次安装中加工。

为快速装卸工件，可使用开口垫圈，开

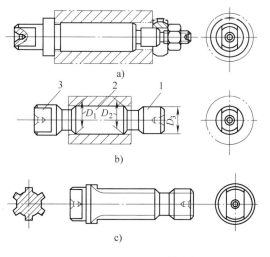

图 3-30　几种圆柱心轴结构

口垫圈的两端面应互相平行。当工件的内孔与端面垂直度误差较大时，应采用球面垫圈。

图 3-30b 所示为过盈配合心轴。心轴有导向部分 1，工作部分 2 及传动部分 3。导向部分使工件能迅速而准确地装入心轴，其直径 D_3 的公称尺寸是基准孔的最小尺寸并按 e8 制造，其长度约为基准孔长的一半；心轴工作部分的直径公称尺寸取定位孔直径的最大尺寸，并按 r6 制造。对于工件孔的长径比 $L/D \leqslant 1$ 时，心轴工作部分的直径 $D_1 = D_2$。对于长径比 $L/D > 1$ 时，心轴的工作部分应略带锥度，此时 D_1 按 r6、D_2 按 h6 制造，但公称尺寸仍为工件孔的最大极限尺寸；心轴两边的凹槽是供车削工件端面时退刀用的。这种心轴定心准确，但装卸工件不便，且易损伤工件定位孔。所以多用于定心精度要求高的场合。

图 3-30c 所示为花键心轴，用于以花键孔为定位基准的场合。当工件孔的长径比 $L/D > 1$ 时，工作部分可略带锥度。设计花键心轴时，应根据工件的不同定位方式，确定心轴结构，其配合可参考上述两种心轴。

3. 工件以圆锥孔定位

工件以圆锥孔作为定位基准面时，相应的定位元件为圆锥心轴，顶尖等。

（1）圆锥形心轴　图 3-31 所示为以工件上的圆锥孔在锥形心轴上定位的情形。这类定位方式是圆锥面与圆锥面接触，要求锥孔和圆锥心轴的锥度相同，接触良好，因此，定心精度与角向定位精度均较高，而轴向定位精度取决于工件孔和心轴的尺寸精度。圆锥心轴限制工件的五个自由度，即除绕轴线转动的自由度没限制外，其余均已限制。

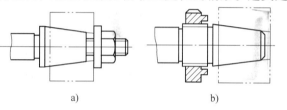

图 3-31　圆锥心轴

当圆锥角小于自锁角时，为便于卸下工件，可在心轴大端安装一个推出工件用的螺母，如图 3-31b 所示。

（2）顶尖　在加工轴类或某些要求准确定心的工件时，在工件上专为定位加工出工艺定位面——中心孔，中心孔即为圆锥孔。中心孔与顶尖配合，即为锥孔与锥销配合。

如图 3-32a 所示，左中心孔用轴向固定的前顶尖定位，右中心孔用移动后顶尖定位。中心孔定位的优点是定心精度高，还可实现定位基准统一，可加工出所有的外圆表面。当用半顶尖时，还可加工端面。

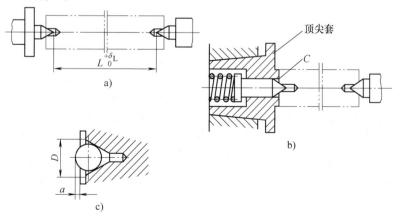

图 3-32　中心孔定位

但是，用顶尖孔定位时，轴向定位精度不高。减少轴向定位误差的办法有：一是严格控制左顶尖孔的尺寸，如图 3-32c 所示，放入标准钢球检验尺寸 a；二是如图 3-32b 所示，改用轴向浮动的前顶尖定位，这时工件端面 C 为轴向定位基准面，在顶尖套的端面上紧贴定位，使前顶尖只起定心作用，同样限制了除绕轴线转动以外的五个自由度。

4. 工件以外圆柱表面定位

工件以外圆柱表面定位在生产中经常可见，根据外圆柱面的完整程度、加工要求和安装方式的不同，相应的定位元件有 V 形块、圆孔、半圆孔、圆锥孔及定心夹紧装置。但其中应用最广泛的是 V 形块。

（1）在 V 形块中定位

1）V 形块定位的特点：V 形块定位的最大优点就是对中性好，它可使一批工件的定位基准轴线对中在 V 形块两斜面的对称平面上，而不受定位基准直径误差的影响，并且使工件安装方便。

V 形块定位的另一个特点是应用范围较广。无论定位基准是否经过加工，是完整的圆柱面还是局部圆弧面，都可采用 V 形块定位。如图 3-1b 和图 3-33 所示。

2）V 形块的结构。图 3-34 所示为常用 V 形块结构。图 3-34a 用于较短的精基准面的定位；图 3-34b、c 用于较长的或阶梯轴的圆柱面，其中图 3-34b 用于粗基准面，其工件面宽度常为 2mm，图 3-34c 用于精基准面；图 3-34d 用于工件较长且定位基准面直径较大的场合，此时 V 形块不必做成整体的钢件，可采用在铸铁底座上镶装淬火钢垫板的结构。

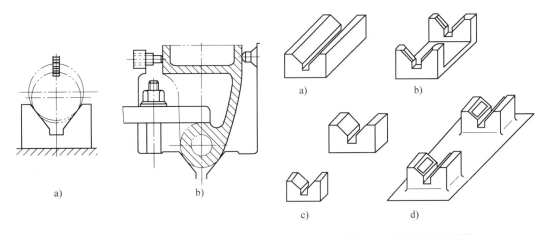

图 3-33　V 形块的应用　　　　　图 3-34　常用 V 形块结构

工件在 V 形块上定位时，可根据接触母线的长度决定所限制的自由度数，相对接触较长时，限制工件的四个自由度，相对接触较短时限制工件的两个自由度。

V 形块又可分为固定式和活动式。固定式 V 形块在夹具体上的装配，一般用螺钉和两个定位销连接。活动式 V 形块的应用如图 3-35 所示。图 3-35a 所示为加工连杆孔的定位方式，活动 V 形块用以补偿因毛坯尺寸变化而对定位的影响限制一个转动自由度。图 3-35b 中的活动 V 形块限制工件在 Y 方向上的移动自由度。上述活动 V 形块，除定位外，还兼有夹紧作用。

V 形块上两斜面间的夹角 α，一般选用 $60°$、$90°$ 和 $120°$，其中 $90°$ 应用最多。

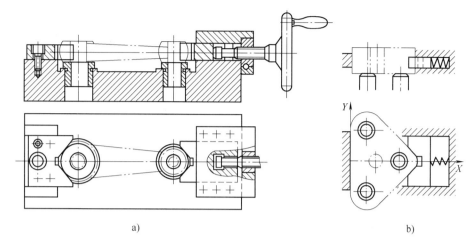

a)　　　　　　　　　　　　　　　b)

图 3-35　活动 V 型块的应用

（2）在圆孔中定位　工件以外圆柱表面为定位基准在圆孔中定位。这种定位方法一般适用于精基准定位，所采用的定位元件一般为套筒，多安装于夹具体中，结构较简单。

图 3-36 所示为几种常见的定位套。为了限制工件的轴向移动自由度，定位套常与其端面（或支承板）配合使用。图 3-36a 所示为带小端面的长定位套，工件可以较长的外圆柱面在这种长定位套的孔中定位，限制工件四个自由度；同时工件台阶面在定位套的小端面上定位，限制工件一个自由度，共限制工件五个自由度。图 3-36b、c 所示为带大端面的短定位套，工件可以较短的外圆柱面在短定位套的孔中定位，限制工件的两个自由度；同时，工件可以端面在定位套的大端面上定位，限制工件的三个自由度，共限制工件五个自由度。

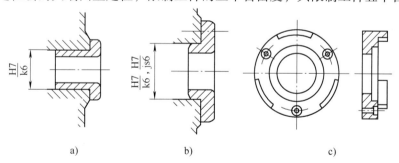

a)　　　　　　　　　　　b)　　　　　　　　　　　c)

图 3-36　几种常见的定位套

（3）在半圆孔中定位　当工件尺寸较大，或在整体式定位衬套内定位装卸不便时，多采用图 3-37 所示的半圆孔定位装置。下半圆起定位作用，上半圆起夹紧作用。图 3-37a 所示为可卸式，图 3-37b 所示为铰链式，后者装卸工件更方便。

由于上半圆孔可卸去或掀开，所以下半圆孔的最小直径应取工件定位基准外圆的最大直径，不需留配合间隙，且工件定位基准的精度不低于 IT8 ~ IT9。

为了节省优质材料和便于维修，一般将轴瓦式的衬套用螺钉装在本体和盖上。

（4）在圆锥孔中定位　工件以圆柱面为定位基准面在圆锥孔中定位时，相应的定位元件通常用反顶尖。其定位方式如图 3-38 所示。工件圆柱左端部在齿纹锥套 3 中定位（兼起拨动作用，相当于外拨顶尖），限制工件的三个移动自由度；右端锥孔在可移动的后顶尖 4（当外径小于 6mm 时，用反顶尖）上定位，限制工件两个转动自由度。夹具体锥柄 1 插入机床主轴孔中，通过传动螺钉 2 和齿纹锥套 3 拨动工件转动。

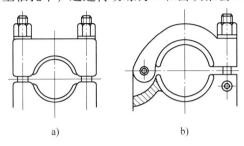

图 3-37　半圆孔定位装置

a）可卸式　b）铰链式

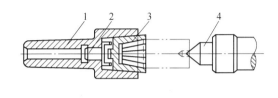

图 3-38　工件在圆锥孔中定位

1—锥柄　2—螺钉　3—齿纹锥套　4—后顶尖

常见定位元件及其组合所能限制的自由度见表 3-1。

表 3-1　常用定位元件及其组合所能限制的自由度

工件定位基准面	定位元件	定位方式简图	定位元件特点	限制的自由度
平　面 （坐标图 Z, X, Y, O）	支承钉	（图示 1~6 支承钉）		$1,2,3—\vec{Z}、\hat{X}、\hat{Y}$ $4,5—\vec{X}、\hat{Z}$ $6—\vec{Y}$
	支承板	（图示支承板 1,2,3）	每个支承板也可设计成两个或两个以上小支承板	$1,2—\vec{Z}、\hat{X}、\hat{Y}$ $3—\vec{X}、\hat{Z}$
	固定支承与浮动支承	（图示固定支承 1,3 与浮动支承 2）	1,3—固定支承 2—浮动支承	$1,2—\vec{Z}、\hat{X}、\hat{Y}$ $3—\vec{X}、\hat{Z}$

（续）

工件定位基准面	定位元件	定位方式简图	定位元件特点	限制的自由度
平　面 	固定支承 与 辅助支承		1,2,3,4—固 定支承 5—辅助支承	1,2,3—$\vec{Z}$、$\hat{X}$、$\hat{Y}$ 4—$\vec{X}$、$\hat{Z}$ 5—增强刚性， 不限制自由度
圆　孔 	定位销 （心轴）		短销 （短心轴）	$\vec{X}$、$\vec{Y}$
			长销 （长心轴）	$\vec{X}$、$\vec{Y}$ $\hat{X}$、$\hat{Y}$
	锥销		单锥销	$\vec{X}$、$\vec{Y}$、$\vec{Z}$
			1—固定销 2—活动销	$\vec{X}$、$\vec{Y}$、$\vec{Z}$ $\hat{X}$、$\hat{Y}$

（续）

工件定位基准面	定位元件	定位方式简图	定位元件特点	限制的自由度
外圆柱面	支承板 或 支承钉		短支承板 或 支承钉	$\vec{Z}$（或 $\hat{X}$）
			长支承板或 两个支承钉	$\vec{Z}$、$\hat{X}$
	V 形块		窄 V 形块	$\vec{X}$、$\vec{Z}$
			宽 V 形块或 两个窄 V 形块	$\vec{X}$、$\vec{Z}$ $\hat{X}$、$\hat{Z}$
			垂直运动 的窄活动 V 形块	$\vec{X}$（或 $\vec{Z}$）
	定位套		短套	$\vec{X}$、$\vec{Z}$
			长套	$\vec{X}$、$\vec{Z}$ $\hat{X}$、$\hat{Z}$

（续）

工件定位基准面	定位元件	定位方式简图	定位元件特点	限制的自由度
外圆柱面 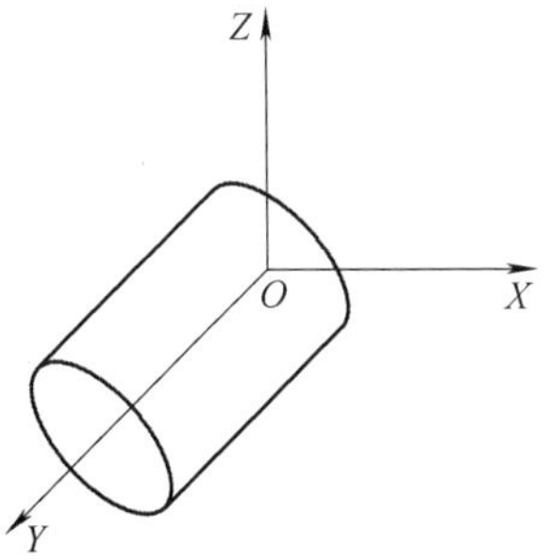	半圆孔	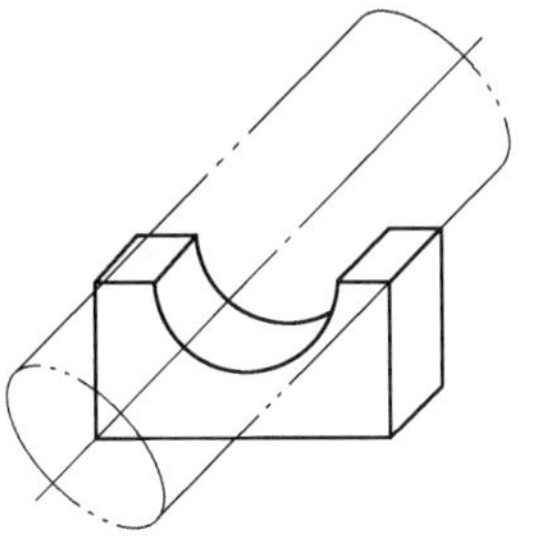	短半圆孔	$\vec{X}$、$\vec{Z}$
			长半圆孔	$\vec{X}$、$\vec{Z}$ $\hat{X}$、$\hat{Z}$
	锥套	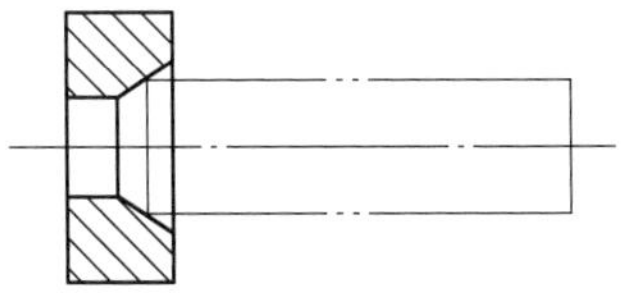	单锥套	$\vec{X}$、$\vec{Y}$、$\vec{Z}$
		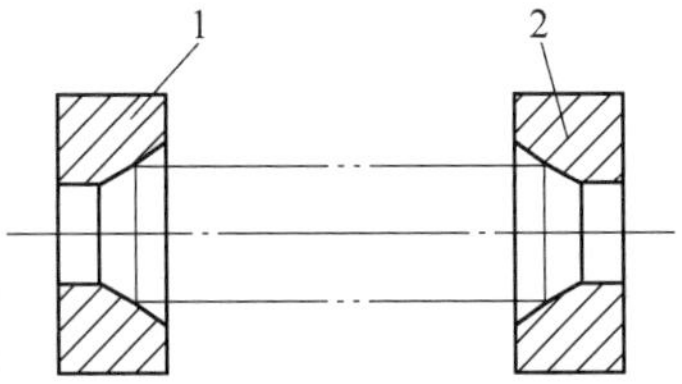	1—固定锥套 2—活动锥套	$\vec{X}$、$\vec{Y}$、$\vec{Z}$ $\hat{X}$、$\hat{Z}$

3.3　定位误差的分析和计算

前面已经讨论了如何根据工件的加工要求，限制工件应被限制的自由度，选择定位基准和定位元件等问题，也就是讨论了如何确定工件在夹具中的位置。实际上，仅仅解决了工件在夹具中的位置"定不定"的问题是不够的，当工件在夹具中的位置确定以后，还要研究工件的位置定得"准不准"的问题，也就是能否满足工件的加工精度要求，这就需要通过定位误差的计算来判断。一般情况下，如果定位误差不大于工件加工尺寸公差值的 1/5 ~ 1/3，则认为该定位方案能满足加工精度要求。

3.3.1　定位误差及其产生原因

任何一批工件，每一个工件的尺寸、形状和表面相互位置都是在公差允许的范围内变化的。因此，当一批工件在夹具中安装，以调整法加工时，每个表面的位置也不会完全相同，其中，工序基准的位置变化就形成了加工尺寸的误差，这种由于定位引起的加工尺寸的最大变动范围就称为定位误差，用 Δ_D 表示。其值就等于工序基准的最大变动量。

定位误差只有在用调整法加工时才会产生，如果是用试切法加工，则不会产生定位误差。产生定位误差的原因有两个：一是基准不重合，二是定位基准的位移。

1. 由于基准不重合所引起的基准不重合误差

由于定位基准与工序基准不重合而产生的加工误差称为基准不重合误差，用 Δ_B 表示。

如图 3-39 所示，在工件上铣一通槽，要求保证尺寸 $a_{-\delta_a}^{0}$、$b_{0}^{+\delta_b}$、$h_{-\delta_h}^{0}$，为使分析问题方便，这里仅讨论尺寸 $a_{-\delta_a}^{0}$ 如何保证的问题。

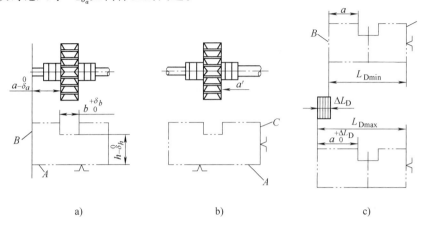

图 3-39　定位方案误差分析

图 3-39a 所示方案是以工序基准面 B 为定位基准，即定位基准与工序基准重合，则基准不重合误差 $\Delta_B = 0$。

图 3-39b 所示方案是以工件上的 C 面为定位基准，因定位基准与工序基准不重合，将产生基准不重合误差，引起工程基准 B 相对于定位基准 C 产生位移，如图 3-39c 所示，工序基准相对于定位基准产生的最大位移量即为基准不重合误差，这个最大位移量就等于定位基准与工序基准之间的联系尺寸 L（称定位尺寸）的公差值 ΔL_D，所以 $\Delta_B = \Delta L_D$。

所以当定位尺寸与工序尺寸方向一致时，则定位误差就是定位尺寸的公差。若定位尺寸与工序尺寸方向不一致时，则定位误差就等于定位尺寸公差在加工尺寸（即工序尺寸）方向的投影。

2. 由于定位基准位移所引起的基准位移误差

对于有些定位方式，即使基准重合，也会产生定位误差。如图 3-40 所示，工件以圆孔在心轴上定位铣键槽，要求保证尺寸 $b_{0}^{+\delta_b}$ 和 $a_{-\delta_a}^{0}$，其中尺 $b_{0}^{+\delta_b}$ 由铣刀保证，而尺寸 $a_{-\delta_a}^{0}$ 则是按心轴中心调整好铣刀的高度位置来保证的。图 3-40a 中，孔中心线是工序基准，内孔表面是定位基面。从理论上分析，如果工件圆孔直径和心轴外圆直径做成完全一样，则内孔表面与心轴表面重合，即作无间隙配合，这时两者的中心线也重合，如图 3-40b 所示，故一批工件的尺寸 a 保持不变，即不存在因定位而引起的误差。

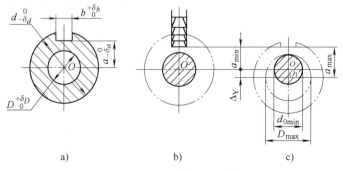

图 3-40　基准位移误差分析

　　然而，实际上定位副中的定位孔和定位心轴一定有制造误差，同时为了使工件易于安装，须使定位副间有一最小配合间隙。这样就不能象理论上分析的那样，使工件圆孔中心和心轴中心保持完全同轴。于是，当心轴水平放置时，工件圆孔将因重力等影响单边搁置在心轴的上母线上，如图 3-40c 所示。此时刀具位置未变，而同批工件的定位基准位置却在 O 和 O_1 之间变动，导致工序基准的位置也发生变化，使一批工件中所测得的尺寸 a 有了误差。不过，这一误差不是由于基准不重合而引起的，而是由于定位副的制造误差和定位副的配合间隙所导致的。

　　因此，把这种由于定位副的制造误差及配合间隙而引起的，定位基准在加工尺寸方向上的最大位置变动量称为基准位移误差，以 Δ_Y 表示。

　　本例中，一批工件定位基准可能出现的最大位移范围，是由圆孔和心轴间最大间隙所决定的。

$$\Delta_Y = \frac{1}{2}(D_{max} - d_{min}) = \frac{1}{2}\delta_D + \frac{1}{2}\delta_d \qquad (3\text{-}1)$$

　　定位误差是基准位移误差和基准不重合误差的综合结果。可表示为

$$\Delta_D = \Delta_Y \pm \Delta_B \qquad (3\text{-}2)$$

　　当工序基准是在定位基面上时，需判断 Δ_B 的正、负。凡定位基准不在定位基面上时，都直接取 " + " 号。

3.3.2 常见定位方式的定位误差计算

　　1. 工件以平面定位

　　如图 3-41 所示，按图 3-41a 所示定位方案铣工件上的台阶面 C，要求保证尺寸（20 ± 0.15）mm。下面分析和计算其定位误差。

　　由工序简图可知，加工尺寸（20 ± 0.15）mm 的工序基准（也是设计基准）是 A 面，而图 3-41a 中定位基准是 B 面，可见定位基准与工序基准不重合，必然存在基准不重合误差。这时的定位尺寸是（40 ± 0.14）mm，与加工尺寸方向一致，所以基准不重合误差的大小就是定位尺寸的公差，即

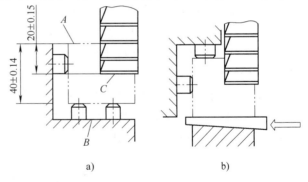

图 3-41　铣台阶面的两种定位方案

$\Delta_B = 0.28$ mm。而以 B 面定位加工 C 面时，一般平面定位不会产生基准位移误差，即 $\Delta_Y = 0$。所以有

$$\Delta_D = \Delta_Y + \Delta_B = \Delta_B = 0.28 \text{mm}$$

而加工尺寸（20 ± 0.15）mm 的公差为

$$\delta_K = 0.3 \text{mm}$$

此时 $$\Delta_D = 0.28 \text{mm} > \frac{1}{3}\delta_K = \frac{1}{3} \times 0.3 \text{mm} = 0.1 \text{mm}$$

　　由上面分析计算可见，定位误差太大，而留给其他加工误差的允差值就太小了，只有

0.02mm。所以在实际加工中容易出现废品，因此这一方案在没有其他工艺措施保证的条件下不宜采用。若改为图 3-41b 所示定位方案，使工序基准与定位基准重合，则定位误差为零。但改为新的定位方案后，工件需从下向上夹紧，夹紧方案不够理想，且使夹具结构复杂。

　　2. 工件以圆柱孔定位

　　工件以圆柱孔在不同的定位元件上定位时，所产生的定位误差是不同的。现以下面几种情况分别叙述。

　　（1）工件以圆柱孔在过盈配合心轴上定位　因为过盈配合时，定位副间始终无间隙，所以定位基准的位移量为零，即 $\Delta_Y = 0$。

　　若工序基准与定位基准重合（见图 3-42a），则定位误差为

$$\Delta_D = \Delta_Y + \Delta_B = 0$$

　　若工序基准在工件定位孔的母线上（见图 3-42c），则定位误差为

$$\Delta_D = \Delta_B = \frac{1}{2}\delta_D$$

　　若工序基准在工件外圆母线上（见图 3-42b），则定位误差为

$$\Delta_D = \Delta_Y + \Delta_B = \Delta_B = \frac{1}{2}\delta_d$$

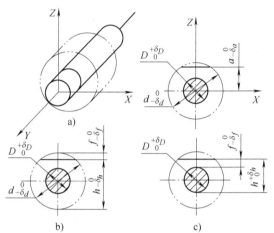

图 3-42　工件以圆孔在过盈配合圆柱心轴上定位的定位误差计算

　　（2）工件以圆柱孔在间隙配合的圆柱心轴（或圆柱销）上定位　由于孔与心轴的接触情况不同，以及工序基准不同，便有不同的计算结果。

　　1）孔与心轴（或定位销）固定单边接触。如工件在水平放置的心轴上定位，由于工件的自重作用，使工件孔与心轴的上素线单边接触，如图 3-40c 所示。由于定位副的制造误差，将产生定位基准位移误差，即

$$\Delta_Y = \frac{1}{2}\delta_D + \frac{1}{2}\delta_{d0}$$

　　为安装方便，有时还增加一最小间隙 X_{min}，由于 X_{min} 始终是不变的常量，这个数值可以在调整刀具预先加以考虑，则使 X_{min} 的影响消除掉。因此在计算基准位移量时可不计 X_{min} 的影响。

　　当工序基准与定位基准重合时（见图 3-40 中尺寸 a），则 $\Delta_B = 0$，所以定位误差为

$$\Delta_{Da} = \Delta_Y = \frac{1}{2}\delta_D + \frac{1}{2}\delta_{d0}$$

　　当工序基准在工件外圆素线上，见图 3-43 所示。此时除基准位移误差外，还有基准不重合误差，所以尺寸 h 的定位误差为

$$\Delta_{Dh} = \Delta_Y + \Delta_B = \frac{1}{2}\delta_D + \frac{1}{2}\delta_{d0} + \frac{1}{2}\delta_d$$

当工序基准在定位孔的下素线上，如图 3-43 所示的尺寸 K。此时，工序基准在定位基面上，需要判断基准不重合误差 Δ_B 的正、负号。先求出基准位移误差和基准不重合误差：

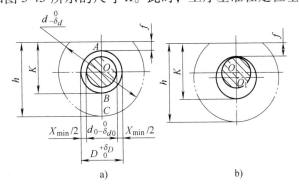

$$\Delta_Y = \frac{1}{2}\delta_D + \frac{1}{2}\delta_{d0}$$

$$\Delta_B = \frac{1}{2}\delta_D$$

在公式 $\Delta_D = \Delta_Y \pm \Delta_B$ 中，"＋"、"－"号的确定方法如下：

图 3-43　固定单边接触定位误差分析

当定位基面和定位元件正确接触时，让定位基面的尺寸（一般为直径）由小变大（或由大变小），判断定位基准的移动方向（也即是 Δ_Y 的变化方向）。

再假设定位基准的位置保持不变，让定位基面的尺寸同样由小变大（或由大变小），判断定位基准的移动方向（也即是 Δ_B 的变化方向）。

如果两者移动方向相同，取"＋"号，相反则取"－"。

判断尺寸 K，定位基准为孔中心 O_1，定位基面为内孔表面，工序基准为内孔下素线，当定位孔的尺寸由小变大时，因为是固定上素线接触，所以定位基准孔中心 O_1 的移动方向是向下的；再假设定位基准 O_1 不动，定位孔的尺寸同样由小变大，工序基准的移动方向也是向下的。方向相同，取"＋"号，即直接相加。则

$$\Delta_D = \Delta_Y + \Delta_B = \frac{1}{2}\delta_D + \frac{1}{2}\delta_{d0} + \frac{1}{2}\delta_D = \delta_D + \frac{1}{2}\delta_{d0}$$

当工序基准为定位孔的上素线，如图 3-43 所示的尺寸 f，Δ_B 和 Δ_Y 的值与尺寸 K 相同，因工序基准在定位面上，同样需判断 Δ_B 正负号，按以上方法判断，两者方向相反，取"－"号。即

$$\Delta_D = \Delta_Y - \Delta_B = \frac{1}{2}\delta_D + \frac{1}{2}\delta_{d0} - \frac{1}{2}\delta_D = \frac{1}{2}\delta$$

综合上述分析计算结果可知，当工件以圆柱孔在间隙配合圆柱心轴（或定位销）上定位，且为固定单边接触时，工序尺寸的定位误差值随工序基准的不同而异。其中以孔上素线为工序基准时，定位误差最小；以孔心线为工序基准时次之；以孔下素线为工序基准时较大；当以工件外圆母线为工序基准时，定位误差较前几种情况都大。

2）孔与圆柱心轴（或定位销）任意边接触。定位心轴垂直放置时，定位心轴与工件内孔则可能任意边接触，应考虑加工尺寸方向的两个极限位置及孔轴的最小配合间隙 X_{min} 的影响，此时 X_{min} 无法在调整刀具尺寸时预先予以补偿，所以在加工尺寸方向上的最大基准位移误差为（见图 3-44）

$$\Delta_Y = D_{max} - d_{min} = \delta_D + \delta_d + X_{min}$$

而基准不重合误差，则应视工序基准的不同而异。

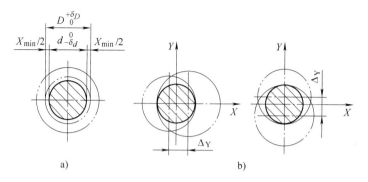

图 3-44　任意边接触基准位移误差分析

3. 工件以外圆定位

下面主要分析工件以外圆在 V 形块上定位。如不考虑 V 形块的制造误差，则工件定位基准在 V 形块的对称面上，因此工件中心线在水平方向上的位移为零。但在垂直方向上，因工件外圆有制造误差，而产生基准位移，如图 3-45a 所示。其值为

$$\Delta_Y = O_2O_1 = \frac{O_1A}{\sin\frac{\alpha}{2}} - \frac{O_2B}{\sin\frac{\alpha}{2}} = \frac{\frac{1}{2}d}{\sin\frac{\alpha}{2}} - \frac{\frac{1}{2}(d-\delta_d)}{\sin\frac{\alpha}{2}} = \frac{\delta_d}{2\sin\frac{\alpha}{2}} \qquad (3\text{-}3)$$

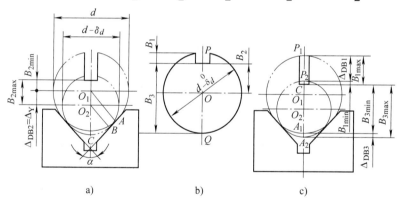

图 3-45　工件在 V 形块上定位时定位误差分析

下面分别计算图 3-45b 中三种不同的工序尺寸定位误差的大小（见图 3-45a 和图 3-45c）。

（1）工序基准为工件轴心线　此时为定位基准与工序基准重合，则基准不重合误差为零，而基准位移的方向又与加工尺寸方向一致，所以加工尺寸 B_2 的定位误差为

$$\Delta_{DB2} = \Delta_Y = \frac{\delta_d}{2\sin\frac{\alpha}{2}} \qquad (3\text{-}4)$$

（2）工序基准为外圆上素线　此时为定位基准与工序基准不重合，不仅有基准位移误差，而且还有基准不重合误差，工序基准在定位面上，需判断方向，又定位尺寸与加工尺寸方向一致，所以尺寸 B_1 的定位误差为

$$\Delta_{Y} = \frac{\delta_d}{2\sin\frac{\alpha}{2}}$$

$$\Delta_{B} = \frac{\delta_d}{2}$$

当工件直径由小到大变化时，两者变化方向一致，所以直接相加，

即

$$\Delta_{DB1} = \frac{\delta_d}{2\sin\frac{\alpha}{2}} + \frac{\delta_d}{2}$$

（3）工序基准为外圆下素线 此时亦为基准不重合，且基准位移和定位尺寸的方向均与加工尺寸方向一致，故工序尺寸 B_3 的定位误差为

$$\Delta_{Y} = \frac{\delta_d}{2\sin\frac{\alpha}{2}}$$

$$\Delta_{B} = \frac{\delta_d}{2}$$

当工件直径由小变大时，两者变化方向相反，所以 Δ_B 取 " – " 号，

即

$$\Delta_{DB3} = \frac{\delta_d}{2\sin\frac{\alpha}{2}} - \frac{\delta_d}{2}$$

通过上述各工序尺寸的定位误差可以看出，当 V 形块的 α 角相同，以工件下素线为工序基准时，定位误差最小，而以工件上素线为工序基准时，定位误差最大。

另外还可以看出，随 V 形块夹角 α 的增大，定位误差减小，但夹角过大时，将引起工件定位不稳定，故一般多采用90°夹角的 V 形块。

故上述定位误差计算，可总结出以下规律。

当 Δ_Y 和 Δ_B 两项均为零时，则 Δ_D 亦为零。若两项之中有一项为零时，则定位误差就等于不为零的那一项。

当 Δ_Y 和 Δ_B 均不为零时，则

$$\Delta_D = \Delta_Y \pm \Delta_B$$

确定基准不重合误差 Δ_B 的正、负号首先要看工序基准是否在定位基面上。

工序基准在定位基面上，即以定位基面的任一母线为工序基准，且为固定单边接触。

此时需要判断 Δ_B 的正、负号，看定位孔或定位轴的尺寸由小变大时，定位基准的移动方向和假设定位基准不动，工序基准的移动方向是否一致。一致取正，相反取负。

工序基准不在定位基面上。此时基准不重合误差永远取正号，即定位误差为基准位移误差和基准不重合误差之和。故总有

$$\Delta_D = \Delta_Y + \Delta_B$$

分析和计算定位误差的目的，是为了对定位方案能否保证加工要求，有一个明确的定量概念，以便对不同方案进行分析比较，同时也是在决定定位方案时的一个重要依据。

4. 定位误差的综合分析与计算示例

例 3-1 图 3-46 所示为在金刚镗床上加工活塞销孔的定位方式，活塞的裙部内孔与定位

销的尺寸配合为 $\phi 95\ H7/g6$，对称度要求不大于 0.2 mm。试计算其定位误差，并分析定位方案的可行性。

解　镗孔的对称度要求，是指被镗孔的轴心线要与定位孔的轴线正交，若有偏移不得大于 0.2 mm。图 3-46 中工件所采用的定位方式，属于基准重合，定位时孔与定位销可能为任意边接触。

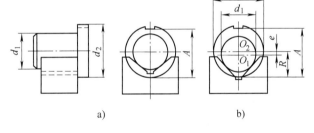

定位销

$\phi 95\dfrac{\text{H7}}{\text{g6}}$

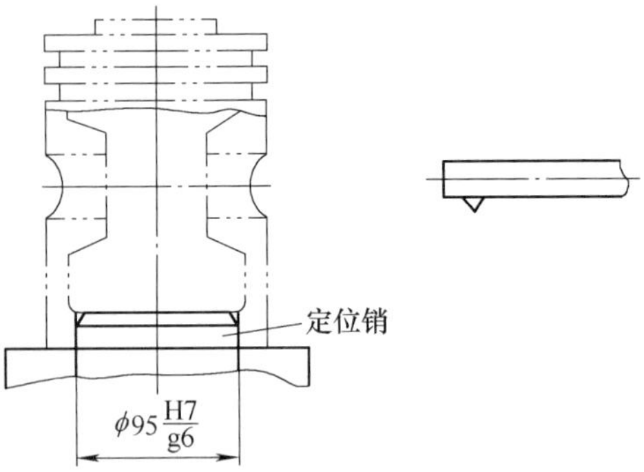

图 3-46　镗活塞销孔的定位误差计算

按 H7/g6 的配合，则工件定位孔径为 $\phi 95\,^{+0.035}_{\ \ 0}$ mm。定位销直径为 $\phi 95\,^{-0.012}_{-0.034}$ mm。

故定位误差就是基准位移误差，所以

$$\Delta_{\text{D}} = \Delta_{\text{Y}} = \delta_D + \delta_d + X_{\min}$$
$$= 0.035\text{mm} + \left[\,-0.012 - (\,-0.034\,)\,\right]\text{mm} + \left[\,95 - (\,95 - 0.012\,)\,\right]\text{mm}$$
$$= (0.035 + 0.022 + 0.012)\text{mm} = 0.069\text{mm}$$

或

$$\Delta_{\text{D}} = D_{\max} - d_{\min} = \left[\,95.035 - (95 - 0.034)\,\right]\text{mm} = 0.069\text{mm}$$

可见，计算所得定位误差与工件公差的三分之一 $\left(\dfrac{1}{3} \times 0.2 = 0.066\text{mm}\right)$ 相接近，故此方案尚可行。

例 3-2　图 3-47 所示为阶梯轴在 V 形块上定位铣键槽，已知 $d_1 = \phi 25\,^{0}_{-0.021}$ mm；$d_2 = \phi 40\,^{0}_{-0.025}$ mm；两外圆柱面的同轴度公差为 $\phi 0.02$ mm；V 形块夹角 $\alpha = 90°$；键槽深度尺寸为 $A = 34.8\,^{0}_{-0.17}$ mm。试计算其定位误差，并分析定位质量。

解　各尺寸标注如图 3-47b 所示，其中同轴度公差可标为 $e = (0 \pm 0.01)$ mm；$R = 20\,^{0}_{-0.0125}$ mm。

该定位方案中，d_1 轴心线为定位

a)　　　　　　　b)

图 3-47　铣键槽定位误差计算

基准，d_2 外圆下素线为工序基准，可见定位基准与工序基准不重合。定位尺寸为 $R + e$，故

$$\Delta_{\text{B}} = \delta_R + e = (0.0125 + 0.02)\text{mm} = 0.0325\text{mm}$$

由于一批工件中 d_1 有制造误差，使定位基准产生基准位移误差。故

$$\Delta_{\text{Y}} = \frac{\delta_d}{2\sin\dfrac{\alpha}{2}} = \frac{0.021}{2\sin 45°}\text{mm} = 0.0148\text{mm}$$

所以　　　　　　　$\Delta_{\text{D}} = \Delta_{\text{Y}} + \Delta_{\text{B}} = (0.0148 + 0.0325)\text{mm} = 0.0473\text{mm}$

而工件公差的 1/3 为

$$\frac{1}{3}\delta_K = \frac{1}{3} \times 0.017\text{mm} = 0.056\text{mm}$$

即　　　　　　　　　　　　$\Delta_{\text{D}} < \dfrac{1}{3}\delta_K$

故此定位方案可以保证加工要求。

例 3-3　图 3-48a 所示的一批工件，采用钻模夹具钻削工件上 $\phi 5$ mm 和 $\phi 8$ mm 两孔，除

保证图样尺寸要求外，还要求保证两孔联心线通过工件的轴线，其偏移量公差为 0.08mm。现夹具上钻模板相对于 V 形块的安装方式有图 3-48b、c、d 所示三种方案，若定位误差不得大于加工允差的 1/2。试问这三种安装方案是否都可行（$\alpha = 90°$）

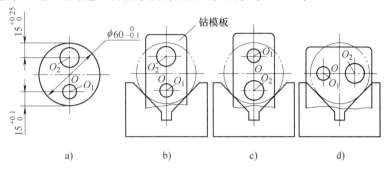

图 3-48　三种方案的比较

解　因为工件上被加工孔的工序基准都为工件外圆的素线，而工件以外圆在 V 形架上定位时，定位基准是轴心线，其定位属于基准不重合。下面分别计算三种方案的定位误差，方能判断其可行性。

图 3-48b：
$$\Delta_{DO1} = \frac{\delta_d}{2} \times \left[\frac{1}{\sin\frac{\alpha}{2}} - 1 \right] = \frac{0.1}{2} \times \left(\frac{1}{\sin 45°} - 1 \right) \text{mm} = 0.02\text{mm}$$

$$\Delta_{DO1} < \frac{1}{2}\delta_K = \frac{1}{2} \times 0.1\text{mm} = 0.05\text{mm}$$

$$\Delta_{DO2} = \frac{\delta_d}{2}\left[\frac{1}{\sin\frac{\alpha}{2}} + 1 \right] = \frac{0.1}{2}\left(\frac{1}{\sin 45°} + 1 \right) \text{mm} = 0.12\text{mm}$$

$$\Delta_{DO2} < \frac{1}{2}\delta_K = \frac{1}{2} \times 0.25\text{mm} = 0.125\text{mm}$$

此方案中两孔 O_1 和 O_2 的联心线相对 $\phi 60_{-0.1}^{0}$mm 的轴线偏移量为零。即
$$\varepsilon_{偏} = 0 < \delta_K = 0.08\text{mm}$$

图 3-48c：
$$\Delta_{DO1} = \frac{\delta_d}{2}\left[\frac{1}{\sin\frac{\alpha}{2}} + 1 \right] = \frac{0.1}{2} \times \left(\frac{1}{\sin 45°} + 1 \right) \text{mm} = 0.12\text{mm}$$

$$\Delta_{DO1} > \frac{1}{2}\delta_K = \frac{1}{2} \times 0.1\text{mm} = 0.05\text{mm}$$

$$\Delta_{DO2} = \frac{\delta_d}{2}\left[\frac{1}{\sin\frac{\alpha}{2}} - 1 \right] = \frac{0.1}{2}\left(\frac{1}{\sin 45°} - 1 \right) \text{mm} = 0.02\text{mm}$$

$$\Delta_{\mathrm{DO2}} < \frac{1}{2}\delta_K = \frac{1}{2} \times 0.25\,\mathrm{mm} = 0.125\,\mathrm{mm}$$

同图 3-48b：
$$\varepsilon_{\text{偏}} = 0 < \delta_K = 0.08\,\mathrm{mm}$$

图 3-48d：
$$\Delta_{\mathrm{DO1}} = \Delta_{\mathrm{DO2}} = \Delta_{\mathrm{B}} = \frac{\delta_d}{2} = \frac{0.1}{2}\,\mathrm{mm} = 0.05\,\mathrm{mm}$$

$$\Delta_{\mathrm{DO1}} = \frac{1}{2}\delta_K = \frac{1}{2} \times 0.1\,\mathrm{mm} = 0.05\,\mathrm{mm}$$

$$\Delta_{\mathrm{DO2}} < \frac{1}{2}\delta_K = \frac{1}{2} \times 0.25\,\mathrm{mm} = 0.125\,\mathrm{mm}$$

$$\varepsilon_{\text{偏}} = \frac{\delta_d}{2\sin\frac{\alpha}{2}} = \frac{0.1}{2 \times \sin 45°}\,\mathrm{mm} = 0.07\,\mathrm{mm}$$

$$\varepsilon_{\text{偏}} > \frac{1}{2}\delta_K = \frac{1}{2} \times 0.08\,\mathrm{mm} = 0.04\,\mathrm{mm}$$

综合分析以上三种方案的定位误差计算结果可知：图 3-48b 方案能够满足全部加工要求，而图 3-48c、d 方案只能满足部分加工要求，因此只有图 3-48b 方案是可行的。

例 3-4 如图 3-49 所示，工件以底面和侧面定位加工 A 面，要求保证加工尺寸（100 ± 0.1）mm。试计算定位误差，并判断其定位质量。

解 由图 3-49 可见，工件两定位表面之间存在着形位误差，即角度误差，该误差对加工尺寸必有影响。由于工序基准与定位基准重合，故 $\Delta_{\mathrm{B}} = 0$。而定位基准之间的角度误差所引起的基准位移误差为

$$\Delta_{\mathrm{Y}} = 2(70 - 50)\tan 10'\,\mathrm{mm} = 0.116\,\mathrm{mm}$$

即
$$\Delta_{\mathrm{D}} = \Delta_{\mathrm{Y}} = 0.116\,\mathrm{mm}$$

而工件的公差为 $\delta_K = 0.2\,\mathrm{mm}$，可见定位误差已超过工件公差的 1/2，一般情况下，该定位方案是不可行的。

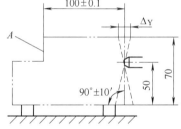

图 3-49　形位误差引起的定位误差

3.3.3　组合表面定位——一面两孔定位

以上所述的常见定位方式，多为以单一表面作为定位基准的，但在实际生产中，通常都是以工件上的两个或两个以上的几何表面作为定位基准，即采取组合定位方式。

组合定位的方式很多，生产中最常用的就是"一面两孔"定位。如加工箱体、杠杆、盖板等。采用"一面两孔"定位，易于做到工艺过程中的基准统一，保证工件的相互位置精度。

工件采用一面两孔定位时，两孔可以是工件结构上原有的，也可以是为定位需要专门设计的工艺孔。相应的定位元件是支承板和两定位销。图 3-50 所示为某箱体镗孔时以"一面两孔"定位的示意图。

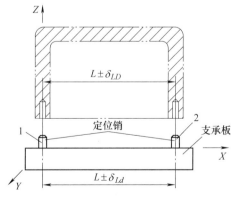

图 3-50　"一面两孔"的组合定位

1. 定位方案的确定

首先分析各定位元件所限制的自由度。如图 3-50 所示，支承板限制工件 $\hat{X}$、$\hat{Y}$、$\vec{Z}$ 三个自由度；短圆柱销 1 限制工件的 $\vec{X}$、$\vec{Y}$ 两个自由度；短圆柱销 2 限制工件的 $\hat{Z}$、$\vec{X}$ 两个自由度。可见 $\vec{X}$ 被两个圆柱销重复限制。产生过定位现象。严重时可产生工件不能安装的现象。

如图 3-51 所示，为使工件在两种极端情况下都能安装到定位销上，可把定位销 2 上与工件孔壁相碰的那部分削去，只留下一部分圆柱面，成为削边销。这样，在连心线的方向上，能起到消除过定位的作用。但在垂直于连心线的方向上，定位销 2 的直径并未减小，所以工件的转角误差没有增大，提高了定位精度，有利于保证加工质量。所以这是消除过定位并减小转角误差的有效措施。

为保证削边销的强度，一般多采用菱形结构，故又称为菱形销。常用削边销的结构形状如图 3-52 所示。图 3-52a 用于直径很小时；图 3-52b 用于直径为 3 ~ 50mm 时；图 3-52c 用于直径大于 50mm 时。削边销的宽度部分也可以修圆，如图 3-52d 所示，以便进一步增大连心线方向的间隙，其中 b_1 为削边销留下的宽度，b 为修圆后留下的圆柱部分宽度。

在安装削边销时，削边方向应垂直于两销连心线。

2. 工件以"一面两孔"定位时的设计步骤和计算实例

在一面两孔定位中，定位平面一般用定位支承板支承，在设计圆柱销和削边销时可遵循下列步骤。

（1）首先确定定位销的中心距和尺寸公差　销间距的公称尺寸和孔间距的公称尺寸相同，销心距的公差可取为

$$\delta_{Ld} = \left(\frac{1}{3} \sim \frac{1}{5} \right) \delta_{LD}$$

（2）确定圆柱销的尺寸及公差　圆柱销直径的公称尺寸（最大尺寸）是该定位孔的最小极限尺寸，配合一般按 g6 或 f7 选取。

（3）确定削边销的尺寸以及销与孔的配合性质有关手册计算得出，此处不详述。

削边销与定位孔的配合一般按 h6 选取。

3. 计算定位误差，分析定位质量

下面通过一个实例来详细说明。

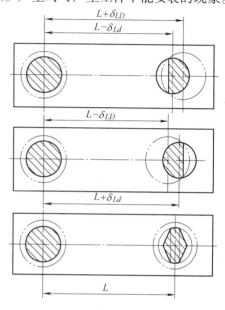

图 3-51　削边销的形成

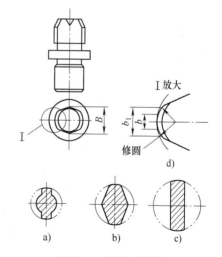

图 3-52　削边销结构

削边销的直径尺寸和宽度尺寸可查阅

例3-5　图3-53中，工件以 $2 \times \phi 12^{+0.027}_{0}$ mm 和底面定位，欲钻两小孔 O_{I}、O_{II}。已知两定位孔的中心距为（100 ± 0.06）mm，削边销直径为 $\phi 12^{-0.053}_{-0.064}$ mm。试设计圆柱销及两销中心距尺寸，并计算定位误差。

解　（1）确定圆柱销直径尺寸　圆柱销配合按 g6 选取，则圆柱销直径为 $\phi 12 g6 = \phi 12^{-0.006}_{-0.017}$ mm

（2）确定两销中心距尺寸

两销中心距公差取 $\delta_{Ld} = \dfrac{1}{3}\delta_{LD} = \dfrac{1}{3} \times 0.12$ mm $= 0.04$ mm

故　两销中心距尺寸为（100 ± 0.02）mm

（3）计算定位误差　工件左右方向的定位基准是圆柱销所在的孔中心 O_1，前后方向的定位基准是两定位孔中心的连线 $\overline{O_1 O_2}$。

O_{I} 孔位置尺寸（40 ± 0.08）mm 的定位误差：

因基准重合　　　　　　　　　　　$\Delta_{\mathrm{B}} = 0$

$$\Delta_{\mathrm{Y}} = \Delta_{\mathrm{Y1}} = \delta_{D1} + \delta_{d1} + X_{1min} = (0.027 + 0.011 + 0.006)\,\mathrm{mm} = 0.044\,\mathrm{mm}$$

则　　　　　　　　　　　　　　$\Delta_{\mathrm{D}} = \Delta_{\mathrm{Y}} = 0.044\,\mathrm{mm}$

O_{I} 孔位置尺寸（30 ± 0.3）mm 的定位误差：

因基准重合　　　　　　　　　　　$\Delta_{\mathrm{B}} = 0$

基准位移误差为两定位孔中心连线在 O_{I} 孔对应处的最大位置变动量，即为 $\Delta_{\mathrm{Y\,I}}$，如图 3-54 所示。

过 O''_1 作 $O_1 O_2$ 的平行线，可看出 $\Delta_{\mathrm{Y\,I}} = \Delta_{\mathrm{Y1}} + 2\Delta_{\mathrm{Y0\,I}}$

根据三角形相似原理可求出 $\Delta_{\mathrm{Y0\,I}}$

$$\frac{\Delta_{\mathrm{Y0\,I}}}{\frac{1}{2}(\Delta_{\mathrm{Y2}} - \Delta_{\mathrm{Y1}})} = \frac{40}{100}$$

其中 $\Delta_{\mathrm{Y2}} = \delta_{D2} + \delta_{d2} + X_{2min} = (0.027 + 0.011 + 0.053)\,\mathrm{mm} = 0.091\,\mathrm{mm}$

$$\Delta_{\mathrm{Y0\,I}} = \frac{40}{100} \times \frac{1}{2}(0.091 - 0.044)\,\mathrm{mm} = 0.0094\,\mathrm{mm}$$

则　　　　$\Delta_{\mathrm{Y\,I}} = \Delta_{\mathrm{Y1}} + 2\Delta_{\mathrm{Y0\,I}} = (0.044 + 2 \times 0.0094)\,\mathrm{mm} \approx 0.063\,\mathrm{mm}$

$$\Delta_{\mathrm{D}} = \Delta_{\mathrm{Y\,I}} = 0.063\,\mathrm{mm}$$

O_{II} 孔位置尺寸（25 ± 0.25）mm 的定位误差：

基准不重合，基准不重合误差为两定位孔之间的尺寸公差。

$$\Delta_{\mathrm{B}} = \delta_{LD} = 0.12\,\mathrm{mm}$$

$$\Delta_{\mathrm{Y}} = \Delta_{\mathrm{Y1}} = 0.044\,\mathrm{mm}$$

则　　　　　　　$\Delta_{\mathrm{D}} = \Delta_{\mathrm{B}} + \Delta_{\mathrm{Y}} = (0.12 + 0.044)\,\mathrm{mm} = 0.164\,\mathrm{mm}$

O_{II} 孔位置尺寸（30 ± 0.3）mm 的定位误差：

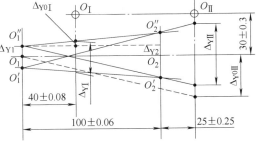

图 3-53　两孔定位设计计算实例

图 3-54　"一面两孔"定位时定位误差计算示例

$$\Delta_B = 0$$

因 O_{II} 孔在两定位孔之外，其对应处的中心线最大位移量应为 ΔY_{II}，也就是基准位移误差。在图中过 O_1 作 $O_1''O_2'$ 的平行线。

$$\Delta_{YII} = 2\left(\Delta_{Y0II} - \frac{\Delta_{Y1}}{2}\right)$$

其中 Δ_{Y0II} 可根据三角相似原理求出。

$$\frac{\Delta_{Y0II}}{\frac{1}{2}\Delta_{Y1} + \frac{1}{2}\Delta_{Y2}} = \frac{125}{100}$$

$$\Delta_{Y0II} = \frac{125}{100} \times \frac{1}{2}(0.044 + 0.091)\,\text{mm} = 0.084\,\text{mm}$$

则

$$\Delta_{YII} = 2 \times \left(0.084 - \frac{0.044}{2}\right)\text{mm} = 0.212\,\text{mm}$$

$$\Delta_D = \Delta_{YII} = 0.212\,\text{mm}$$

经校验，该定位方案基本能满足各尺寸的加工精度要求。

3.4　工件的夹紧

3.4.1　夹紧装置的组成和基本要求

工件定位后，必须采用一定的装置将工件压紧、夹牢，防止工件在加工时受到切削力、重力、惯性力等的作用而发生位移或振动，使加工无法进行。这种将工件压紧、夹牢的装置称为夹紧装置。夹紧装置是夹具的重要组成部分，其设计的好坏不仅直接影响夹具复杂程度和制造成本，而且对生产率及工人的劳动强度有一定的影响。

1. 夹紧装置的组成

夹紧装置由力源装置和夹紧机构两部分组成。

（1）力源装置　提供原始夹紧力的装置称为力源装置。常用的力源装置有：液压装置、气压装置、电磁装置、电动装置、气-液联动装置和真空装置等。以人力为力源时，称为手动夹紧，没有力源装置。

（2）夹紧机构　夹紧机构的作用是将动力装置所产生的原始作用力或人力正确地作用到工件上。它又包括传力机构和最终作用在工件上的夹紧元件。传力机构在传递夹紧力的过程中，还起着改变力的大小和方向的作用以及自锁的作用。

图 3-55 所示为铣床夹具上的夹紧装置示意图。

2. 对夹紧装置的基本要求

1）在夹紧和加工过程中，应能保持工件定位的位置不变。

2）夹紧力大小应适当。既要保证工件在整个加工中其位置稳定不变，不振动，又不使工件产生夹紧变形和表面损伤。

3）使用性好。夹紧装置的操作应当方便、快

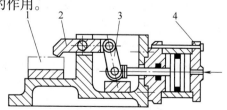

图 3-55　夹紧装置示意图
1—工件　2—夹紧元件　3—中间传力机构
4—力源装置

捷、安全、省力。

　　4）经济性和工艺性好。夹紧装置的复杂程度和自动化程度应与生产纲领相适应,在保证生产率的前提下,力求结构简单,便于制造和维修。

3.4.2　夹紧力的确定

　　确定夹紧力就是确定夹紧力的大小、方向和作用点三个要素。它对夹紧机构的设计起着决定性的作用。在设计夹紧装置时,首先要确定的就是夹紧力的三要素,然后进一步选择适当的传力方式,并具体设计合理的夹紧机构。

　　1. 夹紧力方向的确定

　　在实际生产中,尽管工件的安装方式各式各样,但对夹紧力作用方向的选择必须考虑以下几点。

　　1）夹紧力的方向应朝向主要定位基准,这样有利于保证工件定位的准确性和可靠性。如图 3-56 所示直角支座镗孔,要求孔与 A 面垂直,故应以 A 面为主要定位基准,且夹紧力方向与之垂直,则较容易保证质量。反之,若压向 B 面,当工件 A、B 两面有垂直度误差,就会使孔不垂直 A 面而可能报废。

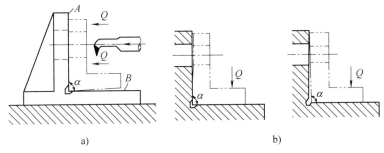

图 3-56　夹紧力方向对镗孔垂直度的影响
a）合理　b）不合理

　　2）夹紧力应朝向工件刚度较好的方向。由于工件在不同方向上刚度是不等的,不同的受力表面也因其接触面积大小而变形各异,所以,确定夹紧力方向时,应使工件变形尽可能小或不变形。尤其在夹压薄壁零件时,更需注意。如图 3-57 所示套筒,用自定心卡盘夹紧外圆,显然要比用特制螺母从轴向夹紧工件变形要大。

　　3）夹紧力方向应尽可能与切削力、工件重力同向,以减小夹紧力。当夹紧力和切削力、工件自身重力的方向均相同时,加工过程中所需的夹紧力为最小,能减轻工人的劳动强度,提高生产率,简化夹紧装置的结构,减少工件变形。如在立式钻床上钻孔,工件放在水平的主定位基面上定位,且用螺旋压板机构向下压紧时,即为夹紧力、钻削力和工件重力三者同向且都垂直于主定位基面的情况,这种情况所需夹紧力为最小。

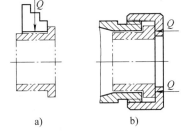

图 3-57　套筒夹紧力方向与工件刚性的关系
a）自定心卡盘夹紧　b）特制螺母从轴向夹紧

　　2. 夹紧力作用点的选择

　　夹紧力作用点是指夹紧元件与工件接触的一小块面积。选择作用点的问题是指在夹紧方向已定的情况下确定夹紧力作用点的位置和数目。合理选择夹紧力作用点必须注意以下几点。

1）夹紧力应落在支承元件上或几个支承元件所形成的支承区域内。图 3-58a 所示为夹紧力作用在支承面范围之外，而图 3-58b 所示为夹紧力作用在支承点之外，这两种情况都会破坏工件定位。正确的夹紧力作用点应落在支承区域内并尽量靠近其几何中心或落在支承元件上。

2）夹紧力作用点应落在工件刚度较好的部位上。这对刚度较差的工件尤其重要，图 3-59 所示为将作用点由中间的单点改成两旁的两点夹紧，变形大为改善，且夹紧也较可靠。

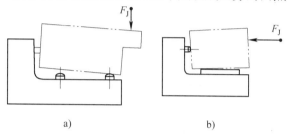

图 3-58　夹紧力作用点应落在定位元件上或
定位元件所形成的支承区域内

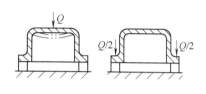

图 3-59　夹紧力作用点应
在刚性较好部位

3）夹紧力作用点应尽可能靠近被加工表面。必要时应在工件刚性差的部位增加辅助支承并施加夹紧力，以免振动和变形。如图 3-60 所示，辅助支承 a 尽量靠近被加工表面，同时给予夹紧力 Q_2。这样切削力形成的翻转力矩小又增加了工件的刚性，既保证了定位夹紧的可靠性，又减小了振动和变形。

3. 夹紧力大小的确定

夹紧力大小要适当，过大会使工件变形，过小则在加工时工件会松动，造成报废甚至发生事故。

采用手动夹紧时，可凭人力来控制夹紧力的大小，一般不需要算出所需夹紧力的确切数值，只是必要时进行概略的估算。

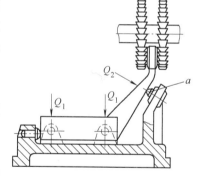

图 3-60　夹紧力应
靠近加工表面

当设计机动（如气动、液压、电动等）夹紧装置时，则需要计算夹紧力的大小，以便决定动力部件的尺寸（如气缸、活塞的直径等）。

计算夹紧力时，一般根据切削原理的公式求出切削力的大小，必要时算出惯性力、离心力的大小，然后与工件重力及待求的夹紧力组成静平衡力系，列出平衡方程式，即可算出理论夹紧力，最后再乘以安全系数 K，作为所需的实际夹紧力。K 值在粗加工时取 2.5～3，精加工时取 1.5～2。夹紧力的具体计算方法可查阅有关设计手册。

夹紧力三要素的确定，实际上是一个综合性的问题。必须全面考虑工件的结构特点、工艺方法、定位元件的结构和布置等多种因素，才能最后确定并具体设计出较为理想的夹紧机构。

3.4.3　典型夹紧机构

夹紧机构的种类很多，其中，利用机械摩擦的斜面自锁原理来夹紧工件的斜楔夹紧机构、螺旋夹紧机构和偏心夹紧机构是典型的夹紧机构。

1. 斜楔夹紧机构

图 3-61 所示为几种斜楔夹紧机构的实例。图 3-61a 是在工件上钻互相垂直的 $\phi8mm$、$\phi5mm$ 的两组孔。工件装入后，锤击斜楔大头，夹紧工件。加工完成后，锤击斜楔小头，松开工件。由于用斜楔直接夹紧工件夹紧力小且费时、费力，所以，生产实践中单独应用的不多，一般情况下是将斜楔与其他机构联合使用。图 3-61b 所示为斜楔与滑柱压板组合而成的机动夹紧机构，图 3-61c 所示为端面斜楔与压板组合而成的手动夹紧机构。

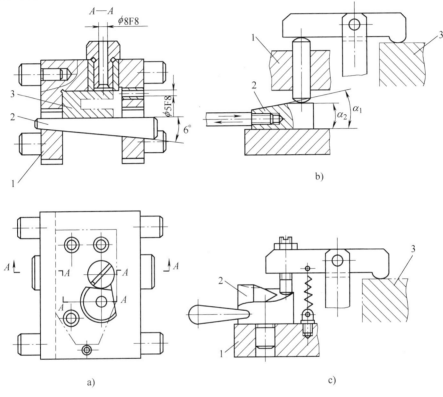

图 3-61　几种斜楔夹紧机构
1—夹具体　2—夹紧元件　3—工件

斜楔夹紧机构的特点：

1）结构较简单，有增力作用，一般扩力比 $i_p \approx 3$。斜楔升角 α 越小，增力作用越大。

2）夹紧行程小，增大斜楔的升角可加大行程，但自锁性能变差。

3）操作不方便，夹紧和松开工件都要敲击楔块，费时、费力。

4）楔块夹紧工件后应能确保自锁。在加工过程中，使工件不致受外力作用而产生松动。斜楔的自锁条件是：斜楔的升角必须小于斜楔与工件及与夹具体之间的摩擦角之和。一般要求 $\alpha \leqslant 14°$，通常为了可靠，取 $\alpha = 6° \sim 8°$。

斜楔的升角 α 是设计斜楔夹紧机构的重要参数，α 越小，其扩力比越大，自锁性能越好，但夹紧行程越小。因此，在选择升角 α 时，必须同时考虑机构的增力、夹紧行程和自锁三方面的问题。为了既夹紧迅速又自锁可靠，同时有较大的夹紧行程，可以采用双升角的斜楔，如图 3-61b 所示。斜楔升角大的一段用于夹紧前的快速行程，而斜楔升角小的一段用来夹紧工件并且实现自锁。

2. 螺旋夹紧机构

将楔块的斜面绕在圆柱体上就成为螺旋面,因此螺旋夹紧的原理与楔块夹紧相似。螺旋夹紧机构结构简单,容易制造,且螺旋线长,升角小($\alpha = 2°30' \sim 3°30'$),所以,螺旋夹紧机构自锁性能好,扩力比大($i_p = 65 \sim 140$),夹紧行程大,在手动夹紧时使用非常普遍。

(1)单个螺旋夹紧机构 图 3-62a、c 是直接用螺钉或螺母夹紧工件的机构,称为单个螺旋夹紧机构。这种夹紧机构存在着夹紧动作慢、工件装卸费时、易破坏工作表面及夹紧时可能带动工件旋转等缺点。因此,在实际使用中,常使用图 3-62b 和图 3-62d 所示的结构。图 3-62b 在螺钉头部增加了压块,可避免破坏工件表面并避免夹紧时工件旋转,使用手轮使操作方便快捷。图 3-62d 使用了开口垫圈,所用螺母的外径小于工件的内孔,当松夹时,螺母拧松半扣,抽出开口垫圈,工件即可从螺母上卸掉,实现快速装夹的目的。

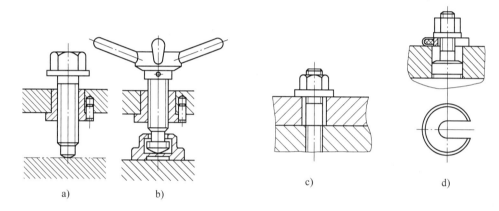

图 3-62　单个螺旋夹紧机构

(2)螺旋压板夹紧机构 实际生产中,螺旋压板夹紧机构比单个螺旋夹紧机构应用更为广泛,结构形式也比较多样化。图 3-63 所示为较典型的螺旋压板夹紧机构的三种结构形式,其中图 3-63a、b 所示为移动压板结构,图 3-63c 所示为翻转压板结构。

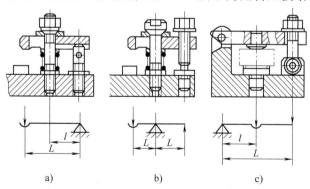

图 3-63　螺旋压板夹紧机构

3. 偏心夹紧机构

偏心夹紧机构是一种用偏心件直接或间接夹紧工件的快速夹紧机构。常用的偏心件是偏心轮和偏心轴。图 3-64 所示为偏心夹紧机构的应用实例。图 3-64a、b 所示结构用的是偏心轮，图 3-64c 所示结构用的是偏心轴，图 3-64d 所示结构用的是偏心叉。

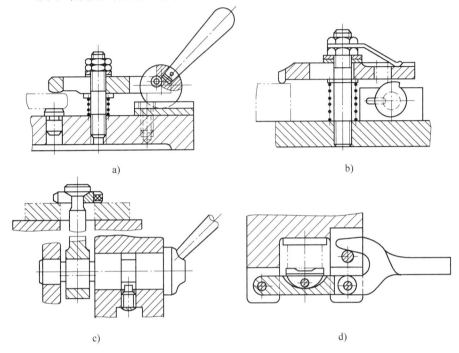

图 3-64　偏心夹紧机构的应用实例

　　偏心夹紧机构是偏心件的几何中心和回转中心不同心，形成一个弧形楔块逐渐楔入"基圆盘"与工件之间，从而夹紧工件，如图 3-65 所示。与平面斜楔相比，偏心夹紧机构主要区别是其工作表面上各夹紧点的升角不是一个常数，随着夹紧点的变化，其弧形楔块的升角也是变化的。偏心量 e 值越大，升角也越大，自锁性越差。所以要使偏心机构自锁，需满足条件 $R/e \geqslant 7 \sim 10$。

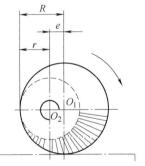

　　偏心夹紧机构的特点是结构简单，操作方便，夹紧迅速，有增力作用（扩力比 $i_p = 7.5 \sim 12$）。缺点是夹紧行程小，自锁性能不稳定。一般用于切削力不大、振动小、没有离心力影响的场合。

图 3-65　偏心轮工作原理

3.4.4　联动夹紧机构

　　在夹紧机构设计中，有时需要同时有几个点对某个工件夹紧，有时需要同时夹紧几个工件。为了减少工件装夹时间，提高生产率，减少动力装置数量，减轻工人劳动强度，往往需设计联动夹紧机构。联动夹紧机构是操作一个手柄或用一个动力装置在几个夹紧位置上同时夹紧一个工件（单件联动夹紧）或夹紧几个工件（多件联动夹紧）的夹紧机构。按夹紧过程来分，联动夹紧机构可分为平行、先后与平行先后联动夹紧三种结构形式。

　　（1）单件联动夹紧机构　图 3-66 所示为单件联动夹紧机构，它是利用一种联动机构能同时从各方向上均匀夹紧工件，而各部位夹紧力可以互相协调一致，从而可大大提高生产率。

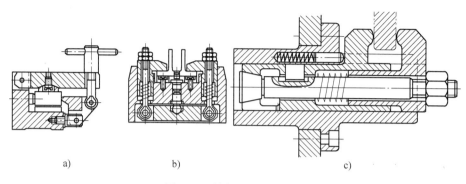

图 3-66　单件联动夹紧机构

（2）多件联动夹紧机构　如果要在一个工序上同时加工几个工件，使用的夹具最好能同时将几个工件夹紧。图 3-67a、c 表示平行联动夹紧机构，图 3-67b 所示为先后依次多件联动夹紧机构。

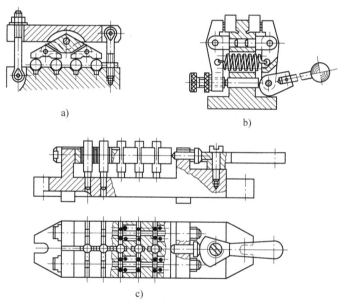

图 3-67　多件联动夹紧机构

不论是平行联动还是先后联动，都必须保证每个工件的夹紧力要满足实际的要求，而且要稳定可靠，因此工件的数量要适当。夹紧方向、定位误差方向以及工序尺寸方向要合理配置，以避免夹紧时定位的累积误差对工序尺寸造成影响。图 3-67b 所示结构只适用于被加工表面与夹紧方向平行的情况，这样工件定位时在夹紧方向上的累积误差对工件的工序尺寸（此时的工序尺寸垂直于夹紧方向）就不会有影响。

（3）设计联动夹紧机构应注意的问题

1）联动夹紧机构必须能同时而均匀地夹紧工件。由于工件和夹紧件都有制造公差，且夹紧件在使用后会产生磨损，因此工件定位后各夹紧部位就有位置差别。为保证实现联动夹紧，设计时需注意各夹紧元件之间要能联动或浮动，如图 3-67 所示。

2）夹紧元件或传力元件应设计成可调节的，以便适应工件公差和夹紧件的磨损。如图 3-67 所示的调节螺钉即为此用。

3）既要保证能同时夹紧，也要能保证同进松开。前述各种联动机构中弹簧的作用就是用来松开夹紧元件的。

4）要保证每个工件都有足够的夹紧力。

5）夹紧元件和传力元件要有足够的刚性，保证传力均匀。

3.4.5 定心夹紧机构

当回转体工件要求内外圆同轴线或开槽的工件有对称度要求时，常采用定心夹紧机构来安装工件，自定心卡盘就是常用的一种。

定心夹紧机构是指能保证工件的对称点（或对称线、面）、在夹紧过程中始终处于固定准确位置的夹紧机构。它的特点是：夹紧机构的定位元件与夹紧元件合为一体（称工作元件），并且定位和夹紧动作是同时进行的。

为了能满足这种对中（即同轴度、位置度和对称度等）的技术要求，工件的定位基准就应具备对称的外形。

如图 3-68 所示，有一板状工件，要求在其中央钻一孔，孔的位置应保持对中。若按图 3-68a 所示的方式定位，则工件长度尺寸 $L \pm \Delta L$ 的偏差，必然会影响所钻孔的对中性。如果改用图 3-68b 所示的方式定位，使定位夹紧元件同时从工件的左、右两端向中心等速移近，则上述工件长度尺寸的偏差，便不像图 3-68a 所示的那样完全集中地反映在工件右端，

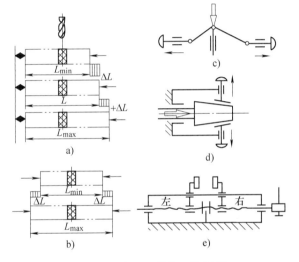

图 3-68　定心夹紧的工作原理

而是被同时平均分配在工件两端。这样，对于同一批长度实际尺寸不同的工件，仅仅定位夹紧元件每次的夹紧行程不同，而对保持工件的对中性则没有影响。

从以上分析可知，定心夹紧机构之所以能够实现准确定心或对中的工作原理，就在于它利用了定位夹紧元件的等速移动或均匀弹性变形的方式，来消除定位副制造不准确或定位尺寸偏差对定心或对中的影响。使这些误差或偏差能均匀而对称地分配在工件的定位基准面上，从而实现定心或对中。但实际上，由于有制造误差、磨损、变形等，所以总会存在定心误差。

定心夹紧机构的种类较多，按其工作原理可分为机械移动式定心和弹性变形式定心两大类。下面分别介绍它们中的常用机构。

1. 机械移动式定心夹紧机构

机械移动式定心夹紧机构是利用机械传动装置使工作元件作等速移动来实现定心夹紧作用的。机械移动式定心夹紧机构有螺旋式、偏心式、斜楔-滑柱式等结构，此处仅介绍螺旋式。自定心卡盘就是利用盘形螺旋槽来实现定心的典型实例。

图 3-69 是利用螺杆螺母传动的螺旋式定心夹紧机构，当转动支承在叉形件 4 上的螺杆 3

时，螺杆两端的左右螺纹（螺距相等）就使螺母和固定在其上的 V 形块 1、2 等速地接近或分开，从而使工件得以定心夹紧或松开。四个螺钉 5 是用来调整该螺旋机构在夹具体上的位置的。

这一类定心夹紧机构的特点是：结构简单，工作行程大，通用性好，但定心精度不高，一般约为 0.05 ~ 0.1mm。这主要是由于螺旋机构的制造误差、支承间的配合间隙、调整误差以及不均匀磨损等所致。因此，该装置适用于需要行程大而定心精度要求不太高的工件。

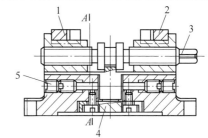

图 3-69　螺旋定心装置

1、2—V 形块　3—螺杆　4—叉形件　5—螺钉

2. 弹性变形式定心夹紧机构

这是按工作元件均匀弹性变形原理来实现定心夹紧的机构。该夹紧机构有弹性夹筒式、液性塑料式、薄膜卡盘式和碟形簧片式结构，此处仅对前两种作简单介绍。

（1）弹性夹筒定心夹紧机构　该装置是利用弹性夹筒的弹性变形将工件定心并夹紧的。如图 3-70 所示，转动螺钉 5 就使锥体 4 向左移动，从而使弹性夹筒 3 张开而将工件定心夹紧。

弹性夹筒是该装置的主要元件，其构造形式是各式各样的。图 3-71 所示仅是几种常用的夹筒构造，其中图 3-71a、c 用于以外圆柱面作定位基准的工件，图 3-71b 用于以长内孔作定位基准的工件，图 3-71d 是用于短圆柱面和端面作定位基准的工件。

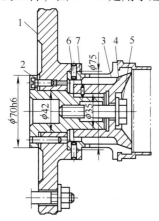

图 3-70　短弹簧夹筒磨孔夹具

1—夹具体　2—心轴　3—弹性夹筒
4—锥体　5—螺钉　6—圆柱销
7—防转销

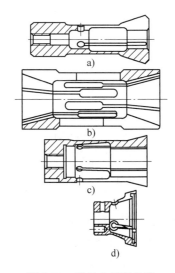

图 3-71　弹性夹筒的构造

弹性夹筒定心夹紧机构，定心精度一般随定位基准精度的高低而变化，对 IT7 ~ IT9 精度的定位基准，它的定位精度一般可达 0.05 ~ 0.1mm，并且结构紧凑，操作方便，不易夹伤工件表面，但弹性夹筒有易变形的缺点，故应用于工件的定位表面有较高精度要求的工件。

（2）液性塑料定心夹紧（机构）　该机构是利用液性塑料受压后，使薄壁套筒产生弹性胀大或缩小的变形，而将工件定心并夹紧的。其定心精度一般为 0.005 ~ 0.01mm，高者可达 0.002mm，而且结构紧凑，操作方便，所以得到广泛应用。

图 3-72 所示为一种典型的液性塑料自动定心装置，在本体 1 中压配着一个薄壁弹性套筒 6。在本体和套筒之间的空腔中注满着液性塑料 7。当转动螺钉 2 时，柱塞 3 就挤压液性塑料，在此密闭容腔中的液性塑料，即将其压强均匀地传递到各个方向上。因此，薄壁弹性套筒 6 的薄壁部分便产生弹性变形，从而使工件定心并夹紧。当松开螺钉 2 后，薄壁套筒则因弹性恢复而将工件松开。螺钉 4 和堵头 5 是在浇注塑料后堵塞其出气口用的。

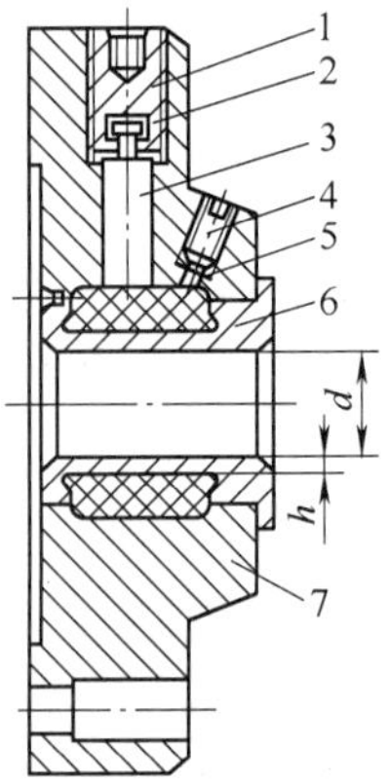

薄壁弹性套筒是液性塑料夹具的主要构件。由于其弹性变形量的限制，故要求工件定位基准有较高的精度（IT6 ~ IT8）的情况下，才能采用这种定心夹紧机构。

图 3-72　液性塑料自动定心装置
1—本体　2、4—螺钉　3—柱塞
5—堵头　6—薄壁弹性套筒
7—液性塑料

3.4.6　机动夹紧装置

以上介绍的手动夹紧机构，使用时比较费时费力，为了改善劳动条件和提高生产率，目前在大批、大量生产中均用气动、液压、电磁、真空等机动夹紧装置来代替人力夹紧，称为机动夹紧。

1. 气动夹紧装置

气动夹紧装置所使用的压缩空气是由工厂压缩空气站供给的，经管路损失后的实际压力为：$4 \times 10^5 ~ 6 \times 10^5 Pa$（即 4 ~ 6atm）。在设计时，通常以压力为 $4 \times 10^5 Pa$ 来计算。供应压缩空气应清洁、不含水、无酸性湿气，以免腐蚀装置。

（1）气压传动系统　典型的气压传动系统如图 3-73 所示，图中所用的雾化器 2、减压阀 3、止回阀 4、分配阀 5、调速阀 6、压力表 7、气缸 8 各组成元件的结构尺寸都已标准化，设计时可查阅有关资料和设计手册。

气压传动装置一般分为气缸式和薄膜气盒式两种。

（2）气缸结构及工作特性　常用气缸分为单向作用式和双向作用式两种，如图 3-74 所示。图 3-74a 所示为单向作用气缸，夹紧靠气压推动活塞；松开由弹簧推回。

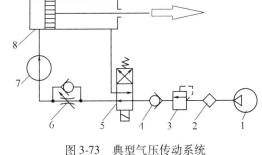

图 3-73　典型气压传动系统
1—气泵　2—雾化器　3—减压阀　4—止回阀
5—分配阀　6—调速阀　7—压力表　8—气缸

图 3-74b 所示为双向作用气缸。活塞的双向移动均由压缩空气驱动，它用在行程较大或往复均需动力推动的情况，作用力不随行程而变化，两个方向都可以依次工作。

从使用特点来说，气缸又可分为回转式和不动式气缸。在加工时，工件与夹具一起转动（如车、磨用气动夹具）则采用回转式气缸。为保证高效和安全，气缸要密封可靠，回转轻便。图 3-75 所示为回转式气缸的典型结构及其在车床上的应用。但在高速回转时不宜采用回转式气缸，而应采用不动式气缸，只有拉杆随主轴一起转动。

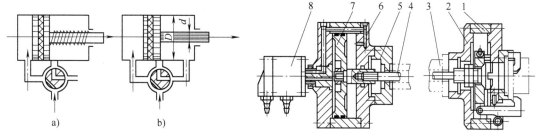

图 3-74　气缸工作示意图　　　　　图 3-75　回转式气缸的典型结构及在车床上的应用

1—夹具　2—过渡盘　3—主轴　4—拉杆
5—过渡盘　6—气缸　7—活塞　8—导气接头

（3）气盒的结构及工作特性　由于活塞式气缸一般体积较大，活塞与缸壁间难免会漏气，制造维护又较复杂，故生产中也常用薄膜式气盒（见图3-76）。它也有单向和双向作用两种，利用空气压力使薄膜变形而驱动推杆。

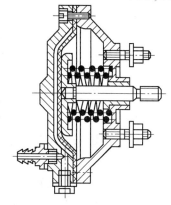

薄膜式气盒的优点是密封性好，不易漏气；结构紧凑，重量轻，成本低；尺寸已标准化，可在市场选购；摩擦部位少，薄膜使用寿命长，可工作到数万次以上。其缺点是推杆的行程受薄膜变形的限制，一般行程仅在 30～40mm 之内；推力较小，并随夹紧行程增大而下降。

2. 液压夹紧装置

液压夹紧装置是用高压油产生动力，工作原理及结构与气动夹紧相似。其共同的优点是：操作简单省力、动作迅速，使辅助时间大为减少。而液压夹紧另有其优点：

图 3-76　薄膜式气盒

1）油压可达 $50 \times 10^5 \sim 65 \times 10^5$ Pa，传动力大，可采用直接夹紧方式，结构尺寸也较小。

2）油液不可压缩，比气动夹紧刚性大，工作平稳，夹紧可靠。

3）无噪声，劳动条件好。

液压夹紧装置特别适用于大型工件的加工及切削时有较大冲击的场合。当机床没有液压系统时，采用液压夹具就需要设置液压站，而导致液压夹具成本的提高。另外，当液压系统密封不是特别好时，油液有可能会污染工作场所。

3. 气-液压夹紧装置

气-液压夹紧机构的能源仍为压缩空气。但它综合利用了气动与液压夹紧机构的优点，使用了特殊的增压器，因此机构比气动夹紧复杂。其工作原理如图 3-77 所示，压缩空气进入增压器的 A 腔，推动活塞 1 左移。B 腔内充满了油，并与工作液压缸接通。当活塞 1 左移时，活塞杆就推动 B 腔的油进入

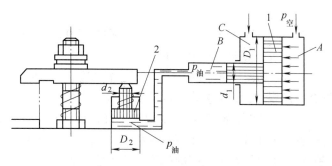

图 3-77　气液联合夹紧原理

工作液压缸夹紧工件。松开工件时，使压缩空气进入 C 腔，则活塞 2 靠弹簧力下降，松开工件。

习　题

3-1　何谓机床夹具，夹具有哪些作用？

3-2　机床夹具有哪几个组成部分？各起何作用？

3-3　何谓"六点定位原理"？"不完全定位"和"过定位"是否均不能采用？为什么？

3-4　为什么说夹紧不等于定位？

3-5　限制工件自由度数与加工要求的关系如何？

3-6　固定支承有哪几种形式？各适用什么场合？

3-7　自位支承有何特点？

3-8　什么是可调支承？什么是辅助支承？它们有什么区别？

3-9　使用辅助支承和可调支承时应注意什么问题？并举例说明辅助支承的应用。

3-10　何谓定位误差？定位误差是由哪些因素引起的？定位误差的数值一般应控制在零件公差的什么范围内？

3-11　对夹紧装置的基本要求有哪些？

3-12　试分析三种基本夹紧机构的优缺点。

3-13　何谓联动夹紧机构？设计联动夹紧机构时应注意哪些问题？试举例说明。

3-14　何谓定心？定心夹紧机构有什么特点？

3-15　气压动力装置与液压动力装置比较有什么优缺点？

3-16　根据六点定位原则，试分析图 3-78 所示各定位元件所消除的自由度。

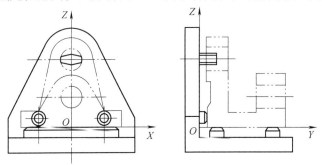

图 3-78　题 3-16 图

3-17　根据六点定位原理，试分析图 3-79a ~ 图 3-79l 中各定位方案中定位元件所消除的自由度及有无过定位现象，如何改正。

3-18　如图 3-80 所示一批零件，欲在铣床上加工 C、D 面，其余各表面均已加工完毕，符合图样规定的精度要求。问应如何选择定位方案。

3-19　题图 3-81 所示的阶梯形工件，B 面和 C 面已加工合格。今采用图 3-81a、b 两种定位方案加工 A 面，要求保证 A 面对 B 面的平行度不大于 20′（用角度误差表示）。已知 $L = 100\mathrm{mm}$，B 面与 C 面之间的高度 $h = 15^{+0.5}_{0}\mathrm{mm}$。试分析这两种定位方案的定位误差，并比较它们的优劣。

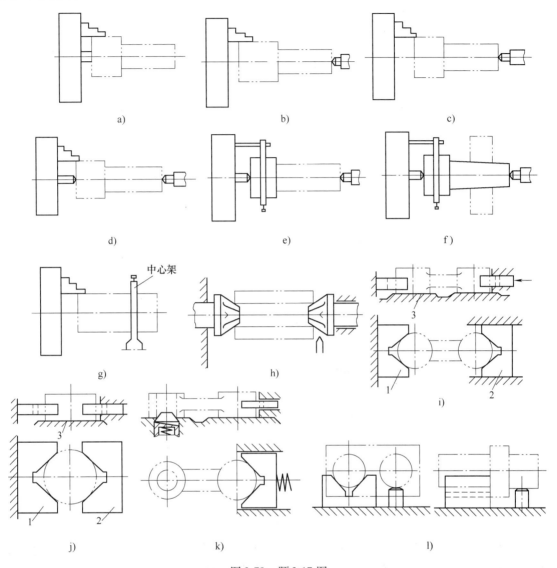

图 3-79   题 3-17 图

3-20   如图 3-82 所示,一批工件以孔 $\phi20^{+0.021}_{0}$ mm 在心轴 $\phi20^{-0.007}_{-0.020}$ mm 上定位,在立式铣床上用顶针顶住心轴铣键槽。其中 $\phi40$h6 $\left(^{0}_{-0.016}\right)$ 外圆、$\phi20$H7 $\left(^{+0.021}_{0}\right)$ 内孔及两端面均已加工合格,而且 $\phi40$h6 外圆对 $\phi20$H7 内孔的径向跳动在 0.02mm 之内。今要保证铣槽的主要技术要求为:

(1) 槽宽 $b = 12$h9 $\left(^{0}_{-0.048}\right)$。

(2) 槽距一端面尺寸为 20h12 $\left(^{0}_{-0.21}\right)$。

(3) 槽底位置尺寸为 34.8h12 $\left(^{0}_{-0.16}\right)$。

(4) 槽两侧面对外圆轴线的对称度不大于 0.10mm。

试分析其定位误差对保证各项技术要求的影响。

图 3-80   题 3-18 图

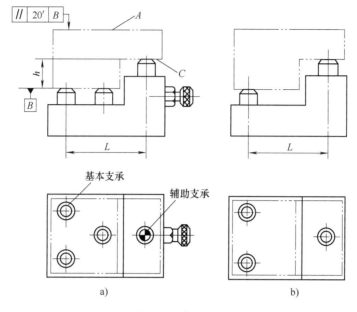

图 3-81　题 3-19 图

a）方案 I　b）方案 II

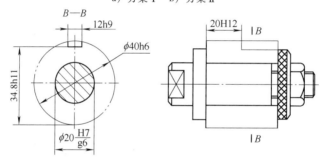

图 3-82　题 3-20 图

3-21　如图 3-83 所示，工件以圆孔在水平心轴上定位铣两斜面，要求保证加工尺寸 $a \pm \delta_a$，在外力作用下，定位孔单边紧贴上母线。试计算该定位误差。

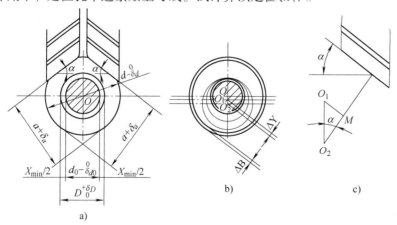

图 3-83　题 3-21 图

3-22　有一批套类零件，如图 3-84 所示，欲在其上铣一键槽。试分析计算各种定位方案中：H_1、H_2、H_3 的定位误差。

（1）在可涨心轴上定位（见图 3-84b）。

（2）在处于水平位置的刚性心轴上具有间隙的定位。定位心轴直径为 d_{Bxd}^{Bsd}（见图 3-84c）。

（3）在处于垂直位置的刚性心轴上具有间隙定位。定位心轴直径为 d_{Bxd}^{Bsd}。

（4）如果计及工件内外圆同轴度为 t，上述三种定位方案中，H_1、H_2、H_3 的定位误差各是多少？

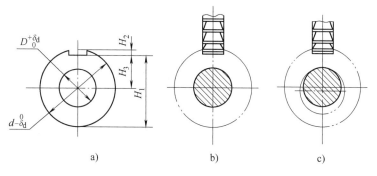

图 3-84　题 3-22 图

3-23　现有两批圆形工件，如图 3-85a、b 所示。要在其上钻孔，分别保证 H 和 M 尺寸。试分别计算用图 3-85c 和图 3-85d 的定位方案的钻模加工图 3-85a 工件和用图 3-85e 和图 3-85f 的定位方案的钻模加工图 3-85b 工件的定位误差。V 形块夹角为 α。

3-24　图 3-86 所示一批工件，外圆已加工合格。今设计钻模加工 $2 \times \phi 8_{\ 0}^{+0.036}$ mm 孔。除保证两孔中心距要求外，还要求两孔的连心线通过外圆中心，其偏移量不得大于 0.08mm。试分析图 3-86b 和图 3-86c 两定位方案的定位误差对保证各项加工精度的影响。

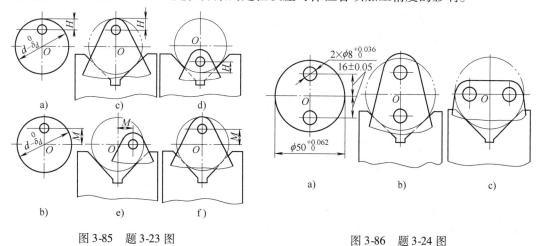

图 3-85　题 3-23 图　　　　　　　　　图 3-86　题 3-24 图

3-25　工件尺寸如图 3-87a 所示，欲钻 O 孔并保证尺寸 $30_{-0.1}^{\ 0}$ mm，试分析计算图 3-27 所示各种定位方案的定位误差（加工时工件轴线处于水平位置），α 均为 90°。

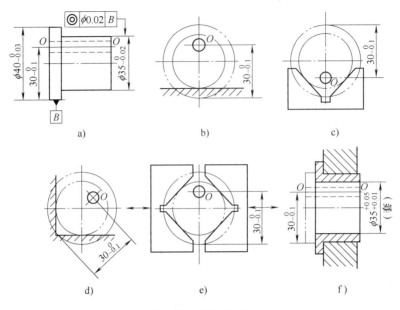

图 3-87　题 3-25 图

3-26　如图 3-88 所示一批工件，除 $8_{-0.09}^{0}$ mm 槽外，其余各表面均已加工合格。现以底面 A、侧面 B 和 $\phi 20_{0}^{+0.021}$ mm 孔定位加工 $8_{-0.09}^{0}$ mm 的槽子。试确定：

（1）　$\phi 20_{0}^{+0.021}$ mm 孔的定位元件的主要结构形式。

（2）　$\phi 20_{0}^{+0.021}$ mm 孔的定位元件的定位表面的尺寸和公差。

（3）　计算该定位方案的定位误差。

3-27　设计加工题图 3-89 所示箱体工件 $\phi 50_{0}^{+0.039}$ mm 孔的镗床夹具，卧式镗削，定位方案采用一面两孔，孔 O_1 放置圆柱定位销，孔 O_2 放置削边销，保证 $\phi 50_{0}^{+0.039}$ mm 孔的轴线通过 $\phi 20_{0}^{+0.021}$ mm 孔的中心，其偏移量不得大于 0.06mm，并且要与 O_1—O_2 两孔连心线垂直，误差小于 2%。两定位销垂直放置，定位误差只能占工件允差的 1/3。试决定：

（1）　夹具上两定位销中心距尺寸及偏差。

（2）　圆柱定位销直径及偏差。

（3）　削边定位销直径及偏差。

（4）　计算定位误差。

3-28　试述定心夹紧机构的特点和工作原理。

3-29　试说明气动夹紧装置和液压夹紧装置的特点。

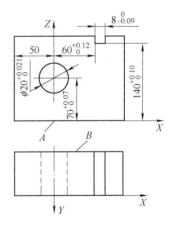

图 3-88　题 3-26 图

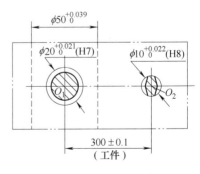

图 3-89　题 3-27 图

第4章 机床专用夹具及其设计方法

机床夹具可以大致分为通用夹具和专用夹具两类。通用夹具作为机床附件已经标准化，例如自定心卡盘、单动卡盘、顶尖、机用虎钳等。而专用夹具是按工件某道工序的加工要求专门设计的夹具。本章主要介绍典型机床专用夹具及其设计特点。

4.1 各类机床夹具及其结构特点

4.1.1 车床夹具

车床夹具（简称车夹具）主要用于加工内外圆柱面、圆锥面、回转成形面、螺纹以及端面等。根据夹具在车床上的安装位置可以分为两种类型：一类是装在车床主轴上的夹具，工件随夹具与车床主轴一起作旋转运动，刀具作直线切削运动；另一类是装在床鞍上的夹具，使形状不规则或尺寸较大的工件随夹具作直线运动，刀具则安装在主轴上作旋转运动完成切削加工。以下仅介绍应用广泛的安装在车床主轴上的夹具。

1. 车床夹具的典型结构

（1）心轴式车床夹具 这种夹具用于以孔作定位基准的工件，由于结构简单而应用广泛。按照与车床主轴的连接方式，心轴可分为顶尖式心轴和锥柄式心轴两种，如图4-1所示。前者可加工长筒形工件，而后者仅能加工短的套筒或盘状工件。

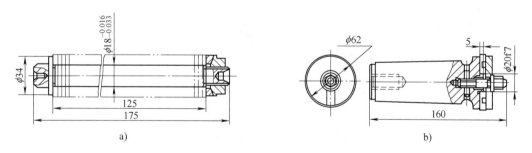

图4-1 心轴式车床夹具
a）顶尖式心轴 b）锥柄式心轴

锥柄式心轴应和机床主轴锥孔的锥度相一致。锥柄尾部的螺纹孔是当承受力较大时用拉杆拉紧心轴用的。

为了减小心轴在机床上的安装误差（心轴定位面对机床主轴的同轴度误差），应使其安装表面（顶尖式心轴的两顶尖孔或锥柄式心轴的锥面）对其定位面的跳动为最小。

（2）圆盘式车床夹具 这种夹具应用范围很广，如各种轴类、盘类、套筒类和齿轮类等工件的夹具都可设计成这种类型。这种夹具与机床主轴头端相连接。它的回转轴线与机床主轴的回转轴线要求有尽可能高的同轴度，以保证夹具有较高的回转精度。

根据圆盘式车床夹具径向尺寸大小的不同，它在机床主轴上的安装方式有以下两种。

1）对于径向尺寸 D 小于 140mm 或 $D < (2 \sim 3)d$ 的小型夹具（见图 4-2a），一般通过锥柄安装在车床主轴锥孔中，并用螺栓拉紧。这种连接方式定心精度较高。

2）对于径向尺寸较大的夹具，一般通过过渡盘与车床主轴头端连接，如图 4-2b、c 所示。过渡盘的使用，使夹具省去了与特定机床的连接部分，从而增加了通用性，即通过同规格的过渡盘可用于别的机床。同时也便于用百分表在夹具校正环或定位面上找正的办法来减少其安装误差。因而在设计圆盘式车床夹具时，就应对定位面与校正面间的同轴度以及定位面对安装平面的垂直度误差提出严格要求。

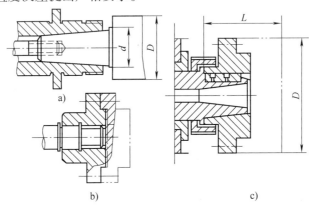

图 4-2　车夹具与机床主轴的连接方式

图 4-3 所示的车床夹具，工件是以孔及端面为基准在定位件上定位，用三个联动的钩形压板夹紧的。拧动夹具中心处的内六角螺钉，即可使三个带螺旋槽的钩形压板同时夹紧工件。反转螺钉时，三个钩形压板靠螺旋槽的作用松开后又自动转开，便于取出工件。

（3）角铁式车床夹具　这类夹具的典型结构如图 4-4 所示。工件以一平面和两孔为基准在夹具倾斜的定位面和两个销子上定位，用两只钩形压板夹紧。被加工表面是孔和端面。为

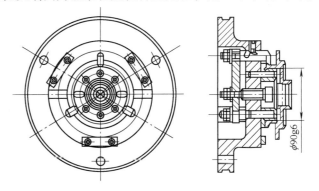

图 4-3　具有联动压板的圆盘车床夹具

了便于在加工过程中检验所车端面的尺寸，靠近加工面处设计有测量基准面。此外，夹具上还装有配重和防护罩。

2. 车床夹具的设计特点

1）因为整个车夹具是随机床主轴一起回转的，所以要求它结构紧凑，轮廓尺寸尽可能小，重量轻，而且其重心尽可能靠近回转轴线，以减少惯性力和回转力矩。

2）应有平衡措施，消除回转不平衡产生的振动现象。生产中常采用配重法或去重法来达到车床夹具的静平衡。在平衡铁上开有弧形槽，以便调整至最佳平衡位置时用螺钉固定（见图 4-4）。

3）与主轴端连接部分有较准确的圆柱孔（或圆锥孔），其结构形式及尺寸规格随具体

使用的机床而异。设计时一定要注意深入现场调查，以免造成错误和损失。

4）为使夹具使用安全，应尽可能避免带有尖角或超出夹具体轮廓之外的元件，必要时回转部分外面要加防护罩。工件的夹紧装置也要可靠，防止松动飞出。对于角铁式夹具，夹紧力的施力方式要注意防止引起夹具变形。

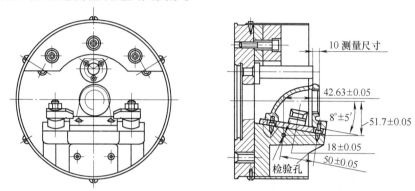

图 4-4　角铁式车床夹具

4.1.2　钻床夹具

钻床夹具是用于各种钻床上对工件进行钻、扩、铰孔和攻螺纹等的夹具，简称钻模。它的主要作用是保证被加工孔的位置精度，孔的尺寸精度由刀具精度保证。

1. 钻床夹具的结构和类型

（1）固定模板式钻模　图 4-5 所示为在壳体上钻孔用的固定模板式钻模。工件以凸缘端面及外圆为基准在定位件 4 上定位，并用凸缘上的一个小孔套在菱形销 1 上定角向位置，拧螺母 3 通过开口垫圈 2 夹紧工件。装有钻套的钻模板以四个螺钉和两个销固定在夹具体上。由于所需加工的是一个台阶孔，要用几把刀具来加工，所以钻套就必须是可以快速更换的。此钻模刚性较好，但钻套底面离工件加工面较远，刀具容易引偏。

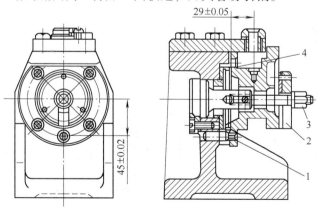

图 4-5　固定模板式钻模
1—菱形销　2—垫圈　3—螺母　4—定位件

这类钻模在使用过程中，夹具和工件在机床上的位置固定不动，用于在立式钻床上加工较大的单孔或在摇臂钻床上加工平行孔系。如果要在立轴钻床上使用固定模板式钻模加工平行孔系，则要在机床主轴上安装多轴传动头。

在立式钻床上安装钻模时，一般应先将装在主轴上的定尺寸刀具（精度要求高时用心轴）伸入钻套中，以确定钻模的位置，然后将它紧固。这种加工方式的钻孔精度比较高。

（2）盖板式钻模　最简单的盖板式钻模就是将钻模板"盖"在工件上或装于工件中，定位件与钻套均装在钻模板上，这时工件通常都是直接放置在机床工作台上，而钻模就利用本身定位元件在工件上的定位基准面上定位，有时甚至没有夹紧装置。如图4-6所示，钻模板以一面两销在工件上定位后直接钻孔。由于定位元件与钻套同在钻模板上，精度较高，适用于大型工件的小孔加工。

图4-7所示为模板可卸的盖板式钻模。工件以外圆面和端面在夹具体1的定位面上定位。钻模板借衬套9准确地套在心轴11上。圆柱销3限制着钻模板对夹具体1的角向位置，使各钻套对准本体上的让刀孔。螺母8通过转动垫圈6将钻模板同工件一起紧压在夹具体上。钻模板上均匀分布着八个固定钻套和两个快换钻套。为了更可靠地保证被加工孔之间的位置精度，常常还采用插销4插入第一个刚加工好的孔中。

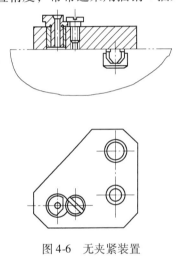

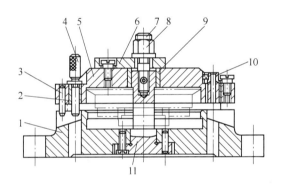

图4-6　无夹紧装置
的盖板式钻模

图4-7　模板可卸的盖板式钻模
1—夹具体　2、9—衬套　3—圆柱销　4—插销　5—压
板　6—垫圈　7、8—螺母　10—钻套　11—心轴

（3）翻转式钻模　这类钻模的特点是整个夹具可以和工件一起翻转，用以加工不同方向的孔。由于加工完一个面上的孔后，需工人将钻模翻转一个角度再加工其他面上的孔，因此，夹具连同工件的重量不能太大（一般不要超过10kg）。同时因钻模不固定，所加工的孔径一般不要大于ϕ10mm。

图4-8所示为钻八个孔的翻转式钻模，工件在夹具内孔及定位板2的端面上定位，用螺母5通过开口垫圈4夹紧。整个钻模呈正方形。为了能钻出八个径向孔，另设有V形垫块6。

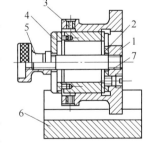
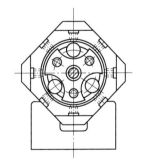

图4-8　钻八个孔的翻转式钻模
1—夹具体　2—定位板　3—钻套　4—开口垫圈
5—螺母　6—V形垫块　7—螺纹轴

（4）回转式钻模　回转式钻模用来加工沿圆周分布的平行孔系或径向孔系。加工这些孔时，利用分度装置使工件变更工位（钻套不动），分别加工出工件各个方向上的孔。

图 4-9 所示为带分度装置的回转式钻模，用于加工工件上三圈径向孔。工件以孔和端面为基准在定位轴 3 和分度盘端面上定位，用螺母 4 夹紧。当钻完一个工位上的孔后，松开螺母 1 并拉出分度销 5 后就可进行分度。分度完成后要用螺母 1 再将分度盘锁紧，以便对另一工位的孔进行加工。

（5）滑柱式钻模　滑柱式钻模的结构已通用化和规格化了，所以可简化设计工作，加之这种钻模不必使用单独的夹紧装置，操作迅速，所以在生产中应用较广。

图 4-10 所示为手动的滑柱式钻模，它是用来钻、扩、铰拨叉工件上的 $\phi20H8$ 孔。工件以外圆端面、底面及后侧面分别放在定位圆锥 9 和两个可调定位支承钉 2 及圆柱销 3 上定位，这些定位元件都安装在底座 1 上。然后转动手柄通过齿轮齿条机构，使滑柱带动钻模下降，两个压柱 4 就把工件夹紧。压柱装在压柱体 5 的孔中，压柱体与钻模板用内六角螺钉连接，内腔填充液性塑料，并用螺塞 6 封住，以达到两个压柱的压力平衡。刀具依次从钻模板上衬套 8 的快换钻套 7 中通过，就可以钻、扩、铰孔。件号 1～9 各元件是专门设计制造的，钻模板也需作相应的加工，其他件为滑柱钻模通用结构。当加工小孔时，可采用双滑柱的形式，只用一根滑柱导向，另一根带齿条的滑柱用于传动，以简化钻模结构。

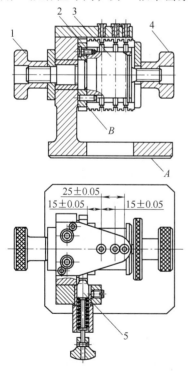

图 4-9　带分度装置的回转式钻模
1、4—螺母　2—分度盘　3—定位轴
5—分度销

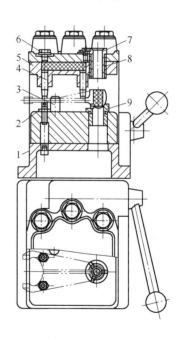

图 4-10　手动的滑柱式钻模
1—底座　2—定位支承钉　3—圆柱销
4—压柱　5—压柱体　6—螺塞
7—快换钻套　8—衬套
9—定位圆锥

在设计这类钻模时，要注意的是滑柱的配合间隙（常用的配合是 H7/g6、H7/f6），它会影响所钻孔的垂直度及其位置、尺寸精度，所以应在保证滑柱能滑动自如条件下，尽可能地减小滑柱与导向孔的配合间隙。

2. 钻套的结构和设计

（1）钻套的结构　　钻套是钻床夹具所特有的导向元件。钻套用来引导钻头、扩孔钻、铰刀等孔加工刀具，加强刀具刚度，并保证所加工的孔和工件其他表面准确的相对位置。用钻套比不用钻套可以平均减少孔径误差50%。因此，钻套的选用和设计是否正确，不仅影响工件质量，而且也影响生产率。钻套的结构、尺寸已标准化。

钻套按其结构和使用特点可分为以下四种类型。

1）固定钻套。如图4-11a、b所示，钻套外圆以H7/r6 或 H7/n6 配合压入钻模板或夹具体孔中。图4-11a所示钻套制造简单，图4-11b所示钻套端面可用作刀具进给时的定程挡块。固定钻套磨损到一定限度时（平均寿命10000～15000次）必须更换，即将钻套压出，重新修正座孔，再配换新钻套，操作麻烦，所以它适用于中、小批生产的夹具中。它能保证较高的孔距精度，特别适用于加工孔距小的孔。

2）可换钻套。如图4-11c所示，这种钻套是以 H6/g5 或 H7/g6 配合装入衬套内，并用螺钉固定，以防止工作时随刀具转动或被切屑顶出。更换这种钻套时要卸下螺钉，无须重新修正座孔。为了避免钻模板的磨损，在可换钻套与钻模板之间按H7/r6 或 H7/n6 的配合装入衬套。可换钻套可以用于大批或大量生产中。它的实际功用和固定钻套一样，仅供单纯钻孔的工序使用。

3）快换钻套。如图4-11d所示，在一道工序中需要依次进行钻、扩、铰孔时，可采用快换钻套结构，它与衬套之间也采用 H7/g6 或 H6/g5 的配合。快换钻套除在其凸缘上有供钻套螺钉压紧的台肩外，还有一个削平平面。当更换时，不需要拧下钻套螺钉，只要将快换钻套朝反时针方向转过一个角度，使其削平平面正对着钻套螺钉头部时，即可取出钻套。

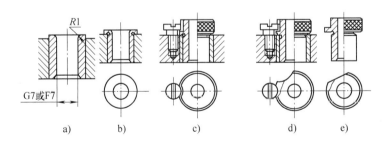

图4-11　标准钻套

4）特种钻套。当工件结构、形状和被加工孔的位置特殊，上述标准钻套不能满足使用要求时，则需要设计特殊结构的钻套。图4-12所示为几种特种钻套的示例。

图4-12a所示为在几个孔位置很近时所用的钻套。上图是将相邻钻套的侧面切去；下图是在一个钻套上有8个孔，钻套凸肩上有一槽，用销子嵌入槽中以定其角向位置。图4-12b为在工件的圆面及斜面上钻孔的钻套。图4-12c则是在工件凹腔内钻孔用的钻套，装卸工件时钻套可以提起。为了减少摩擦，此钻套上部分孔径加大，以减小与刀具接触长度。图4-12d所示钻套用于加工间断孔，中间钻套可防止刀具引偏。

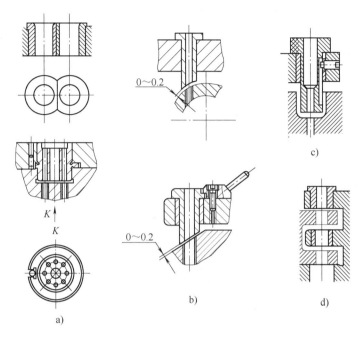

图 4-12　特种钻套

（2）钻套的设计要点　无论哪种钻套，设计时都需要确定钻套的内径、高度（与刀具接触的长度）以及钻套底面至加工孔顶面的距离，如图 4-13 所示。

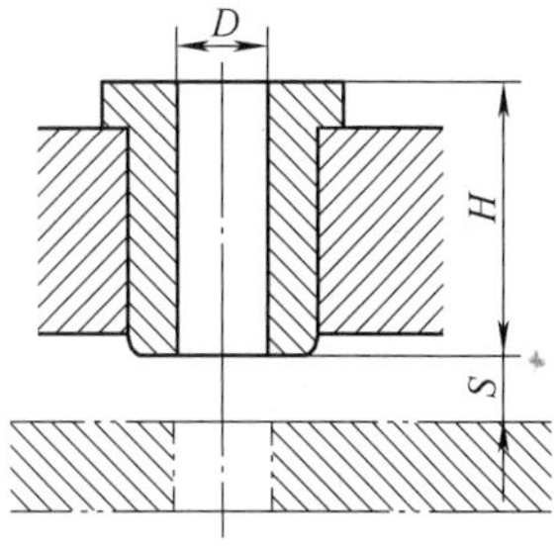

1）钻套内孔直径尺寸及配合的选择

①钻套内径的基本尺寸 D 应等于所引导刀具的最大极限尺寸。

②因为钻头、扩孔钻、铰刀都是标准的定尺寸刀具，所以钻套内径与刀具间的配合应按基轴制选定。

图 4-13　钻套高度 H 分析

③钻套内径与刀具之间应保证一定的配合间隙，以防止刀具使用时发生卡住或咬死，一般根据所用刀具和工件的加工精度要求选取钻套孔的公差。对钻孔和扩孔宜选用 F7；对粗铰宜选用 G7；对精铰孔常用 G6。如果钻套引导的不是刀具的切削部分，而是刀具的导柱部分，其配合也可按基孔制的相应配合选取，如 H7/f7、H7/g6、H6/g5 等。

④当采用标准铰刀加工 H7（或 H9）孔时，则不必按刀具最大极限尺寸计算。可直接按被加工孔的基本尺寸选取 F7（或 E7）作钻套孔的公称尺寸与公差，以改善导向精度。

⑤由于标准钻头的最大极限尺寸都是被加工孔的公称尺寸，故用标准钻头时的钻套孔，就只需按加工孔的公称尺寸取公差为 F7 即可。

2）钻套的高度 H。钻套的高度 H 对防止刀具的偏斜有很大作用，但钻套过长则磨损严重，这就要根据孔距精度、工件材料、孔的深度、工件表面形状和刀具刚度等因素来决定。一般常按 $H=(1\sim2.5)D$ 选取，直径小、精度高的孔取大值；反之，取小值。若在斜面上钻孔或加工切向孔时，钻套高度宜按 $H=(4\sim6)D$ 选取。

3）钻套底面到工件孔端面的空隙值 S。钻套与工件间应留有适当空隙 S，其作用主要是便于排屑，同时也可防止被加工孔口产生毛刺后有碍卸下工件。S 的大小要视工件材料和被加工孔的位置精度要求而定，其原则是引偏要小又便于排屑。一般在加工铸铁时可取 $S = (0.3 \sim 0.7)D$，加工钢时可取 $S = (0.7 \sim 1.5)D$。工件材料硬度越高，其系数应取越小值；钻孔直径越小，系数应取越大值。当在斜面上钻孔时，宜按 $S = (0 \sim 0.2)D$ 取值。当被加工孔的位置精度要求高时，也可以不留空隙，使 $S = 0$。这样一来，刀具的导引良好，但钻套磨损严重。

（3）钻套的材料　上述各种钻套都直接与刀具接触，所以必须具有较高的硬度和耐磨性。钻套的材料一般用 T10A、T12A、CrMn 或 20 钢渗碳淬火，CrMn 钢常用来制造 $D \leqslant$ 10mm 的钻套，而大直径的钻套（$D > 25\text{mm}$），常采用 20 钢渗碳淬火。钻套在经过热处理后，要求硬度在 60HRC 以上。

4.1.3　镗床夹具

镗床夹具也称为镗模，主要用于加工箱体、支座等零件上的孔或孔系。镗模一般由定位装置、夹紧装置、导引元件（镗套）、夹具体（镗模支架和镗模底座）等所组成。它和钻模一样，是依靠专门的导引元件——镗套来导引镗杆，从而保证所镗的孔具有较高的位置精度。

镗孔时刀具随镗杆在工件的孔中作旋转运动，工件随工作台相对于刀具作慢速的进给运动，连续切削性能比较稳定，适用于孔的粗、精加工。

图 4-14 所示为加工磨床尾架孔的镗模。工件以夹具体的底座上的定位斜块 9 和支承板 10 做主要定位。转动压紧螺钉 6，便可将工件推向支承钉 3，并保证两者接触，以实现工件的轴向定位。工件的夹紧则是依靠铰链压板 5。压板通过活节螺栓 8 和螺母 7 来操纵。镗杆是由装在镗模支架 2 上的镗套 1 来导向的。镗模支架则用销钉和螺钉准确地固定在夹具体底座上。

1. 镗套的结构种类

常用的镗套结构有固定式和回转式两种，可根据工件的加工要求和加工条件进行选择。

（1）固定式镗套　如图 4-15 所示，它的结构形状和钻模中的可换或快换钻套基本相同，但结构尺寸较大。

这种镗套是固定在镗模支架上，不随镗杆转动和移动。由于镗杆在镗套中要有相对转动和移动，镗套易于磨损，故只宜于低速的情况下工作。这种镗套的外形尺寸小，结构紧凑，制造简单，易获得高的位置精度，所以一般在扩孔、镗孔或铰孔中应用较多。

固定式镗套材料常采用青铜，大直径的也可用铸铁。

固定式镗套结构已标准化了，设计时可直接选用。

（2）回转式镗套　回转式镗套随镗杆一起转动，适于镗杆在较高速度条件下工作。由于镗杆在镗套内只作相对移动（转动部分采用轴承），因而可避免因摩擦发热而产生"卡死"现象。根据回转部分安排的位置不同，回转式镗套又分为"外滚式"和"内滚式"。

图 4-16 所示为几种回转式镗套，其中图 4-16a、b 所示为"外滚式镗套"；图 4-16c、d 所示为"内滚式镗套"。装有滑动轴承的内滚式镗套（见图 4-16c），在良好的润滑条件下具有较好的抗振性，常用于半精镗和精镗孔，压入滑动套内的铜套内孔应与刀杆配研，以保证较高的精度要求。

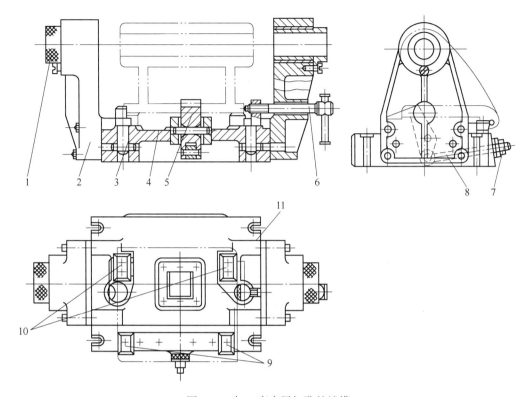

图 4-14　加工磨床尾架孔的镗模

1—镗套　2—镗模支架　3—支承钉　4—夹具底座　5—铰链压板　6—压紧螺钉
7—螺母　8—活节螺栓　9—定位斜块　10—支承板　11—固定耳座

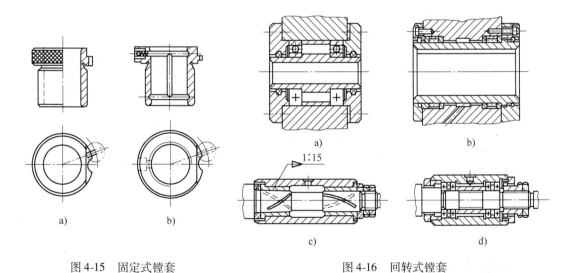

图 4-15　固定式镗套　　　　　　　　图 4-16　回转式镗套

2. 镗杆的引导方式

镗杆的引导方式主要根据被加工孔的直径 D 以及孔长与孔径的比值 L/D 和精度要求而定。一般有以下几种方式。

（1）单支承引导　镗杆在镗模中只有一个镗套引导，根据镗套位于刀具前面或后面可以分为单面前引导和单面后引导，这种引导方式的镗杆与机床主轴采用刚性连接，主轴回转精度会影响镗孔精度，适用于小孔和短孔的加工。

图 4-17a 所示为单支承前引导，这种方式便于观察和测量，但切屑易带入镗套中增加磨损，装卸工件时刀具进退行程较长。一般应用于加工孔直径 $D > 60\text{mm}$ 且 $L/D < 1$ 的通孔。

图 4-17b 所示为单支承后引导，工件装卸方便，主要用于镗削 $D < 60\text{mm}$ 的通孔或不通孔。

（2）双支承引导　采用双支承镗模时，镗杆和机床主轴采用浮动连接，孔的位置精度不受机床主轴精度的影响，而主要取决于镗套的位置精度。因此，两镗套孔的轴心线必须尽量同心。

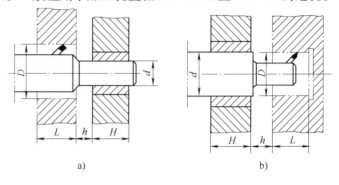

图 4-17　单支承引导
a）单支承前引导　b）单支承后引导

双支承引导又可分为双面单支承和单面双支承两种形式。图 4-18a 所示为双面单支承引导，两个镗套分别布置在工件的两边，这是目前应用最普遍的方式，主要用于加工孔径较大的孔或一组同轴孔系，这种方式的缺点是镗杆过长，刚性较差，刀具装卸不便。所以，当镗杆 $L/d > 10$ 时，应设法增加中间支承。同时，在采用单刃刀具镗削同一轴心线上的几个等直径孔时，镗模上要设计让刀机构，把工件抬起一定的高度，方便刀具退出而不破坏工件表面。

图 4-18b 所示为单面双支承引导，这是在受加工条件限制无法使用双面支承时采用，由于镗杆为悬臂梁，为避免刚性太差，镗杆伸出的长度一般不大于镗杆直径的 5 倍。

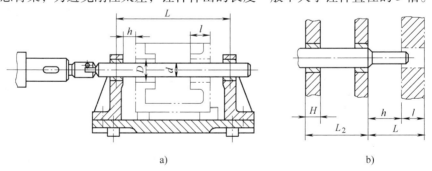

a）　　　　　　　　　　　　b）

图 4-18　双支承引导
a）双面单支承引导　b）单面双支承引导

3. 镗模支架和底座的设计

镗模支架和底座采用铸造件，分开制造，需要保证有足够的刚度和强度。镗模支架不允许承受夹紧力，与底座一般采用四个螺钉和两个销钉进行连接。底座上平面安装元件的位置应设置凸台面，面对操作者一侧应加工出一窄长平面，以便于镗模安装在镗床工作台上时作为找正基面。同时，底座上应设置适当数量的耳座，以便通过螺钉夹紧在工作台上，还要有起吊环或其他结构，以便于搬运。

4.1.4　铣床夹具

铣床夹具主要用于在各种铣床上加工零件的平面、键槽、缺口以及成形表面。工件安装在夹具上随同工作台一起作进给运动。

1. 铣床夹具的分类和典型结构

根据工件进给方式不同，铣床夹具可以分为直线进给式、圆周进给式和靠模式三种。

直线进给式铣床夹具最常用，在加工过程中夹具同工作台一起作直线进给运动，根据零件结构和生产批量，可以设计成单件或多件加工的铣床夹具。圆周进给式铣床夹具一般是在有回转工作台的铣床上使用的多件加工的夹具，圆周进给运动是连续不断的，在铣刀不停止切削的情况下可以装卸工件，生产率高，适用于大批、大量生产中的中、小型零件的加工。靠模式铣床夹具是利用仿形装置进行靠模加工非圆曲线的夹具，使用较少。

图 4-19 所示为加工壳体的铣床夹具，工件以端面以及 $\phi58$ 大孔和 $\phi5.2$ 小孔在一面两销上定位，定位元件为带台阶面的大圆柱销 6 和菱形销 10。夹紧装置是采用螺旋压板的联动夹紧机构。操作时，只需拧紧螺母 4，就可使左右两个压板同时夹紧工件。夹具上还有对刀块 5，用来确定铣刀的位置。两个定向键 11 用来确定夹具在机床工作中上的位置。

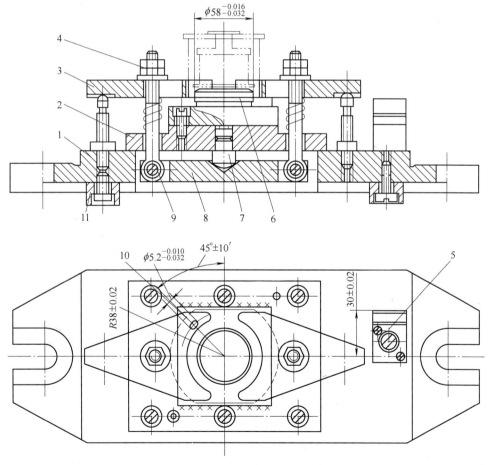

图 4-19　加工壳体的铣床夹具

1—夹具体　2—支承板　3—压板　4—螺母　5—对刀块　6—大圆柱销
7—球头钉　8—铰接板　9—螺杆　10—菱形销　11—定向键

2. 铣床夹具的设计要点

铣床夹具与其他机床夹具主要的不同之处在于：通过定位键在机床上定位，用对刀装置决定铣刀相对于工件的位置。

（1）铣床夹具的安装　铣床夹具在铣床工作台上的定位方法，一般是在夹具底座下面装两个定位键。定位键的结构尺寸已标准化，应按铣床工作台的 T 形槽尺寸选定，它和夹具底座以及工作台 T 形槽的配合为：H7/h6、H8/h8。两定位键的距离应力求最大，以利提高安装精度。图 4-20 所示为定位键的安装情况。

夹具通过两个定位键嵌入到铣床工作台的同一条 T 形槽中，再用 T 形螺栓和垫圈、螺母将夹具体紧固在工作台上，所以在夹具体上还需要提供两个穿 T 形螺栓的耳座，如图 4-21 所示，其结构尺寸已标准化，可参考有关夹具设计手册。如夹具宽度较大时，可以在同侧设置两个耳座，但两耳座的间距必须与工作台上两个 T 形槽的间距相同。在安装夹具时，应将定位键推向 T 形槽的一侧再拧紧螺栓，以避免间隙的影响。

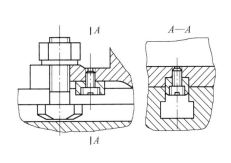

图 4-20　定位键及其连接

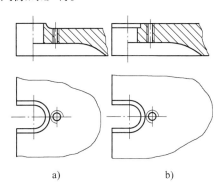

图 4-21　夹具体上的耳座

（2）铣床夹具的对刀装置　铣床夹具在工作台上安装好了以后，还要调整铣刀对夹具的相对位置，以便于进行定距加工。为了使刀具与工件被加工表面的相对位置能迅速而正确地确定，在夹具上可以采用对刀装置。对刀装置是由对刀块和塞尺等组成，其结构尺寸已标准化。各种对刀块的结构，可以根据工件的具体加工要求进行选择。

图 4-22 所示为利用对刀装置对刀示意图，塞尺 2 放在铣刀 3 与对刀块 1 之间，凭抽动的松紧感觉来判断铣刀位置，以适度为宜。铣刀在该方向的位置调整好后，在一段时间内不再变动。

常用的塞尺有平塞尺和圆柱塞尺两种，都已经标准化，其形状如图 4-23 所示。平塞尺常用的厚度为 1mm、3mm、5mm。采用塞尺的目的，是

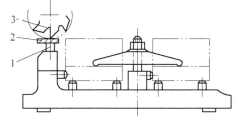

图 4-22　利用对刀装置对刀示意图
1—对刀块　2—塞尺　3—铣刀

为了不使铣刀与对刀块直接接触，以免损坏铣刀或对刀块工作表面。

铣床夹具上要标注对刀块工作表面到工件定位面间的尺寸，其值等于工件相应尺寸的平均值再减去塞尺的厚度 S，公差值取工件相应尺寸公差值的 $1/3 \sim 1/5$。

当加工要求较高或不便于设置对刀块时，也可采用试切法或者用百分表来校正定位元件

相对于刀具的位置。

（3）铣夹具的其他结构特点　在铣削加工时，切削力比较大，并且刀齿的切削是不连续的，易引起撞击和振动，所以为了保证工件的夹紧可靠，要求有较大的夹紧力，因此，铣床夹具要有足够的强度和刚度。

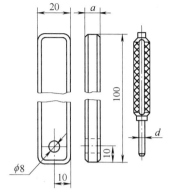

图 4-23　塞尺

夹具体的高宽比应限制在 1 ~ 1.25 之内，以降低夹具的重心。此外，夹具体上还应合理地设置加强肋、耳座以及吊环。

4.1.5　数控机床夹具

1. 对数控机床夹具的要求

数控机床是一种自动、高效、高精度的加工设备，在选用和设计数控夹具时除了应遵循普通机床夹具的设计原则外，还要满足以下要求。

（1）能实现在一次安装后进行多个表面的加工，避免刀具干涉　数控加工采用的是工序集中的方式，因此，要求夹具在结构上保证刀具能方便地对需要加工的表面进行加工，避免夹具结构包括夹具上的组件对刀具运行轨迹的干涉。

图 4-24 所示为压板按顺序松开和夹紧工件顶面，实现加工工件四个面的夹具方案。压板采用自动回转的液压夹紧组件，每个夹紧组件与液压系统控制的换向阀相连接。当刀具依次加工每个面时，根据控制指令，被加工面上的压板就自动松开并回转 90°，以方便刀具通过，这时其余压板仍在压紧工件。当一个面加工完成后，该面的压板重新转到工作位置再次压紧工件，刀具进行下一个表面的加工，直至本工序加工完毕。

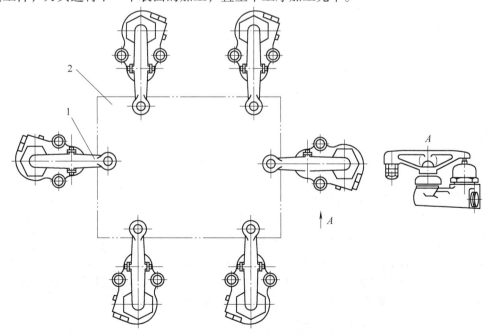

图 4-24　连续加工工件各面的夹具
1—压板　2—工件

（2）要保证夹紧可靠，同时又要避免产生夹紧变形　数控机床通常采用高速切削或强力切削，工件的夹紧要确保牢固、可靠。因为所需夹紧力较大，所以要采取措施防止工件因夹紧变形而影响精度，如果采取措施后仍产生夹紧变形，则可以考虑粗、精加工采用不同的夹紧力，即在粗加工时采用较大的夹紧力，精加工前松开工件，重新用较小的夹紧力夹紧，以减小夹紧变形。

（3）采用多件加工，提高效率　对小型零件可以安排进行多件加工或多工位加工，以提高生产率。

（4）装卸工件方便，辅助时间尽量短　由于数控加工效率高，安装工件的辅助时间对加工效率影响较大，所以要求装卸工件时间短，定位可靠，操作方便。对于批量较大、零件结构较大的工件，多采用气动、液动、电动等自动夹紧装置实现快速夹紧。对于形状简单的单件、小批量生产的零件，可选用通用夹具。

（5）数控夹具要考虑数控加工的其他特点　数控车夹具应更加注意夹具的平衡。因加工速度高，平衡不好，会引起工件振动，影响加工精度。

数控铣夹具通常可不设置对刀装置，由夹具坐标系原点与机床坐标系原点建立联系，通过对刀点的程序编制，采用试切法加工、刀具补偿功能或利用机外对刀仪来保证工件与刀具的正确位置。

数控钻夹具一般可不用钻模板，而应在加工方法、选择用刀具形式及工件安装方式上采取一些措施，通过程序控制，保证加工孔的位置和加工精度。

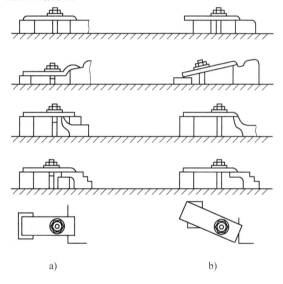

a)　　　　　　　　　b)

图 4-25　压板的使用
a）正确　b）错误

2. 数控机床常用的夹具

（1）车床上的通用夹具　如自定心卡盘、单动卡盘、花盘等，这类夹具广泛用于数控车床上。在所加工的工件适合于用这类夹具安装时，可直接采用这类夹具，以降低成本。

（2）机用虎钳　常用于数控铣床和加工中心，适用于形状规整的小型零件的单件、小批量生产。

（3）使用压板-T 形螺钉或弯板安装工件　对于有些形状及加工面的位置都适合于直接安装在机床工作台上的单件、小批量生产的工件，可以直接用压板-T 形螺钉进行安装，无需专门设计夹具，压板的使用如图 4-25 所示。对于长度和宽度较大、厚度较小的板状件，可以利用弯板（角铁）进行安装。图 4-26 所示为在弯板上安装工件并铣削一边，要注意确保弯板在工作台上以及工件在弯板上的安装可靠。

（4）拼装夹具　在数控加工中，拼装夹具应用较多。所谓拼装夹具就是用元件和合件装配而成的夹具。合件是指在

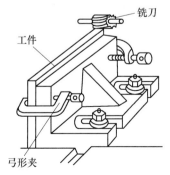

图 4-26　在弯板上安装工件

组装夹具过程中不拆散使用的独立部件，元件和合件都已经标准化，可直接选择使用。由于数控机床夹具只要求定位和夹紧功能，所以拼装夹具主要由基础部分、定位装置和夹紧装置三部分组成。图 4-27 所示为镗箱体孔的数控机床用拼装夹具，其基础部分是液压基础平台 5，定位装置是由液压基础平台 5 的平面和三个定位销钉 3 组成。夹紧装置采用了两个合件，即安装在液压基础平台 5 内的液压缸 8、活塞 9、拉杆 12 和压板 13 所组成的液压压板合件。夹具通过两个定位键 10 和两个压板 11 安装在机床工作台上。

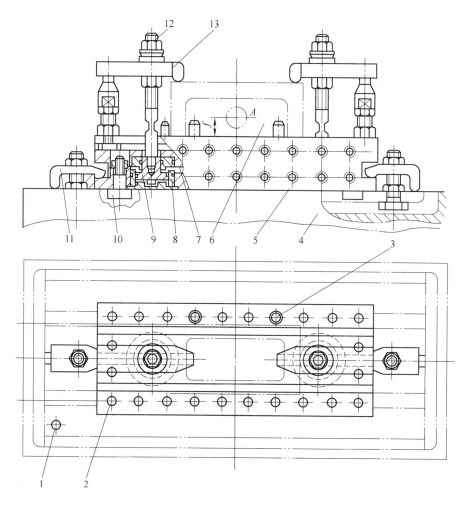

图 4-27　数控机床用拼装夹具

1、2—定位孔　3—定位销钉　4—机床工作台　5—液压基础平台　6—工件

7—通油孔　8—液压缸　9—活塞　10—定位键　11、13—压板　12—拉杆

4.2　专用夹具设计的全过程

对机床夹具的基本要求是要保证加工工序的精度要求，提高劳动生产率，降低制造成本，并使夹具具有良好的工艺性和劳动条件。在进行夹具设计时要综合考虑，以达到工件加工要求。

专用夹具的设计步骤一般是：

1）明确设计任务。

2）确定夹具结构方案，绘制结构草图。

3）进行夹具的精度分析。

4）绘制夹具总图。

5）标注尺寸和注写技术要求。

6）绘制所有非标零件图。

下面说明一般专用机床夹具的具体设计方法和过程。

1. 明确设计要求，做好设计准备工作

专用夹具设计是以机械加工工艺规程的工序卡片上所规定的定位基准、夹紧位置和工序要求作依据的。这些要求和生产批量等一起以设计任务书的形式下达给夹具设计人员。夹具设计者接到设计任务后，必须做好以下准备工作。

（1）了解工件情况、工序要求和加工状态　根据使用该夹具的工序图（同时可参阅零件图和毛坯图），了解工件的结构特点和材料，以便按照工件的结构、刚度和材料特性来采取减小变形、便于排屑等有效措施。根据工艺规程和工序卡，了解本工序的内容、加工所要达到的要求和先行工序所提供的条件，即工序要求、工件的加工状态和定位基准的情况，以便采用合适的定位、夹紧、导引等措施。

（2）了解所用机床、刀具等的情况　对于夹具的结构设计，需要知道所用机床的规格、技术参数、运动情况和安装夹具部件的结构尺寸，也要了解所用刀具的主要结构尺寸、制造精度和技术条件等。这些对于夹具与机床的连接方式、刀具的导引方案和夹具精度的估算都是有用的。

（3）了解生产批量和对夹具的使用情况　根据生产批量的大小和使用夹具的特殊要求，来决定夹具结构完善的程度。若批量大，则应使夹具结构完善和自动化程度高，尽可能地缩短辅助时间以提高生产率。若批量小或应付急需，则力求结构简单，以便迅速制成交付使用。使用的特殊要求应该针对工序特点和车间生产情况，有的放矢地采取措施。

（4）了解夹具制造车间的生产条件和技术现状　使所设计的夹具能够制造出来，并充分发挥夹具制造车间的技术专长和经验，使夹具的质量得以保证。

（5）准备好设计夹具用的各种标准、工厂规定、典型夹具图册和有关夹具设计资料、手册等。

下面以成批生产连杆为例，说明夹具设计的具体方法步骤。图 4-28 所示为连杆的铣槽工序简图，工序要求铣工件两端面处的八个槽，槽宽 $10_{0}^{+0.2}$ mm，深 $3.2_{0}^{+0.4}$ mm，表面粗糙度 Ra 值为 12.5μm。槽的中心与两孔连线成 45°，偏差不大于 ±30′。先行工序已加工好的表面可作为本工序用的定位基准，即厚度为 $14.3_{-0.1}^{0}$ mm 的两个端面和直径分别为 $\phi42.6_{0}^{+0.1}$ mm 和 $\phi15.3_{0}^{+0.1}$ mm 的两个孔。此

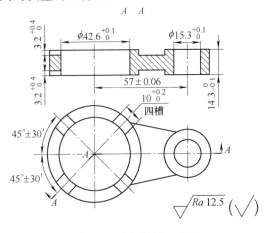

图 4-28　连杆铣槽工序图

两基准孔的中心距为（57±0.06）mm，加工时是用三面刃盘铣刀在 X62W 卧式铣床上进行。所以槽宽由刀具直接保证，槽深和角度位置要用夹具保证。

工序规定了该工件将在四次安装所构成的四个工位上加工完八个槽，每次安装的基准都用两个孔和一个端面，并在大孔端面上进行夹紧。

2. 拟订夹具的结构方案

夹具的结构方案包括下面几方面。

（1）工件的定位方案　选择定位方法和定位元件。根据连杆铣槽的工序尺寸、形状和位置精度要求，工件定位时需限制六个自由度。工件的定位基准和夹紧位置虽然在工序图上已经规定，但在拟订定位、夹紧方案时，仍然应对其进行分析研究，考查定位基准的选择是否能满足工件位置精度的要求，夹具的结构能否实现。在铣连杆槽的示例中，工件在槽深方向的工序基准是和槽相连的端面，若以此端面为平面定位基准，可以达到与工序基准相重合。但是由于要在此面上开槽，这就会给工件的定位夹紧带来麻烦，夹具结构也较复杂。如果选择与所加工槽相对的另一端面为定位基准，则会引起基准不重合误差，其大小等于工件两端面间的尺寸公差 0.1mm。考虑到槽深的公差较大（为 0.4mm），且平面定位误差较小，所以还是可以保证精度要求的。而这样又可以使定位夹紧可靠，操作方便，所以应当选择工件底面为定位基准，采用平面为定位元件。

在保证角度位置 45°±30′方面，工序基准是两孔的连心线，今以两孔为定位基准，可以做到基准重合，而且操作方便。为了避免发生不必要的过定位现象，采用一个圆柱销和一个菱形销作定位元件。由于被加工槽的角度位置是以大孔中心为基准的，槽的中心应通过大孔的中心，并与两孔连线成 45°角，因此应将圆柱销放在大孔，菱形销放在小孔，如图 4-29 所示。工件以一面两孔为定位基准，而定位元件采用一面两销，分别限制工件的六个自由度，属于完全定位。

（2）工件的夹紧方案　确定夹紧方法和夹紧装置。根据工件定位方案，考虑夹紧力的作用点及方向，采用图 4-29 所示的方式较好。因它的夹紧点选在大孔端面，接近被加工面，增加了工件刚度，切削过程中不易产生振动，工件夹紧变形也小，使夹紧可靠。但对夹紧机构的高度要加以限制，以防止和铣刀杆相碰。

由于该工件较小，批量又不大，为使夹具结构简单，采用了手动的螺旋压板夹紧机构。

（3）变更工位的方案　决定是否采用分度装置，若采用分度装置时，要选择其结构形式。在拟订该夹具结构方案时，遇到的另一个问题，就是工件每一面的两对槽将如何进行加工，在夹具结构上如何实现。可以有两种方案：一种是采用分度装置，当加工完一对槽后，将工件和分度盘一起转过 90°，再加工另一对槽；另一种方案是在夹具上装两个相差为 90°的菱形销（见图 4-29），加工完一对槽后，卸下工件，将工件转过 90°而套在另一个菱形销上，重新进行夹紧后再加工另一对槽。显然分度夹具的结构要复杂一些，而且分度盘与夹具体之间也需要锁紧，在操作上节省时间并不多，该产品批量又不大，因而应采用后一种方案。

（4）刀具的对刀或导引方案　确定对刀装置或刀具导引件的结构形式和布局（导引方式）。铣床夹具用对刀块调整刀具与夹具的相对位置，适用的加工精度不超过 IT8 级。因槽深的公差较大（0.4mm），故采用直角对刀块，用螺钉、销钉固定在夹具体上，如图 4-30 所示。

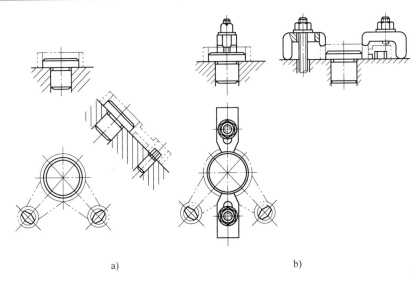

a)　　　　　　　　　　　　b)

图 4-29　连杆铣槽夹具设计过程图

（5）夹具在机床上的安装方式以及夹具体的结构形式　本夹具通过定向键与机床工作台 T 形槽的配合，使夹具上的定位元件工作表面对工作台的送进方向具有正确的相对位置，如图 4-30 所示。

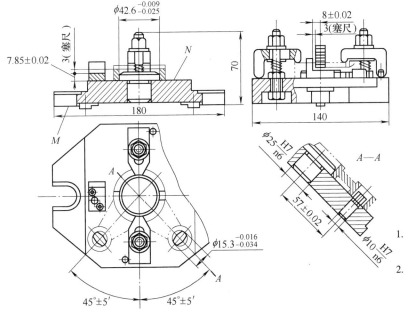

技 术 条 件

1. N 面相对于 M 面的平行度允差在 100mm 上不大于 0.03mm
2. $\phi 42.6 ^{-0.009}_{-0.025}$ 与 $\phi 15.3 ^{-0.016}_{-0.034}$ 相对于底面 M 的垂直度允差在全长上不大于 0.03mm

图 4-30　铣连杆的夹具总图

在确定夹具结构方案的过程中和方案确定好之后，应将所拟订的方案画成夹具结构草图，并送交有关人员审查。

3. 对结构方案进行精度分析和估算

当夹具的结构方案确定之后，应对其所能达到的精度进行分析和估算，以论证能否保证本工序的加工精度要求，以便进一步采取措施修改方案。

　　对结构方案进行精度分析和估算，就是要分析影响加工精度的各种误差，这些误差包括定位误差、夹具安装误差和刀具位置误差、由机床运动精度以及工艺系统变形引起的加工过程误差等。定位误差应通过计算得出，有些误差可以根据经验和类比的方法进行估算。要求所有误差总和应小于或等于本工序尺寸公差值，以保证夹具能加工出合格的工件。

　　4. 夹具总图设计

　　当夹具的结构方案确定之后，就可以正式绘制夹具总图。在绘制总图时，最好采用 1:1 的比例绘制，以体现良好的直观性。当工件过大或过小时，也可选用其他常用的制图比例。总图上的主视图，应尽可能选取与操作者正对的位置。夹具总图中，视图数量的确定原则是：应能够清楚地表示出夹具的工作原理和构造，以及各种装置或元件之间的位置关系和装配关系。为了使工件不影响夹具元件的绘制，总图上的工件要用细双点画线绘出其形状和主要表面（定位基准面、夹紧表面和被加工表面、轮廓表面等），而且要按加工位置绘制。

　　（1）总图设计的步骤　先用细双点画线把工件在加工位置状态时的形状绘制在图纸上，并将工件看作透明体。然后，依次绘制定位件、夹紧装置和夹紧件、刀具的对刀或导引件、夹具体及各个连接件等。结构部分绘制好之后，标注必要的尺寸、配合和技术要求。绘好的连杆铣槽夹具总图如图 4-30 所示。

　　（2）对总图设计中的几点要求

　　1）在进行定位件、夹紧件、导引件等元件设计时，应先参照有关标准和图册，选用合适的标准元件或组件。尽可能多地采用各种标准件和通用件，以缩短夹具的设计周期和提高夹具标准化程度，从而达到大大减少制造费用和缩短制造周期的良好效果。如果没有合适的标准元件和机构时，再设计专用件或参考标准元件作一些适当的修改。

　　2）在夹具的某些机构设计中，为了操作方便和防止将工件装反，可按具体情况设置止动销、障碍销等。如图 4-30 所示的手动夹紧机构，当旋转螺母进行夹紧时，可能因摩擦力而使压板发生顺时针方向转动，以致不能可靠的夹紧工件。为此，在压板一侧设置了止动销。夹紧螺栓也必须可靠地在夹具体中固紧。对一些盖板、底座、壳体等工件，为防止定位时发生装错，可根据工件的特殊构造，设置障碍销或其他防止误装的标志。

　　总之，所设计的夹具应在确保工件加工精度的前提下，尽可能使夹具结构简单，便于制造维修和使用，适应生产率要求。

　　5. 夹具总图上尺寸和技术要求的标注

　　（1）夹具总图上应标注的五类尺寸

　　1）夹具的轮廓尺寸。即夹具的长、宽、高尺寸。对于升降式夹具要注明最高和最低尺寸；对于回转式夹具要注出回转半径或直径。这样可表明夹具的轮廓大小和运动范围，以便于检查夹具与机床、刀具的相对位置有无干涉现象，以及夹具在机床上安装的可能性。

　　2）定位元件上定位表面的尺寸以及各定位表面之间的尺寸。例如图 4-30 中定位销的直径尺寸和公差（$\phi 42.6^{-0.009}_{-0.025}$ mm 与 $\phi 15.3^{-0.016}_{-0.034}$ mm），两定位销的中心距尺寸和公差（57 ± 0.02）mm 等。

　　3）定位表面到对刀件或刀具引导件间的位置尺寸，以及引导件（如钻、镗套）之间的位置尺寸 [如（7.85 ± 0.02）mm 与（8 ± 0.02）mm]。

　　4）主要配合尺寸。为了保证夹具上各主要元件装配后能够满足规定的使用要求，需要将其配合尺寸和配合性质在图上标注出来（如 $\phi 25H7/n6$、$\phi 10H7/n6$）。

5）夹具与机床的联系尺寸。这是指夹具在机床上安装的有关尺寸，确定夹具在机床上的正确位置。对于车床类夹具，主要指夹具与机床主轴端的连接尺寸；对于刨、铣夹具，是指夹具上的定位键与机床工作台 T 形槽的配合尺寸。标注尺寸时，常以夹具上的定位元件作为相互位置尺寸的基准。

（2）夹具总图上主要尺寸的公差值确定　夹具上主要元件之间的尺寸应取工件相应尺寸的平均值，其公差一般取 $\pm 0.02 \sim \pm 0.05$mm。当工件与之相应的尺寸有公差时，应视工件精度要求和该距离尺寸公差的大小而定，当工件公差值小时，宜取工件相应尺寸公差的 $\frac{1}{2}$ $\sim \frac{1}{3}$；当工件公差值较大时，宜取工件相应尺寸公差的 $\frac{1}{3} \sim \frac{1}{5}$ 来作夹具上相应位置尺寸的公差。如图 4-30 所示，两定位销之间的距离尺寸公差就按连杆相应尺寸公差（± 0.06mm）的 $\frac{1}{3}$ 取值为 ± 0.02mm。再如定位平面 N 到对刀表面之间的尺寸，因夹具上该尺寸要按工件相应尺寸的平均值标注，而连杆上相应的这个尺寸是由 $3.2^{+0.4}_{0}$mm 和 $14.3^{0}_{-0.1}$mm 决定的，经尺寸链计算（$3.2^{+0.4}_{0}$mm 是封闭环）可知为 $11.1^{-0.1}_{-0.4}$mm，将此写成双向等偏差即为（10.85 ± 0.15）mm。该平均尺寸 10.85mm 再减去塞尺厚度 3mm 即为 7.85mm。夹具上将此尺寸的公差取为 ± 0.02mm$\left(\right.$约为 ± 0.15 的 $\frac{1}{7}\left.\right)$，所以标注成（7.85 ± 0.02）mm。

夹具上主要角度公差一般按工件相应角度公差的 $\frac{1}{2} \sim \frac{1}{5}$ 选取，常取为 $\pm 10'$，要求严格的可取 $\pm 5' \sim \pm 1'$。在图 4-30 所示的夹具中，45°角的公差取得较严，是按工件相应角度公差（$\pm 30'$）的 $\frac{1}{6}$ 取的（为 $\pm 5'$）。

从上述可知，夹具上主要元件间的位置尺寸公差和角度公差，一般是按工件相应公差的 $\frac{1}{2} \sim \frac{1}{5}$ 取值的，有时甚至还取得更严些。它的取值原则是既要精确，又要能够实现，以确保工件加工质量。

（3）夹具总图上应标注的技术要求的规定　夹具总图上规定技术要求的目的，在于限制定位件和导引件等在夹具体上的相互位置误差，以及夹具在机床上的安装误差。在规定夹具的技术要求时，必须从分析工件被加工表面的位置要求入手，分析哪些是影响工件被加工表面位置精度的因素，从而提出必要的技术要求。

技术要求的具体规定项目，虽然要视夹具的构造形式和特点等而区别对待，但归纳起来，大致有以下几个方面。

1）定位件之间以及定位件对夹具体底面之间的相互位置精度要求。例如图 4-30 所示的两条技术条件均属此类。对于车床类夹具则是定位面对夹具安装面（如心轴的两顶尖孔或锥柄的锥面）或校正面（如圆盘类车床夹具的校正环和安装端面）之间的位置精度。

2）定位件与引导件之间的相互位置要求。规定定位件与钻套或镗套轴线间的垂直度（或平行度）要求，是保证工件被加工孔位置精度所必须的。也可规定钻套（镗套）对夹具底面的垂直度（或平行度）要求。

3）对刀件与校正面间的相互位置要求。如铣床夹具上对刀块的工作表面对夹具校正面

（或定向键的侧面）的平行度要求。一般要求是不大于 100∶0.03。

4）夹具在机床上安装时的位置精度要求。如车床类夹具的校正环与所用机床旋转轴线的同轴度要求（一般要求其跳动量不大于 0.02mm）；铣床类夹具安装时，校正面与机床工作台送进方向间的平行度要求等。

5）其他技术要求。如有关夹具的平衡要求、密封要求等。

上述这些相互位置公差的数值，通常是根据工件的精度要求并参考类似的机床夹具来确定的。当它与工件加工的技术要求直接相关时，可以取工件相应的位置公差的 1/2 ~ 1/5，最常用的是取工件相应公差的 1/2 ~ 1/3。当工件未注明要求时，夹具上的那些主要元件间的位置公差，可以按经验取为（100∶0.02）~（100∶0.05），或在全长上不大于 0.03 ~ 0.05mm。

在夹具总图上要编写夹具零件的明细栏。明细栏的编写与一般机械总图上的明细栏相同。零件编号应在整个图面中按顺时针或逆时针方向顺序编出，相同零件只编一个号，件数填在明细栏内。

6. 绘制夹具零件图

夹具上的所有非标准零件要分别绘制其工作图，并规定相应的技术要求。

由于夹具上的专用零件的制造属于单件生产，精度要求较高，根据夹具精度要求和制造的特点，有些零件必须在装配中再进行相配加工，有的应在装配后再进行就地加工，所以在这样的零件工作图上应该注明相应的技术要求。例如，在夹具体上用以固定钻模板、对刀块等类元件位置用的销钉孔，就应在装配时进行加工，根据具体工艺方法的不同，在夹具的有关零件图上就可注明："两孔和件×× 同钻铰"；或"两销孔按件×× 配作"。再如，对于要严格保证间隙和配合性质的零件，应在零件图上注明："与件×× 相配，保证总图要求"等。

夹具体一般都是非标准件，也是夹具上尺寸最大、结构最复杂、承受负荷最大的元件，需自行设计和制造，设计时应考虑下列要求。

1）夹具体应有足够的强度和刚度，以防受力后发生变形。故夹具体需要有一定的壁厚，一般铸造夹具体的壁厚为 12 ~ 30mm，焊接夹具体的壁厚为 8 ~ 12mm，加强肋的厚度取壁厚尺寸的 0.7 ~ 0.8 倍。

2）夹具体安装需稳定，故夹具体重心必须要低，其高度与宽度之比一般小于 1.25，且夹具底部中间需挖空，以保证夹具底部四周与机床工作台接触，使安装稳定，并可减少加工面。

3）夹具体要结构紧凑、形状简单、装卸工件方便并尽可能使其重量减轻。大型夹具还要安装吊环螺钉，以利搬运。

4）夹具体要便于排屑。切削下来的切屑要能排出夹具体外，以防落在定位元件的定位面上，破坏定位精度。当切屑不多时，可适当加大定位元件工作表面与夹具体之间的距离，或增设容屑沟以增加容屑空间，或在夹具体上设置排屑缺口，以便将切屑自动排至夹具体外。

5）夹具体要有良好的结构工艺性，以便于制造、装配和使用。安装面要铸出 3 ~ 5mm 凸台，以减少加工面积。夹具体上不加工的毛面与工件的轮廓表面间要有一定的空隙，以防相碰。一般毛面与毛面间应留空隙 8 ~ 15mm，毛面与光面间应留空隙 4 ~ 10mm。为减小内应力，壁厚变化要缓和均匀。

6）夹具体制造方法的选择要能保证加工精度，同时要考虑降低成本。根据所用材料和制造方法的不同，夹具体可用铸造、锻造、焊接和机械连接的方法制造，其中用铸铁铸造的夹具体应用最多。

习　题

4-1　简要说明典型车床、铣床的结构特点。

4-2　试述钻套的类型和适用场合。

4-3　试述钻床、镗床夹具的结构特点。

4-4　简述钻模种类及各自特点。

4-5　铣床夹具的对刀装置起什么作用？有哪几类？

4-6　铣床夹具是如何安装在机床上的？安装时要注意哪些问题？

4-7　数控机床夹具要满足哪些要求。

4-8　简述专用夹具设计步骤。

4-9　绘制夹具总图时要注意的问题有哪些？

4-10　夹具总图上要求标注的尺寸和技术要求有哪些？

4-11　在图 4-31 所示支架上加工 $\phi10H7$ 孔。试设计所需的钻模（只画草图），并进行精度分析。

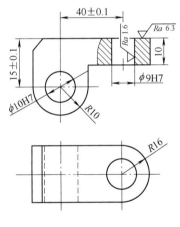

图 4-31　题 4-11 图

4-12　在卧式车床上镗图 4-32 所示轴承座上的 $\phi32^{+0.007}_{-0.018}$（K7）mm 孔、A 面和 $2\times\phi9H7$ 孔已加工好。试设计所需的车床夹具（只画草图），并进行加工精度分析。

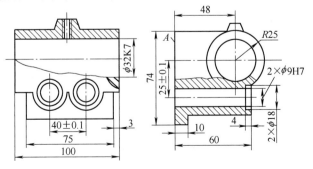

图 4-32　题 4-12 图

4-13　在图 4-33 所示接头上铣槽 28H11，其他表面均已加工好。试设计所需的铣床夹具（只画草图），并进行加工精度分析。

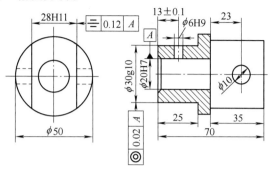

图 4-33　题 4-13 图

第5章 典型零件加工

5.1 车床主轴加工

5.1.1 概述

1. 车床主轴的功用和结构特点

车床主轴的功用是传递旋转运动和转矩、支承传动零件。它是工件或刀具回转精度的基础，是车床的关键零件之一。

车床主轴既是一单轴线的阶梯轴、空心轴，又是长径比小于 12 的刚性轴。其加工表面有内、外旋转表面、端面、键槽、花键、螺纹和端面孔等。它的机械加工主要是车削和磨削，其次是铣削和钻削。根据其结构特点和精度要求，在加工过程中，对定位基准的选择、加工顺序的安排以及深孔加工、热处理工序等均应给予足够的重视。

车床主轴是轴类零件的代表性零件，加工难度较大，工艺路线较长，涉及轴类零件加工的许多基本工艺问题。下面通过对车床主轴技术条件的分析和工艺过程的讨论，来说明轴类零件加工的一般规律。

2. 车床主轴技术条件分析

图 5-1 所示为 CA6140 车床的主轴简图。

（1）主轴支承轴颈的技术要求　主轴的支承轴颈是主轴的装配基准，它的制造精度直接影响主轴的回转精度，主轴上各重要表面均以支承轴颈为设计基准，并且与其有严格的位置要求。

支承轴颈采用锥面结构，是为了使轴承内圈能涨大以调整轴承间隙。轴承内圈是薄壁零件，装配时轴颈上的形状误差会反映到内圈的滚道上，影响主轴回转精度，故必须涂色检查接触面积，严格控制轴颈形状误差。

（2）主轴工作表面的技术要求　车床主轴锥孔是用来安装顶尖或刀具锥柄的，前端圆锥面和端面是安装卡盘或花盘的。这些安装夹具或刀具的定心表面均是主轴的工作表面。对于它们的要求有：内外锥面的尺寸精度、形状精度、表面粗糙度和接触精度；定心表面相对于支承轴颈 $A—B$ 轴心线的同轴度；定位端面 D 相对于支承轴颈 $A—B$ 轴心线的跳动等。它们的误差会造成夹具或刀具的安装误差，从而影响工件的加工精度。

（3）空套齿轮轴颈的技术要求　空套齿轮轴颈是和齿轮孔相配合的表面，对支承轴颈应有一定的同轴度要求，否则会引起主轴传动齿轮啮合不良。当主轴转速很高时，还会产生振动和噪声，使工件外圆产生振纹，尤其在精车时，这种影响更为明显。

空套齿轮轴颈对支承轴颈 $A—B$ 的径向圆跳动允差为 0.015mm。

（4）螺纹的技术要求　主轴上的螺纹一般用来固定零件或调整轴承间隙。提高螺纹的精度有利于减小压紧螺母端面跳动量。如果压紧螺母端面跳动量过大，在压紧滚动轴承的过程中，会造成轴承内环轴心线的倾斜，引起主轴的径向跳动，不但影响加工精度，而且影响

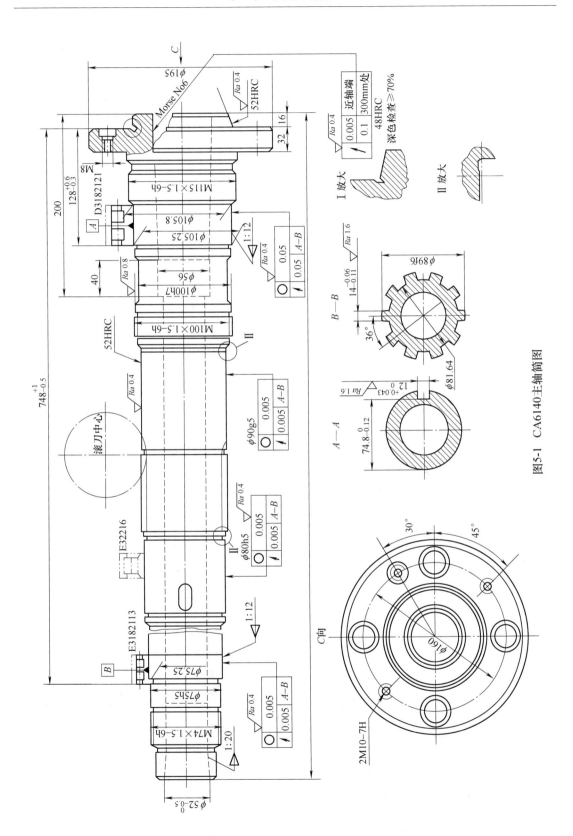

图5-1　CA6140主轴简图

轴承的使用寿命。因此，主轴螺纹的精度一般为 6h；其轴心线与支承轴颈轴心线 A—B 的同轴度允差为 φ0.025mm，拧在主轴螺纹上的螺母支承端面圆跳动允差在 50mm 半径上为 0.025mm。

（5）主轴各表面的表面层要求 所有机床主轴的支承轴颈表面、工作表面及其他配合表面都受到不同程度的摩擦作用。在滑动轴承配合中，轴颈与轴瓦发生摩擦，要求轴颈表面有较高的耐磨性。在采用滚动轴承时，摩擦转移给轴承环和滚动体，轴颈可以不要求很高的耐磨性，但仍要求适当地提高其硬度，以改善它的装配工艺性和装配精度。

定心表面（内外锥面、圆柱面、法兰圆锥等）因相配件（顶尖、卡盘等）需经常拆卸，易碰伤，拉毛表面，影响接触精度，所以也必须有一定的耐磨性。当表面硬度在 45HRC 以上时，拉毛现象可大大改善。主轴主要表面的表面粗糙度 Ra 值在 0.8~0.2μm 之间。

5.1.2 主轴的机械加工工艺过程

经过对主轴结构特点、技术条件的分析，即可根据生产批量、设备条件等编制主轴的工艺规程。编制过程中应着重考虑主要表面（如支承轴颈、锥孔、短锥及端面等）和加工比较困难的表面（如深孔）的工艺措施，从而正确地选择定位基准，合理安排工序。

表 5-1 介绍的是 CA6140 车床主轴成批生产的加工工艺过程。

表 5-1 CA6140 车床主轴成批生产的加工工艺过程

序号	工 序 名 称	工 序 简 图	设 备
1	备料		
2	模锻		
3	热处理	正火	
4			
5	铣端面钻中心孔		中心孔机床
6	粗车外圆		卧式车床
7	热处理	调质 220~240HBW	
8	车大端各部		卧式车床

（续）

序号	工 序 名 称	工 序 简 图	设 备
9	仿形车小端各部		仿形多刀半自动车床 CE7120
10	钻 φ48 深孔		深孔钻床
11	车小端内锥孔（配 1:20 锥堵）	 用涂色法检查 1:20 锥孔，接触率≥50%	卧式车床 C620B
12	车大端锥孔，（配莫氏 6 号锥堵）；车外短锥及端面	 用涂色法检查莫氏 6 号锥孔，接触率≥30%	卧式车床 C620B

（续）

序号	工序名称	工序简图	设备
13	钻大端端面各孔		钻床 Z55
14	热处理	局部（短锥 C，ϕ90g5 轴颈及莫氏 6 号锥孔）高频淬火	
15	精车各外圆并切槽（两端锥堵定中心）		数控车床 CSK6163
16	粗磨外圆		外圆磨床
17	粗磨莫氏 6 号内锥孔（重配莫氏 6 号锥堵）	用涂色法检查莫氏 6 号锥孔，要求接触率 >40%	内圆磨床 M2120

（续）

序号	工 序 名 称	工 序 简 图	设 备
18	粗铣和精铣花键		半自动花键轴铣床
19	铣键槽		铣床X25
20	车大端内侧面,车三处螺纹（配螺母）		卧式车床CA6140
21	精磨各外圆及E、F两端面		外圆磨床

（续）

序号	工序名称	工序简图	设备
22	粗磨两处 1∶12 外锥面	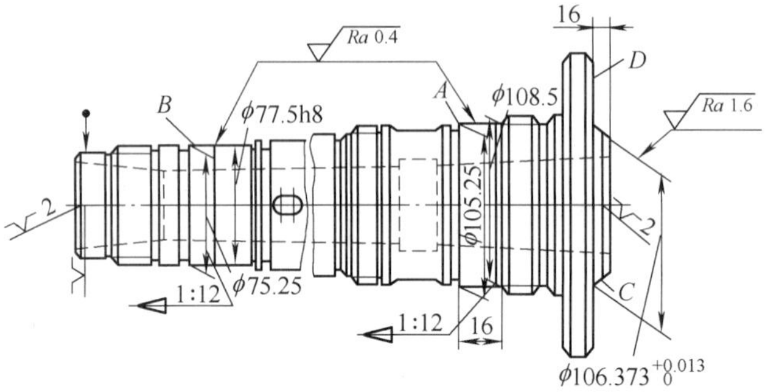	专用组合磨床
23	精磨两处 1∶12 外锥面和 D 端面以及短锥面等	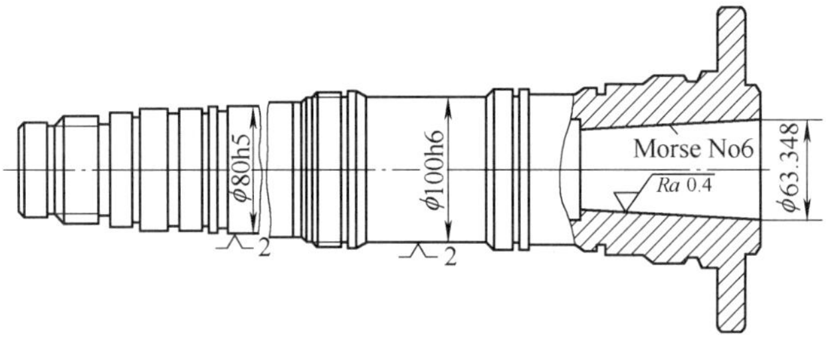	专用组合磨床
24	精磨莫氏 6 号内锥孔（卸堵）		专用主轴锥孔磨床
25	钳工	4 个 φ23 钻孔处锐边倒角	
26	检查	按检验卡片或图样技术要求全部检查	

5.1.3　主轴加工工艺过程分析

1. 主轴毛坯的制造方法

毛坯制造方法根据使用要求和生产类型而定。

毛坯形式有棒料和锻件两种。前者适用于单件小批生产，尤其是适用于光滑轴和外圆直径相差不大的阶梯轴，对于直径相差较大的阶梯轴则往往采用锻件。锻件还可获得较高的抗拉、抗弯和抗扭强度。单件小批生产一般采用自由锻，批量生产则采用模锻件，大批量生产时若采用带有贯穿孔的无缝钢管毛坯，能大大节省材料和机械加工量。

2. 主轴的材料和热处理

主轴常用材料及热处理见表 5-2。45 钢是普通机床主轴的常用材料，但其淬透性比合金钢差，淬火后变形较大，加工后尺寸稳定性也较差，因此，要求较高的主轴则采用合金钢材料为宜。

表 5-2 主轴常用材料及热处理

主 轴 种 类	材 料	预备性热处理方法	最终热处理方法	表面硬度（HRC）
车床、铣床主轴	45 钢	正火或调质	局部淬火后回火	45～52
外圆磨床砂轮轴	65Mn	调质	高频淬火后回火	50～58
专用车床主轴	40Cr	调质	局部淬火后回火	52～56
齿轮磨床主轴	20CrMnTi	正火	渗碳淬火	58～63
卧式镗床主轴 精密外圆磨床砂轮轴	38CrMoAlA	调质 消除内应力处理	渗氮	65 以上

选材合适和在整个加工过程中安排足够而合理的热处理工序，对于保证主轴的力学性能、精度要求和改善其切削加工性能非常重要。

（1）毛坯热处理 一般安排正火或消除内应力的处理，以消除锻造应力，细化晶粒，并使金属组织均匀，利于切削加工。

（2）预备热处理 在粗加工后，常安排调质处理，以获得均匀细密的回火索氏体组织，提高其综合力学性能，同时，细微的索氏体金相组织经加工后，容易获得光洁的表面。

（3）最终热处理 主轴的某些表面（如 ϕ90g5 轴颈、锥孔及外锥等）需经高频淬火。最终热处理一般安排在半精加工之后、精加工之前，便于修正局部淬火产生的变形。

精度要求高的主轴，在淬火、回火后还要进行定性处理。定性处理的目的是消除加工的内应力，提高主轴的尺寸稳定性，使它能长期保持其精度。定性处理是在精加工之后进行的，如低温人工时效或水冷处理。

热处理次数的多少，决定于主轴的精度要求、经济性以及热处理效果。CA6140 车床主轴就无须进行定性处理。

3. 加工阶段的划分

主轴加工过程中，各加工工序和热处理工序均会不同程度地产生加工误差和应力，因此要划分加工阶段。主轴加工基本上划分为下列三个阶段。

（1）粗加工阶段

1）毛坯处理。毛坯备料、锻造和正火（工序 1～3）。

2）粗加工。锯去多余部分，铣端面、钻中心孔和荒车外圆等（工序 4～6）。

（2）半精加工阶段

1）半精加工前热处理。对于 45 钢一般采用调质处理，以达到 220～240HBW（工序 7）。

2）半精加工。车工艺锥面（定位锥孔）、半精车外圆端面和钻深孔等（工序 8～13）。

（3）精加工阶段

1）精加工前热处理。局部高频淬火（工序 14）。

2）精加工前各种加工。粗磨定位锥面、粗磨外圆、铣键槽和花键槽，以及车螺纹等（工序 15～20）。

3）精加工。精磨外圆和内外锥面，以保证主轴最重要表面的精度（工序 21～24）。

整个主轴加工的工艺过程，就是以主要表面（支承轴颈、锥孔）的粗加工、半精加工和精加工为主，适当插入其他表面的加工工序而组成的。这就说明，加工阶段的划分起主导作用的是工件的精度要求。对于一般精度的机床主轴，精加工是最终工序。对精密机床的主轴，还要增加光整加工阶段，以求获得更高的尺寸精度和更低的表面粗糙度值。

4. 定位基准的选择

以两顶尖孔作为轴类零件的定位基准，既符合基准重合原则，又能使基准统一。所以，只要有可能，轴类零件应该尽量采用顶尖孔作为定位基准。

表 5-1 所列工序中的粗车、半精车、精车、粗磨、精磨各外圆表面和端面、铣花键和车螺纹等工序，都是以顶尖孔作为定位基准的。

两顶尖孔的质量好坏，对加工精度影响很大，应尽量做到两顶尖孔轴线重合、顶尖接触面积大、表面粗糙度低。否则，将会因工件与顶尖间的接触刚度变化而产生加工误差。因此经常注意保持两顶尖孔的质量，是轴类零件加工的关键问题之一。

深孔加工后，可以采用带顶尖孔的锥堵作为定位基准。

为了保证支承轴颈与两端锥孔的同轴度要求，需要应用互为基准原则。例如，CA6140主轴在车小端 1:20 锥孔和大端莫氏 6 号内锥孔时（表 5-1 中工序 11、12），用的是与前支承轴颈相邻而又是用同一基准加工出来的外圆柱表面为定位基面（直接用前支承轴承作为定位基准当然更好，但由于轴颈有锥度，在制造托架时会增加困难）；工序 15 精车各外圆包括支承轴颈的 1:12 锥度时，即是以上述前后锥孔内所配锥堵的顶尖孔作为定位基准面；在工序 17 粗磨莫氏 6 号内锥孔时，又是以两圆柱表面为定位基准面，这就符合互为基准原则。在工序 22 和 23 中，粗精磨两个支承轴颈的 1:12 锥度时，再次以粗磨后的锥孔所配锥堵的顶尖孔为定位基准。在工序 24 中，最后精磨莫氏 6 号内锥孔时，直接以精磨后的前支承轴颈和另一圆柱面为定位基准面，基准再一次转换。随着基准的不断转换，定位精度不断提高。基准转换次数的多少，要根据加工精度要求而定。

在精磨莫氏 6 号内锥孔的定位方法中，采用了专用夹具，机床主轴仅起传递转矩的作用，排除了主轴组件本身的回转误差，因此提高了加工精度。

5. 工序的安排顺序

轴类零件各表面的加工顺序与定位基准的转换有关，即先行工序必须为后续工序准备好定位基准。粗、精基准选定后，加工顺序也就大致排定。

由表 5-1 可见，主轴的工艺路线安排大体如下：毛坯制造—正火—车端面钻中心孔—粗车—调质—半精车—表面淬火—粗、精磨外圆—粗、精磨圆锥面—磨锥孔。在安排工序顺序时，还应注意下面几点。

1）就基准统一而言，希望始终以顶尖孔定位，避免使用锥堵，则深孔加工应安排在最后。但深孔加工是粗加工工序，要切除大量金属，会引起主轴变形，所以最好在粗车外圆之后就把深孔加工出来。

2）外圆加工顺序安排要照顾主轴本身的刚度，应先加工大直径后加工小直径，以免一开始就降低主轴刚度。

3）花键和键槽加工应安排在精车之后、粗磨之前。如在精车之前就铣出键槽，会造成断续车削，既影响质量又易损坏刀具，而且也难控制键槽的尺寸精度。但这些表面也不宜安排在主要表面最终加工工序之后进行，以防在反复运输中碰伤主要表面。

4）主轴的螺纹对支承轴颈有一定的同轴度要求，宜放在淬火之后的精加工阶段进行，以免受半精加工所产生的应力以及热处理变形的影响。

5）主轴系加工要求很高的零件，需安排多次检验工序。检验工序一般安排在各加工阶段前后，以及重要工序前后和花费工时较多的工序前后，总检验则放在最后。必要时，还应安排探伤工序。

5.1.4　主轴加工中的几个工艺问题

1. 锥堵和锥堵心轴的使用

对于空心的轴类零件，当通孔加工后，原来的定位基准——顶尖孔已被破坏，此后必须重新建立定位基准。对于通孔直径较小的轴，可直接在孔口倒出宽度不大于 2mm 的 60°锥面，以代替中心孔。当通孔直径较大时，则不宜用倒角锥面代之，一般都采用锥堵或锥堵心轴的顶尖孔作为定位基准。

当主轴锥孔的锥度较小时（如车床主轴的锥孔为 1∶20 和莫氏 6 号）就常用锥堵，如图 5-2 所示。

当锥度较大时（如 X62 卧式铣床的主轴锥孔是 7∶24），可用带锥堵的拉杆心轴，如图 5-3 所示。

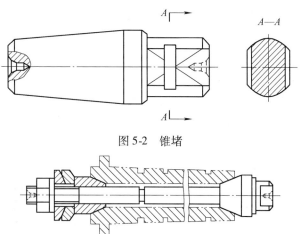

图 5-2　锥堵

使用锥堵或锥堵心轴时应注意以下问题。

1）一般不中途更换或拆装，以免增加安装误差。

2）锥堵心轴要求两个锥面应同轴，否则拧紧螺母后会使工件变形。图 5-2 所示的锥堵心轴结构比较合理，

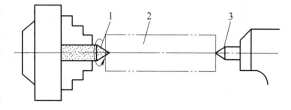

图 5-3　带有锥堵的拉杆心轴

其一端锥堵与拉杆心轴为一体，锥面与顶尖孔的同轴度较好，而另一端有球面垫圈，拧紧螺母时，能保证活动锥堵与锥孔配合良好，使锥堵的锥面和工件的锥孔以及拉杆心轴上的顶尖孔有较好的同轴度。

2. 顶尖孔的研磨

因热处理、切削力、重力等的影响，常常会损坏顶尖孔的精度，因此在热处理工序之后和磨削加工之前，对顶尖孔要进行研磨，以消除误差。

常用的研磨方法有：用铸铁顶尖研磨、用油石或橡胶砂轮研磨和用硬质合金顶尖刮研几种。图 5-4 所示为用油石研磨顶尖孔的情况。

用油石或橡胶砂轮夹在车床的卡盘上，用装在刀架上的金刚钻将它的前端修整成顶尖形状（60°圆锥体），接着将工件顶在油石或橡胶砂轮顶尖和车床后顶尖之间，并加少量润滑油（柴油或机油），然后开动车床使油石或橡胶砂轮转动，进行研磨。研磨时用手把持工件并连续而缓慢地转动。这种研磨中心孔方法效率高、质量好，也简便易行。

图 5-4　用油石研磨顶尖孔
1—油石顶尖　2—工件　3—后顶尖

3. 外圆表面的车削加工

主轴各外圆表面的车削通常分为粗车、半精车、精车三个步骤。粗车的目的是切除大部分余量；半精车是修整预备热处理后的变形；精车则进一步使主轴在磨削加工前各表面具有一定的同轴度和合理的磨削余量。因此提高生产率是车削加工的主要问题。在不同的生产条件下一般采用的机床设备是：卧式车床（单件、小批生产）；液压仿形刀架或液压仿形车床（成批生产）；液压仿形车床或多刀半自动车床（大批、大量生产）。

采用液压仿形车削可实现车削加工半自动化（上、下料仍需手动），更换靠模、调整刀具都较简便，减轻了劳动强度，提高了加工效率，对成批生产是很经济的。仿形刀架的装卸和操作也很方便、成本低，能使卧式车床充分发挥使用效能。但是它的加工精度还不够稳定，不适宜进行强力切削，仍应继续改进，提高它的加工精度和刚性。

多刀半自动车床主要用于大量生产中。它用若干把刀具同时车削工件的各个表面，因此缩短了切削行程和切削时间，是一种高生产率加工设备，但是刀具的调整费时。

4. 主轴深孔的加工

一般把长度与直径之比大于5的孔称为深孔。深孔加工要比一般孔加工困难和复杂，原因是：刀具细而长，刚性差，钻头容易引偏，使被加工孔的轴心线歪斜；排屑困难；冷却困难，钻头的散热条件差，容易丧失切削能力。

针对深孔加工的不利条件，一般可采取下列措施：

1）采用工件旋转、刀具进给的加工方法，使钻头有自定中心的能力。

2）采用特殊结构的刀具——深孔钻，以增加其导向的稳定性和适应深孔加工的条件。

3）在工件上预加工出一段精确的导向孔，保证钻头从一开始就不引偏。

4）采用压力输送的切削润滑液并利用在压力下的冷却润滑液排出切屑。

在单件、小批生产中，总是在卧式车床上用接长的麻花钻加工。在加工过程中需多次退出钻头，以排除切屑和冷却工件及钻头。在批量较大时，采用深孔钻床及深孔钻头，以获得较高的加工质量和生产率。

钻出的深孔一般都要经过精加工才能达到要求的精度和表面粗糙度值。精加工深孔的方法有镗和铰。由于刀具细长，目前有采用拉镗和拉铰的方法，使刀杆只受拉力而不受压力。这些加工一般也在深孔钻床上进行。

5. 轴类零件的检验

轴类零件在加工过程中和加工完以后都要按工艺规程的要求进行检验。检验的项目包括表面粗糙度、硬度、尺寸精度、表面形状精度和相互位置精度。

（1）表面粗糙度和硬度的检验　硬度是在热处理之后用硬度计抽检。表面粗糙度一般用样块比较法检验。对于精密零件可用干涉显微镜进行测量。

（2）精度检验　精度检验应按一定顺序进行，先检验形状精度，然后检验尺寸精度，最后检验位置精度。这样可以判明和排除不同性质误差之间对测量精度的干扰。

1）形状精度检验。圆度为轴的同一横截面内最大直径与最小直径之差。一般用千分尺按照测量直径的方法即可检测。精度高的轴需用比较仪检验。

圆柱度是指同一轴向剖面内最大直径与最小直径之差，同样可用千分尺检测。弯曲度可以用千分表检验，把工件放在平板上工件转动一周，千分表读数的最大变动量就是弯曲误差值。

2）尺寸精度检验。在单件、小批生产中，轴的直径一般用外径千分尺检验。精度较高（公差值小于 0.01mm）时，可用杠杆卡规测量。台肩长度可用游标卡尺、深度游标卡尺和深度千分尺检验。

大批、大量生产中，常采用界限卡规检验轴的直径。长度不大而精度又高的工件，也可用比较仪检验。

3）位置精度检验。为提高检验精度和缩短检验时间，位置精度检验多采用专用检具，如图 5-5 所示。检验时，将主轴的两支承轴颈放在同一平板上的两个 V 形架上，并在轴的一端用挡铁、钢球和工艺锥堵挡住，限制主轴沿轴向窜动。两个 V 形架中有一个的高度是可调的。测量时先用千分表调整轴的中心线，使它与测量平面平行。平板的倾斜角一般是 15°，使工件轴端靠自重压向钢球。

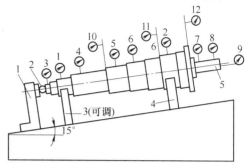

图 5-5　专用检具

1—挡铁　2—钢球　3、4—V 形架　5—检验心棒

在主轴前锥孔中插入检验心棒，按测量要求放置千分表，用手轻轻动主轴，从千分表读数的变化即可测量各项误差，包括锥孔及有关表面相对支承轴颈的径向跳动和端面跳动。

锥孔的接触精度用专用锥度量规涂色检验，要求接触面积在 70% 以上，分布均匀而大端接触较"硬"，即锥度只允许偏小。这项检验应在检验锥孔跳动之前进行。

图 5-5 中各量表的功用如下：量表 7 检验锥孔对支承轴颈的同轴度误差；距轴端 300mm 处的量表 8 检查锥孔轴心线对支承轴颈轴心线的同轴度误差；量表 3、4、5、6 检查各轴颈相对支承轴颈的径向跳动；量表 10、11、12 检验端面跳动；量表 9 测量主轴的轴向窜动。

5.2　箱体加工

5.2.1　概述

1. 箱体零件的功用和结构特点

箱体是机器的基础零件，它将机器和部件中的轴、套、齿轮等有关零件连接成一个整体，并使之保持正确的相互位置，以传递转矩或改变转速来完成规定的运动。因此，箱体的加工质量直接影响着机器的性能、精度和寿命。

图 5-6 所示为某车床主轴箱简图。由图可知，箱体类零件结构复杂，壁薄且不均匀，加工部位多，加工难度大。据统计，一般中型机床制造厂花在箱体类零件的机械加工劳动量约占整个产品加工量的 15% ~ 20%。

2. 箱体零件的主要技术要求

箱体类零件中以机床主轴箱精度要求最高，现以某车床主轴箱为例，归纳精度要求为以下几项。

（1）孔径精度　孔径的尺寸误差和几何形状误差会使轴承与孔配合不良。孔径过大，配合过松，使主轴回转轴线不稳定，并降低了支承刚度，易产生振动和噪声；孔径过小，使配合过紧，轴承将因外环变形而不能正常运转，缩短寿命。装轴承的孔不圆，也会使轴承外环变形而引起主轴的径向跳动。

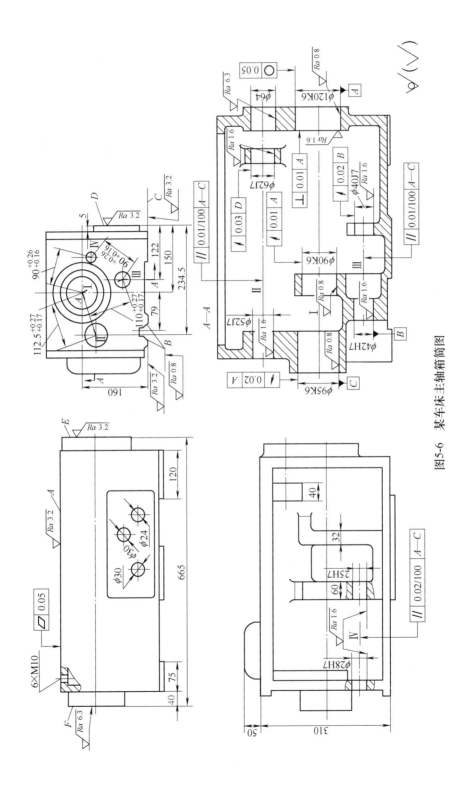

图5-6 某车床主轴箱简图

从以上分析可知，对孔的精度要求较高。主轴孔的尺寸精度为 IT6，其余孔的公差等级为 IT6 ~ IT7。孔的几何形状精度除作特殊规定外，一般都在尺寸公差范围内。

（2）孔与孔的位置精度　同一轴线上各孔的同轴度误差和孔端面对轴线垂直度误差，会使轴和轴承装配到箱体上后产生歪斜，致使主轴产生径向跳动和轴向窜动，同时也使温升增高，加剧轴承磨损。孔系之间的平行度误差会影响齿轮的啮合质量。一般同轴上各孔的同轴度约为最小孔尺寸公差之半。

（3）孔和平面的位置精度　一般都要规定主要孔和主轴箱安装基面的平行度要求，它们决定了主轴与床身导轨的相互位置关系。这项精度是在总装通过刮研来达到的。为减少刮研工作量，一般都要规定主轴轴线对安装基面的平行度公差。在垂直和水平两个方向上只允许主轴前端向上和向前偏。

（4）主要平面的精度　装配基面的平面度误差影响主轴箱与床身连接时的接触刚度。若在加工过程中作为定位基准时，还会影响轴孔的加工精度。因此规定底面和导向面必须平直和相互垂直。其平面度、垂直度公差等级为 IT5。

（5）表面粗糙度　重要孔和主要表面的表面粗糙度会影响连接面的配合性质或接触刚度。一般要求主轴孔 Ra 为 $0.4\mu m$，其他各纵向孔 Ra 为 $1.6\mu m$，孔的内端面 Ra 为 $3.2\mu m$，装配基准面和定位基准面 Ra 为 $0.63 \sim 2.5\mu m$，其他平面 Ra 为 $2.5 \sim 10\mu m$。

3. 箱体的材料及毛坯

箱体材料一般选用 HT200 ~ HT400 的各种牌号的灰铸铁，而最常用的为 HT200，这是因为灰铸铁不仅成本低，而且具有较好的耐磨性、可铸性、可加工性和阻尼特性。在单件生产或某些简易机床的箱体生产中，为了缩短生产周期和降低成本，可采用钢材焊接结构。此外，精度要求较高的坐标镗床主轴箱可选用耐磨铸铁，负荷大的主轴箱也可采用铸钢件。

毛坯的加工余量与生产批量、毛坯尺寸、结构、精度和铸造方法等因素有关，有关数据可查阅相关资料及根据具体情况决定。成批生产时小于 $\phi 30mm$ 的孔和单件、小批生产小于 $\phi 50mm$ 的孔不铸出。

毛坯铸造时，应防止砂眼和气孔的产生。为了减少毛坯制造时产生残留应力，应使箱体壁厚尽量均匀，箱体浇铸后应安排退火工序。

5.2.2　箱体结构工艺性

箱体的结构工艺性直接影响箱体加工的质量、生产率和成本。

（1）基本孔　箱体的基本孔，可分为通孔、阶梯孔、不通孔、交叉孔等几类。通孔工艺性最好，通孔内又以孔长 L 与孔径 D 之比 $L/D \leqslant 1 \sim 1.5$ 的短圆柱孔工艺性为最好；$L/D > 5$ 的孔，称为深孔，若深孔的精度要求较高、表面粗糙度值较小时，加工就很困难。

阶梯孔的工艺性与"孔径比"有关。孔径相差越小则工艺性越好；孔径相差越大，且孔径又小，则工艺性越差。

相贯通的交叉孔的工艺性也较差，如图 5-7a 所示，$\phi 100^{+0.035}_{0}$ 孔与 $\phi 70^{+0.03}_{0}$ 孔贯通相交，在加工主轴孔时，刀具走到贯通部分时，由于刀具径向受力

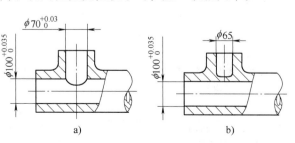

图 5-7　相贯通的交叉孔的工艺性

不均，孔的轴线就会偏移。为此可采取图 5-7b 所示，$\phi70$ 孔不铸通，加工 $\phi100^{+0.035}_{0}$ 孔后再加工 $\phi70$ 孔，以保证主轴孔的加工质量。

不通孔的工艺性最差，因为在精镗或精铰不通孔时，要用手动送进，或采用特殊工具送进。此外，不通孔的内端面的加工也特别困难，故应尽量避免。

（2）同轴孔　同一轴线上孔径大小向一个方向递减（如 CA6140 的主轴孔），在镗孔时，镗杆从一端伸入，逐个加工或同时加工同轴线上的几个孔，以保证较高的同轴度和生产率。单件、小批生产时一般采用这种分布形式。

同轴线上的孔的直径大小从两边向中间递减（如 C620-1、CA6140 主轴箱轴孔等），可使刀杆从两边进入，这样不仅缩短了镗杆长度，提高了镗杆的刚性，而且为双面同时加工创造了条件，所以大批量生产的箱体，常采用此种孔径分布形式。

同轴线上孔的直径的分布形式，应尽量避免中间隔壁上的孔径大于外壁的孔径。因为加工这种孔时，要将刀杆伸进箱体后装刀、对刀，结构工艺性差。

（3）装配基面　为便于加工、装配和检验，箱体的装配基面尺寸应尽量大，形状应尽量简单。

（4）凸台　箱体外壁上的凸台应尽可能在一个平面上，以便可以在一次进给中加工出来，而无需调整刀具的位置，使加工简单方便。

（5）紧固孔和螺孔　箱体上的紧固孔和螺孔的尺寸规格应尽量一致，以减少刀具数量和换刀次数。

此外，为保证箱体有足够的动刚度与抗振性，应酌情合理使用加强肋，加大圆角半径，收小箱口，加厚主轴前轴承口厚度。

5.2.3　箱体机械加工工艺过程及工艺分析

1. 箱体零件机械加工工艺过程

箱体零件的结构复杂，加工表面多，但主要加工表面是平面和孔。通常平面的加工精度较易保证，而精度要求较高的支承孔以及孔与孔间、孔与平面间的相互位置精度则较难保证，往往成为生产中的关键。所以在制订箱体加工工艺过程时，应将如何保证孔的精度作为重点来考虑。此外，还应特别注意箱体批量和工厂具体条件。

表 5-3 为某车床主轴箱（图 5-6）小批生产的工艺过程；表 5-4 为某车床主轴箱（图 5-6）大批生产的工艺过程。

表 5-3　某主轴箱小批生产的工艺过程

序号	工 序 内 容	定 位 基 准	序号	工 序 内 容	定 位 基 准
1	铸造		7	粗、精加工两端面 E、F	B、C 面
2	时效		8	粗、半精加工各纵向孔	B、C 面
3	油漆		9	精加工各纵向孔	B、C 面
4	划线：考虑主轴孔有加工余量，并尽量均匀。划 C、A 及 E、D 面加工线		10	粗、精加工横向孔	B、C 面
			11	加工螺孔及各次要孔	
			12	清洗、去毛刺	
5	粗、精加工顶面 A	按线找正	13	检验	
6	粗、精加工 B、C 面及侧面 D	顶面 A 并校正主轴线			

表 5-4 某主轴箱大批生产的工艺过程

序号	工 序 内 容	定位基准	序号	工 序 内 容	定位基准
1	铸造		10	精镗各纵向孔	顶面 A 及两工艺孔
2	时效		11	精镗主轴孔 I	顶面 A 及两工艺孔
3	涂装		12	加工横向孔及各面上的次要孔	
4	铣顶面 A	I 孔与 II 孔	13	磨 B、C 导轨面及前面 D	顶面 A 及两工艺孔
5	钻、扩、铰 2 × φ8H7 工艺孔	顶面 A 及外形	14	将 2 × φ8H7 及 4 × φ7.8mm 均扩钻至 φ8.5mm,攻 6 × M10	
6	铣两端面 E、F 及前面 D	顶面 A 及两工艺孔			
7	铣导轨面 B、C	顶面 A 及两工艺孔	15	清洗、去毛刺、倒角	
8	磨顶面 A	导轨面 B、C	16	检验	
9	粗镗各纵向孔	顶面 A 及两工艺孔			

2. 箱体类零件机械加工工艺过程分析

从表 5-3、表 5-4 可以看出,不同批量的主轴箱箱体的工艺过程,既有其共性,也有其特殊性。

(1) 不同批量箱体生产的共性

1) 加工顺序为先面后孔。箱体类零件的加工顺序均为先加工面,以加工好的平面定位,再来加工孔。因为箱体孔的精度要求高,加工难度大,先以孔为粗基准加工好平面,再以平面为精基准加工孔,这样既能为孔的加工提供稳定可靠的精基准,同时可以使孔的加工余量均匀。由于箱体上的孔一般是分布在外壁和中间隔壁的平面上的,先加工平面,可切去铸件表面的凹凸不平及夹砂等缺陷,这不仅有利于以后工序的孔加工(例如,钻孔时可减少钻头引偏),也有利于保护刀具、对刀和调整。

2) 加工阶段粗、精分开。箱体的结构复杂,壁厚不均,刚性不好,而加工精度要求又高。故箱体主要加工表面都要划分为粗、精加工两个阶段。

单件、小批生产的箱体加工,如果从工序上也安排粗、精分开,则机床、夹具数量要增加,工件转运也费时、费力,所以实际生产中将粗、精加工在一道工序内完成。但从工步上讲,粗、精加工还是分开的。如粗加工后将工件松开一点,然后再用较小的夹紧力夹紧工件,使工件因夹紧力而产生的弹性变形在精加工前得以恢复。

3) 工序间安排时效处理。箱体毛坯比较复杂,铸造内应力较大。为了消除内应力,减少变形,保证精度的稳定,铸造之后要安排人工时效处理(加热到 500 ~ 550°C,加热速度 50 ~ 120°C/h,保温 4 ~ 6h,冷却速度 ≤30°C/h,出炉温度 ≤200°C)。

普通精度的箱体,一般在铸造之后安排一次人工时效处理。对一些高精度的箱体或形状特别复杂的箱体,在粗加工之后还要安排一次人工时效处理,以消除粗加工所造成的残留应力。有些精度要求不高的箱体毛坯,有时不安排时效处理,而是利用粗、精加工工序间的停放和运输时间,使之进行自然时效。

箱体人工时效的方法,除用加热保温方法外,也可采用振动时效来达到消除残留应力的目的。

4) 一般都用箱体上的重要孔作粗基准。箱体零件的粗基准一般都用它上面的重要孔作粗基准，如主轴箱都用主轴孔作粗基准。

（2）不同批量箱体生产的特殊性

1）粗基准的选择。虽然箱体类零件一般都选择重要孔为粗基准，随着生产类型不同，实现以主轴孔为粗基准的工件装夹方式是不同的。

中小批生产时，由于毛坯精度较低，一般采用按划线安装，如图5-8所示。首先将箱体用千斤顶安放在平台上（见图5-8a），调整千斤顶，使主轴孔 I 和 A 面与台面基本平行，D 面与台面基本垂直，根据毛坯的主轴孔划出主轴孔的水平轴线 I—I，在四个面上均要划出，作为第一校正线。划此线时，应检查所有的加工部位在水平方向是否均有加工余量。I—I 线确定后，即画出 A 面和 C 面的加工线。然后将箱体翻转90°，D 面一端置于三个千斤顶上（见图5-8b），调整千斤顶，使 I—I 线与台面垂直，根据毛坯的主轴孔并考虑各加工部位在垂直方向的加工余量，按照上述同样的方法在四个面上划出主轴孔的垂直轴线 II—II 作为第二校正线。根据 II—II 线画出 D 面加工线。再将箱体翻转90°（见图5-8c），将 E 面一端置于三个千斤顶上，调整千斤顶，使 I—I 线、II—II 线与台面垂直。根据凸台高度尺寸，先画出 F 面加工线，然后再画出 E 面加工线。

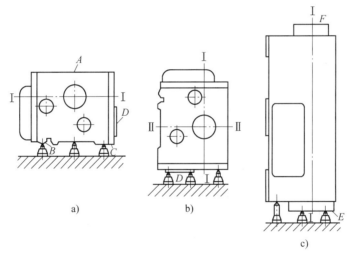

图5-8　主轴箱的划线

a）水平　b）侧面　c）划高度

加工箱体平面时，按线找正装夹工件，这样，就体现了以主轴孔为粗基准。

大批、大量生产时，毛坯精度较高，可采用图5-9所示的夹具装夹。

先将工件放在支承1、3、5上，使箱体侧面靠紧支架4，箱体一端靠住挡销6，这就完成了预定位。此时将液压控制的两短轴7伸入主轴孔中，每个短轴上的三个活动支柱8分别顶住主轴孔内的毛面，将工件抬起。离开1、3、5支承面，使主轴孔轴线与夹具的两短轴轴线重合，此时主轴孔即为定位基准。为了限制工件绕两短轴转动的自由度，在工件抬起后，调节两可调支承10，通过用样板校正 I 轴孔的位置，使箱体顶面基本成水平。再调节辅助支承2，使其与箱体底面接触，使得工艺系统刚度得到提高。然后再将液压控制的两夹紧块11伸入箱体两端孔内压紧工件，即可进行加工。

2）精基准的选择。箱体加工精基准的选择也与生产批量大小有关。

单件、小批生产用装配基准作定位基准。即选择箱体底面导轨面作为定位基准。这样不仅消除了基准不重合误差，而且在加工各孔时，箱口朝上，便于安装调整刀具、更换导向套、测量孔径尺寸、观察加工情况和加注切削液等。

这种定位方式也有它的不足之处。加工箱体中间壁上的孔时，为了提高刀具系统的刚度，应当在箱体内部相应的部位设置镗杆导向支承。由于箱体底部是封闭的，中间支承只能用吊架从箱体顶面的开口处伸入箱体内，每加工一件需装卸一次，吊架与镗模之间虽有定位销定位，但吊架刚性差，制造安装精度较低，经常装卸也容易产生误差，且使加工的辅助时间增加，因此这种定位方式只适用于单件、小批生产。

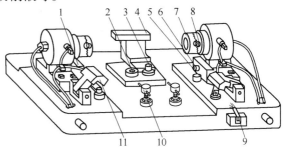

图 5-9　以主轴孔为粗基准铣顶面的夹具
1、3、5—支承　2—辅助支承　4—支架　6—挡销　7—短轴
8—活动支柱　9—操纵手柄　10—可调支承　11—夹紧块

大批量生产时采用一面双孔作定位基准。即以顶面和两定位销孔为精基准。这种定位方式，箱口朝下，中间导向支架可固定在夹具上。由于简化了夹具结构，提高了夹具的刚度，同时工件装卸也比较方便，因而提高了孔系的加工质量和劳动生产率。

但由于定位基准与设计基准不重合，产生了基准不重合误差。为保证箱体的加工精度，必须提高作为定位基准的箱体顶面和两定位销孔的加工精度。此外，这种定位方式的箱口朝下，还不便在加工中直接观察加工情况，也无法在加工中测量尺寸和调整刀具。但在大批、大量生产中，广泛采用组合机床、定径刀具，加工情况比较稳定，问题也就不十分突出了。

3）所用设备依批量不同而异。单件、小批生产一般都在通用机床上加工，各工序原则上靠工人技术熟练程度和机床工作精度来保证。除个别必须用专用夹具才能保证质量的工序（如孔系加工）外，一般很少采用专用夹具。而大批量箱体的加工则广泛采用组合加工机床，如平面加工采用多轴龙门铣床、组合磨床；各主要孔则采用多工位组合机床、专用镗床等。专用夹具用得也很多，这就大大地提高了生产率。

箱体类零件的精基准一般会用到上平面或底平面，其加工方法常用的有刨、铣、磨，刨削和铣削常用做粗加工和半精加工，而磨削则用做精加工。

5.2.4　箱体孔系的加工方法

箱体上一系列有相互位置精度要求的孔的组合，称为孔系。孔系可分为平行孔系、同轴孔系和交叉孔系。

孔系加工是箱体加工的关键。根据箱体批量不同和孔系精度要求的不同，孔系的加工所用的加工方法也不相同，现分别予以讨论。

1. 平行孔系的加工

所谓平行孔系是指这样一些孔，它们的轴线要互相平行且孔距也有精度要求。下面主要讨论在生产中保证孔距精度的方法。

（1）找正法　找正法是工人在通用机床上利用辅助工具来找正要加工孔的正确位置的加工方法。这种方法加工效率低，一般只适用于单件、小批生产。根据找正方法的不同，找正法又可分为划线找正法、心轴和块规找正法、样板找正法、定心套找正法等几种。图 5-10 所示为用心轴和块规找正法的示例。镗下面的孔时将心轴插入主轴孔内（或直接利用镗床主轴），然后根据孔和定位基准的距离组合一定尺寸的块规来校正主轴位置。校正时用塞尺测定块规与心轴之间的间隙，以避免块规与心轴直接接触而损伤块规（见图 5-10a）。镗上一排孔时，分别在机床主轴和已加工孔中插入心轴，采用同样的方法来校正主轴线的位置，以保证孔心距的精度（见图 5-10b）。这种找正法的孔心距精度可达 ±0.03mm。

（2）镗模法　这是广泛采用的加工方法，中批生产、大批大量生产一般都采用此法加工孔系。

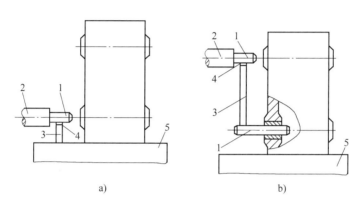

图 5-10　用心轴和块规找正
a）第一工位　b）第二工位
1—心轴　2—镗床主轴　3—块规　4—塞尺　5—镗床工作台

镗模法即利用镗模夹具加工孔系。镗孔时，工件装夹在镗模上，镗杆被支承在镗模的导套里，增加了系统刚性。这样，镗刀便通过模板上的孔将工件上相应的孔加工出来。当用两个或两个以上的支承来引导镗杆时，镗杆与机床主轴必须浮动连接。这时，机床精度对孔系加工精度影响很小，因而可以在精度较低的机床上加工出精度较高的孔系。孔距精度主要取决于镗模，一般可达 ±0.05mm。

（3）坐标法　坐标法镗孔是在普通卧式镗床、坐标镗床或数控镗铣床等设备上，借助于测量装置，调整机床主轴与工件间在水平和垂直方向的相对位置，来保证孔心距精度的一种镗孔方法。

在箱体的设计图样上，因孔与孔间有齿轮啮合关系，对孔心距尺寸有严格的公差要求。采用坐标法镗孔之前，必须把各孔心距尺寸及公差换算成以主轴孔中心为原点的相互垂直的坐标尺寸及公差，只要借助三角几何关系及工艺尺寸链规律即可算出。可以通过编制主轴箱传动轴坐标计算程序，利用计算机进行计算。

坐标法镗孔的孔心距精度取决于坐标的移动精度，实际上就是坐标测量装置的精度。

2. 同轴孔系的加工

成批生产中，一般采用镗模加工孔系，其同轴度由镗模保证。单件、小批生产，其同轴度可用以下几种方法来保证。

（1）利用已加工孔作支承导向　当箱体前壁上的孔加工好后，在孔内装一导向套，支承和引导镗杆加工后壁上的孔，以保证两孔的同轴度要求。此法适于加工箱壁较近的孔。

（2）利用镗床后立柱上的导向套支承镗杆　这种方法其镗杆系两端支承，刚性好。但此法调整麻烦，镗杆要长，很笨重，故只适于大型箱体的加工。

（3）采用调头镗　当箱体箱壁相距较远时，可采用调头镗。工件在一次装夹下，镗好一端孔后，将镗床工作台回转 180°，调整工作台位置，使已加工孔与镗床主轴同轴，然后再加工孔。

3. 交叉孔系的加工

交叉孔系的主要技术要求是保证相互垂直度。在普通镗床上主要靠机床工作台上的 90°对准装置来保证。因为它是挡块装置，故结构简单，对准精度低（T68 的出厂精度为 0.04mm/900mm，相当于 8″）。目前国内有些镗床如 TM617，采用了端面齿定位装置，90°定位精度为 5″，有的则采用光学瞄准器。

5.2.5　主轴孔加工

由于主轴孔加工要求较高，宜放在其他孔精加工后再对它单独加工。稍稍放松对加工箱体的夹紧，使变形作为余量由精镗消除之，以提高主轴孔精度的稳定性。

主轴孔精细加工方法很多，以金刚镗、浮动镗刀镗孔用得较为普遍。

1. 浮动镗刀镗孔

浮动镗刀块安装在镗杆的长方形的孔中，并不固紧，能在长方孔中滑动，配合一般选 H7/f7 或 H7/g6。浮动镗刀块依靠主切削刃上两个较长的斜刃进行自动对中，它的两个对称切削刃间的尺寸按加工孔的尺寸调整。如图 5-11 所示，镗刀块有小的主偏角，较小的后角、负前角、修光刃。在切削过程中，既有切削的作用，又有挤压的作用。

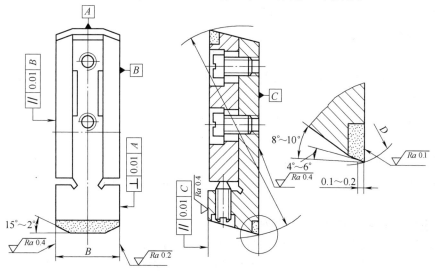

图 5-11　浮动镗刀块

浮动镗刀只有两个切削刃，结构简单，刃磨方便，刀具的排屑和冷却条件较好。但是浮动镗刀块不适合加工带有纵向槽的孔，同时也不适合加工大直径孔（直径大于 300mm 以上）。因孔径增大，刀块的尺寸也相应增大，当刀块转到垂直位置时，容易沿刀杆方槽下滑，降低孔的形状精度。

2. 金刚镗（或称高速细镗）

高速细镗一般在专用镗床上进行，采用金刚石作镗刀，所以称为金刚镗。现在加工铸铁、钢件已普遍用硬质合金代替金刚石。高速细镗是在高速（100～250m/min）、细进给（0.03～0.18mm/r）、小切深（0.05～0.18mm）下进行的，能获得较高的加工精度和表面质量，常作为非铁金属件精密孔的终加工，在加工铸铁或钢件上公差等级为 IT6 时，通常作为研磨或滚压前的准备工序。

5.2.6　箱体的检验

箱体检验包括以下几个方面。

1）各加工的表面粗糙度及外观检查。通常用表面粗糙度样块和目测的方法。

2）孔的尺寸精度检验。一般采用塞规或采用内径千分尺、内径千分表进行检验。

3）孔和平面的几何形状精度。圆度或圆柱度误差常用内径千分尺、内径千分表检查；平面度误差常用涂色法或用平尺和塞规检验。当精度要求较高时，可采用仪器检验。

4）孔系的相互位置精度。孔心距、孔轴心线间平行度误差、孔轴心线垂直度误差以及孔轴心线与端面垂直度误差的检验可利用检验棒、千分尺、百分表、直角尺以及平台等相互组合而进行测量；孔系同轴度可利用检验棒来测量，如果检验棒能自由推入同轴线的孔内，即表明误差在允许范围内。如需确定其偏差数值，则利用检验棒和百分表组合进行检验。

5.3　连杆加工

1. 连杆的结构及主要技术条件分析

连杆是较细长的变截面非圆形杆件，其杆身截面从大头到小头逐步变小，以适应在工作中承受的急剧变化的动载荷。

连杆是由连杆体和连杆盖两部分组成，连杆体与连杆盖用螺栓和螺母与曲轴主轴颈装配在一起。图 5-12 所示为某型号发动机的连杆合件。

为了减少磨损和磨损后便于修理，在连杆小头孔中压入青铜衬套，大头孔中装有薄壁金属轴瓦。

连杆材料一般采用45钢或40Cr、45Mn2 等优质钢或合金钢。近年来也有采用球墨铸铁的，其毛坯用模锻制造。可将连杆体和盖分开锻造，也可整体锻造，主要取决于锻造毛坯的设备能力。

汽车发动机的连杆主要技术条件如下。

1）小头衬套底孔尺寸公差等级为 IT7～IT9，表面粗糙度值 Ra 为 3.2μm，小头衬套孔的公差等级为 IT5，表面粗糙度值 Ra 为 0.4μm。为了保证与活塞销的精密装配间隙，小头衬套孔在加工后，以每组间隔为 0.0025mm 分组（见第7章分组互换法）。

2）大头孔镶有薄壁剖分轴瓦，底孔尺寸公差等级为 IT6，表面粗糙度值 Ra 为 0.8μm。

3）大小头孔轴线应位于同一平面，其平行度允差每 100mm 长度上不大于 0.06mm；大小头孔间距尺寸公差为 ±0.05mm；大小头孔对端面的垂直度允差，每 100mm 长度上不大于 0.1mm。

4）为保证发动机运转平稳，对于连杆的重量及装于同一台发动机中的一组连杆重量都

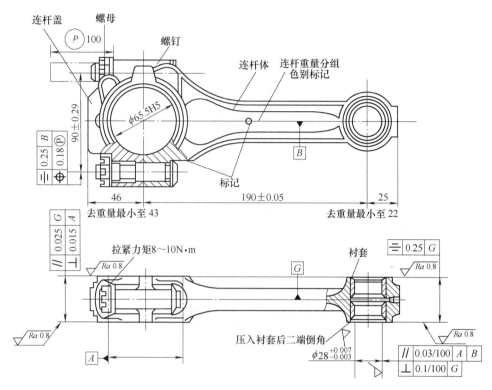

图 5-12　某发动机的连杆合件

有要求。对连杆大头重量和小头重量都分别规定、涂色分组，以供选择装配。

2. 连杆的机械加工工艺过程

连杆的尺寸精度、形状精度和位置精度的要求都很高，但刚度又较差，容易产生变形。

连杆的主要加工表面为大小头孔、两端面、连杆盖与连杆体的接合面和螺栓等。次要表面为油孔、锁口槽、作为工艺基准的工艺凸台等。还有称重去重、检验、清洗和去毛刺等工序。大批、大量生产的汽车连杆机械加工工艺过程见表 5-5。

表 5-5　汽车连杆机械加工工艺过程

序号	工序名称	工序尺寸及要求	工 序 简 图	设　备	工夹具
0	模锻	按连杆锻造工艺进行			
1	粗磨连杆大小头两端面	磨第一面至尺寸 $39.20_{-0.15}^{\ 0}$ $\sqrt{Ra\ 6.3}$ （标记朝上）磨第二面 至 $38.6_{-0.16}^{\ 0}$ $\sqrt{Ra\ 6.3}$	$38.6_{\ 0}^{-0.06}$	双轴立式平面磨床	

（续）

序号	工序名称	工序尺寸及要求	工 序 简 图	设 备	工夹具
2	钻通孔	$\phi 28.3^{+0.45}_{-0.05}$ （标记朝上）	自定心夹紧 $\phi 28.3^{+0.45}_{-0.05}$	立式六轴钻床	随机夹具
3	两端倒角	$\phi 31^{+0.5}_{0}$，$60°$		立式钻床	倒角夹具
4	拉小头孔	$\phi 29.49^{+0.033}_{0}$	小孔和一端面（标记朝上）定位	立式内拉床	
5	拉连杆小头定位面		$99^{0}_{-0.1}$ $247^{0}_{-0.3}$ C ⊒ 0.25 G 28 ± 0.1 $28^{+0.05}_{-0.15}$ $\sqrt{Ra\ 6.3}$ （$\sqrt{\ }$）	立式外拉床	
6	将整体锻件切开为连杆和连杆体		49 ± 0.3 191.5 ± 0.2	双面卧式 组合铣床	随机夹具
7	精拉连杆及连杆盖的二侧 定位面及其圆弧面		$98^{0}_{-0.08}$ $\phi 64.3^{0}_{0}$ $18.5^{+0.3}_{-0.1}$ $\sqrt{Ra\ 6.3}$ $98^{0}_{-0.08}$ $\phi 64.3^{0}_{0}$ $190.5^{+0.3}_{-0.1}$	卧式连续拉床	随机夹具
8		磨连杆及连杆盖对口面		双轴立式 平面磨床	

（续）

序号	工序名称	工序尺寸及要求	工 序 简 图	设　备	工夹具
9		从对口处钻连杆螺栓孔		双面卧式钻孔组合机床	随机夹具
10		钻连杆盖螺栓孔		双面卧式钻孔组合机床	随机夹具
11	铣连杆及盖嵌轴瓦的锁口槽			双面卧式钻孔组合机床	随机夹具
12	粗锪连杆螺栓窝座及盖的窝座	杆　φ25 盖　φ29		双面卧式锪孔组合机床	随机夹具
13	螺栓孔的两端倒角	杆　φ22×45°　盖　φ15×45° φ13.6×45°　　　φ13.2×45°		双面卧式倒角组合机床	随机夹具
14		精锪连杆螺栓窝座		双面卧式倒角组合机床	随机夹具
15	去毛刺	在连杆小头衬套的孔内 φ5 油孔处		去毛刺机	喷　枪
16	精加工螺栓孔	第一工位将连杆和连杆盖合放在夹具里定位并夹紧（标记朝上）成套地放在料车上		五工位组合机床	随机夹具

（续）

序号	工序名称	工序尺寸及要求	工 序 简 图	设 备	工夹具
16	扩连杆盖上螺栓孔	第二工位 ϕ12.5，深19			
	阶梯扩连杆盖或连杆的螺栓孔	第三工位 ϕ13，深19 ϕ11.4H10			
	镗连杆盖及连杆盖上的螺栓孔	第四工位 ϕ21H10			
	铰连杆及连杆盖的螺栓孔	第五工位 ϕ12.2H7			
17	装配连杆及连杆盖		用压缩空气吹净后装配	装配台	喷枪手锤
18	在大头孔的两端倒角		ϕ70.5×45° $\sqrt{Ra\ 6.3}$	双面倒角机	随机夹具
19	精磨大小头两端面		磨有标记的一面至尺寸 $38.20_{-0.08}^{0}$ 磨另一端大头至尺寸 $37.83_{-0.08}^{0}$ 大头至尺寸 $38.95_{-0.3}^{0}$	双轴立式平面磨床	磨用夹具
20	粗镗大头孔	ϕ65±0.05 中心距 189.925～190.075		金刚镗床	镗孔夹具
21	去配量				

（续）

序号	工序名称	工序尺寸及要求	工　序　简　图	设　　备	工夹具
22			精镗大头孔	金刚镗床	随机夹具
23			珩磨大头孔	立式珩磨机	随机夹具
24	清洗吹干		苏打水		喷　枪
25	中间检查				检验夹具
26	将铜套从两端压入小头孔内	铜套有倒角的一头向里		双面气动压床	随机夹具
27	挤压铜套	$\phi27.5 \sim \phi27.545$	$\phi27.5^{+0.015}_{0}$	压　床	
28			小头两端倒角　C1.5	立式钻床	
29	镗小头铜套孔	$\phi27.997 \sim \phi28.007$ 圆柱度为 $\phi0.025$，至中心距为 190 ± 0.05		金刚镗床	随机夹具
30	清洗吹干				
31	最后检验		按图样上的技术条件检验		
32	防锈处理				

3. 连杆机械加工工艺过程分析

（1）工艺过程的安排　连杆的加工顺序大致如下：粗磨上下端面—钻、拉小头孔—拉侧面—切开—拉半圆孔、接合面、螺栓孔—配对加工螺栓孔—装成合件—精加工合件—大小头孔光整加工—去重分组、检验。

连杆小头孔压入衬套后，常以金刚镗孔作为最后加工。大头孔常以珩磨或冷挤压作为底孔的最后加工。

（2）定位基准的选择　连杆加工中可供作定位基准的表面有：大头孔、小头孔、上下两平面、大小头孔两侧面等。这些表面在加工过程中不断地转换基准，由初到精逐步形成。例如表 5-5 中，工序 1 粗磨平面的基准是毛坯底平面、小头外圆和大头一侧；工序 2 仍采用平面为基准，但平面已为精基准；大头两侧面在大量生产时以两侧自定心定位，中小批生产为简化夹具可取一侧定位；镗大孔时的定位基准为一平面、小头孔和大头孔一侧面；而镗小头孔时可选一平面、大头孔和小头孔外圆等。

连杆加工粗基准选择，要保证其对称性和孔的壁厚均匀。可以以小头外圆定位，来保证孔与外圆的同轴度，使壁厚均匀。

（3）确定合理的夹紧方法　连杆相对刚性较差，要十分注意夹紧力的大小、方向及着力点的选择，不能夹紧在刚性较差的中部，以免变形。

（4）连杆两端面加工　如果毛坯精度高，可以不经粗铣而直接粗磨。精磨工序应安排在精加工大小头孔之前，以保证孔与端面的相互垂直度要求。

（5）连杆大小孔的加工　大小头孔加工既要保证孔本身的精度、表面粗糙度要求，还要保证相互位置和孔与端面垂直度要求。小头的孔径由钻孔、倒棱、拉孔三道工序而成。钻孔时用小头外圆定心夹具，以保证壁厚均匀。小头孔径倒棱后在立式拉床上拉孔，然后压入青铜衬套，再以衬套内孔定位，在金刚镗床上精镗内孔。工序 29 所示定位夹紧方式为镗孔前大孔以内涨心轴定位，小孔插入菱形假销并使端面紧贴支承面后将工件夹紧，抽出假销进行精镗小孔。大头孔径粗镗后切开，这时连杆体与盖的圆弧均不成半圆，故在工序 7 精拉连杆和连杆盖的侧面及接口面时，同时拉出圆弧面。此后，大头孔的粗镗、精镗、珩磨或冷挤压工序都是在合装后进行。

（6）螺栓孔的加工　对于整体锻造的连杆，螺栓孔的加工是在切开后，接合面经精加工后进行的。这样易于保证螺栓孔与接合面的垂直度。因其精度要求较高，一般需经钻—扩—锪—铰等工序。在工序安排上分二个阶段，第一阶段是在杆、盖分开状况下的加工（工序 9～15）；第二阶段是在杆、盖合装后的加工（工序 16）。

5.4　圆柱齿轮加工

齿轮传动在机器中应用相当广泛，齿轮的功用是按规定的速比传递运动和动力。

齿轮结构由于使用要求不同而具有不同的形式，但基本上是由齿圈和轮体两部分构成。按照轮体的结构形式不同，有盘形齿轮、套筒齿轮、轴齿轮和齿条等，其中使用最多的是盘形齿轮。盘形齿轮的特点是内孔多为精度较高的圆柱孔或花键孔，轮缘有一个或几个齿圈，也即是单联齿轮和多联齿轮。

5.4.1　齿轮的技术要求

根据齿轮的使用条件，对各种齿轮提出了不同的精度要求。对齿轮的一般要求是：传递运动准确、工作平衡、齿面接触良好、齿侧间隙适当。为此，齿轮制造应符合一定的精度标准。渐开线圆柱齿轮国家标准对齿轮和齿轮副规定了 12 个精度，1 级精度最高，12 级精度最低。按误差特性和传动性能的主要影响，将齿轮的各项公差分为三组，第 Ⅰ 组主要控制齿轮在一转内回转角误差，它主要影响传递运动的准确性；第 Ⅱ 组主要控制齿轮在一个周节角范围内的转角误差，它主要影响传动的平稳性；第 Ⅲ 组主要控制齿轮齿向线的接触状况，从而使齿面所受载荷分布均匀。影响这三组精度的因素很多，有些因素又是互相转换的。齿轮制造时，除应注意轮齿的各项精度要求外，还应十分重视切齿前的齿坯加工精度要求。因为齿坯内孔、轴颈、端面等常常是齿轮加工、安装、检验的基准。

5.4.2　齿轮的材料、热处理和毛坯

1. 齿轮的材料

齿轮应按照使用时的工作条件选用合适的材料。齿轮材料的合适与否对齿轮的加工性能和使用寿命都有直接的影响。

一般来说，对于低速、重载的传力齿轮，齿面受压产生塑性变形和磨损，且轮齿容易折断，应选用机械强度、硬度等综合力学性能较好的材料，如 18CrMnTi；线速度高的传力齿轮，齿面容易产生疲劳点蚀，所以齿面应有较高的硬度，可用 38CrMoAlA 渗氮钢；承受冲击载荷的传力齿轮，应选用韧性好的材料，如低碳合金钢 18CrMoTi；非传力齿轮可以选用非淬火钢、铸铁、夹布胶木、尼龙等非金属材料。一般用途的齿轮均用 45 钢等中碳结构钢和低中碳合金结构钢如 20Cr、40Cr、20CrMnTi 等制成。

2. 齿轮的热处理

齿轮加工中根据不同的目的，安排两类热处理工序。

（1）毛坯热处理　在齿坯加工前后安排预备热处理——正火或调质。其主要目的是消除锻造及粗加工所引起的残余应力，改善材料的可加工性能和提高综合力学性能。

（2）齿面热处理　齿形加工完毕后，为提高齿面的硬度和耐磨性，常进行渗碳淬火、高频淬火、碳氮共渗和渗氮处理等热处理工序。

3. 齿轮毛坯

齿轮毛坯的材料主要有棒料、锻件和铸件。棒料用于小尺寸、结构简单且对强度要求不太高的齿轮。当齿轮强度要求高，并要求耐磨损、耐冲击时，多用锻件毛坯，这是钢质齿轮广泛采用的毛坯制造方法。当齿轮的直径大于 $\phi 400 \sim \phi 600\text{mm}$ 时，常用铸造方法铸造齿坯。为了减少机械加工量，对大尺寸、低精度的齿轮，可以直接铸出轮齿；对于小尺寸，形状复杂的齿轮，可以采用精密铸造、压力铸造、精密锻造、粉末冶金、热轧和冷挤等新工艺制造出具有轮齿的齿坯，以提高劳动生产率，节约原材料。

5.4.3　齿坯的机械加工

齿形加工前的齿轮加工统称为齿坯加工。齿坯加工为齿形加工准备基准。

对于轴齿轮和套筒齿轮的齿坯，不论其生产批量大小，均应以中心孔作为齿坯加工、齿形加工和检验的基准。齿坯加工方法和一般轴、套类零件基本相同。

对于盘齿类零件，要保证孔、端面、轮齿内外圆表面的几何精度，这对保证齿形加工精度具有重大影响。图 5-13 所示为在六角车床上加工齿坯的示意图。在一次安装下加工出孔

与端面，然后再在另一台机床（见图5-14）上利用已加工过的孔和端面，用内涨心轴定位夹紧工件进行多刀切削或单刀切削。这样就容易保证齿坯各表面的几保精度。

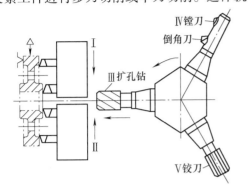

图5-13　在六角车床加工齿坯

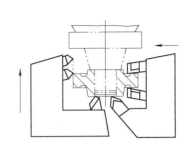

图5-14　多刀切削齿坯

直径较小的齿轮用棒料车成的齿坯，应充分利用一次安装下切出全部齿形加工用的基准面的有利条件。总之，为保证齿轮精度，应尽可能在一次安装下切出全部齿形加工用的基面，当难以实现时，则应采取可靠工艺措施（见图5-13、图5-14）保证基准精度。

5.4.4　齿形的加工方法

一个齿轮的加工过程是由若干工序组成的，为了获得符合精度要求的齿轮，整个加工过程都是围绕齿形加工工序服务的。齿形加工方法很多，按加工中有无切屑，可分为有切屑加工和无切屑加工。

无切屑加工包括热轧齿轮、冷轧齿轮、精锻、粉末冶金等新工艺。无切屑加工具有生产率高、材料消耗少、成本低等一系列优点，目前已推广使用。但因其加工精度低，工艺不稳定，特别是生产批量小时难以采用，有待进一步研究。

齿形的有切屑加工，目前仍是齿面的主要加工方法。按其加工原理可分为仿形法和展成法两种。常见的齿形加工方法见表5-6。

表5-6　常见的齿形加工方法

齿形加工方法		刀　具	机　床	加工精度及适用范围
仿形法	成形铣齿	模数铣刀	铣　床	加工精度及生产率均较低，一般精度为9级以下
	拉　齿	齿轮拉刀	拉　床	精度和生产率均较高，但拉刀多为专用，制造困难，价格高，故只在大量生产时用之，宜于拉内齿轮
展成法	滚　齿	齿轮滚刀	滚齿机	通常加工6~10级精度齿轮、最高能达4级，生产率较高，通用性大，常用于加工直齿、斜齿的外啮合圆柱齿轮和蜗轮
	插　齿	插齿刀	插齿机	通常能加工7~9级精度齿轮，最高达6级，生产率较高，通用性大，适于加工内外啮合齿轮（包括阶梯齿轮）、扇形齿轮、齿条等
	剃　齿	剃齿刀	剃齿机	能加工5~7级精度齿轮，生产率高，主要用于齿轮滚齿预加工后、淬火前的精加工
	冷挤齿轮	挤　轮	挤齿机	能加工6~8级精度齿轮，生产率比剃齿高，成本低，多用于齿形淬硬前的精加工，以代替剃齿，属于无切屑加工

（续）

齿形加工方法		刀　具	机　床	加工精度及适用范围
展成法	珩　齿	珩磨轮	珩齿机或剃齿机	能加工 6 ~ 7 级精度齿轮，多用于经过剃齿和高频淬火后，齿形的精加工
	磨　齿	砂　轮	磨齿机	能加工 3 ~ 7 级精度齿轮，生产率较低，加工成本较高，多用于齿形淬硬后的精密加工

1. 滚齿　滚齿可直接加工 8 ~ 9 级精度齿轮，也可用作 7 级精度以上齿轮的粗加工及半精加工。滚齿可以获得较高的运动精度，但因滚齿时齿面是由滚刀的刀齿包络而成，参加切削的刀齿数有限，因而齿面的表面粗糙度值较大。为提高滚齿的加工精度和齿面质量，宜将粗、精滚齿分开。

在滚齿机上用齿轮滚刀加工齿轮的原理，相当于一对交错轴斜齿轮副的啮合原理。滚刀实质上可以看成是一个齿数很少（单头滚刀等于 1）的斜齿轮。因为它的齿数少，螺旋角又很大，而且轮齿很长，可以绕轴线很多圈，所以形成蜗杆状。为了形成切削刃和前后角，又在这个蜗杆上开槽和铲齿，就形成了滚刀。

滚刀和被加工齿轮必须强制性地保持一对交错轴斜齿轮副相啮合的运动关系，如图 5-15 所示，即

$$\frac{n_{刀}}{n_{工}} = \frac{z_{工}}{K}$$

式中　$n_{刀}$——滚刀每分钟转数；

　　　　$n_{工}$——工件每分钟转数；

　　　　$z_{工}$——工件的齿数；

　　　　K——滚刀的头数。

图 5-15 所示为滚切直齿轮的情况，其运动有：主运动（切削运动），即滚刀的旋转运动；分齿运动，即工件和滚刀间相啮合的运动关系，$n_{刀}/n_{工} = z_{工}/K$；垂直进给运动，即滚刀沿着工件轴线自上而下的垂直运动，这是保证切出整个齿宽所必须的运动。

当滚切斜齿轮时，除上述三种运动外，齿坯还需附加一个转动，以便形成沿齿宽方向的螺旋线形状，如图 5-16 所示。当滚刀由 A 点走至 A_1 点时，只能切出直齿，如工件多转一段距离 $\overset{\frown}{BA_1}$，切出的就是斜齿。

图 5-15　滚齿运动

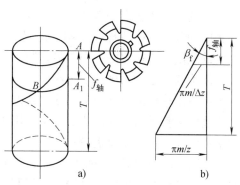

图 5-16　滚斜齿原理图

附加多转或少转值可按照斜齿轮螺旋角 β_f 与导程 T 的关系 $\tan\beta_f = \dfrac{\pi m_f z}{T}$ 算出，如图 5-16b 所示。然后由机床的差动机构将附加转动和分齿运动合成后进行滚切。

2. 插齿

（1）插齿原理及所需运动。插齿和滚齿相同是利用展成法原理来加工的。插齿刀和工件相当于一对轴线相互平行的圆柱齿轮相啮合，而插齿刀就像一个磨有前后角而形成切削刃的齿轮，如图 5-17 所示。

插齿加工时插齿刀和工件之间的运动如下。

1）切削运动。插齿刀上、下往复运动实现切削运动。

2）分齿运动。插齿刀和工件之间需保持一对圆柱齿轮的啮合关系，由插齿机的传动链提供强制性啮合运动，并满足 $i = \dfrac{n_刀}{n_工} = \dfrac{z_工}{z_刀}$ 的关系。式中，$n_刀$、$n_工$——插齿刀与工件的转速；$z_刀$、$z_工$——插齿刀与工件的齿数。

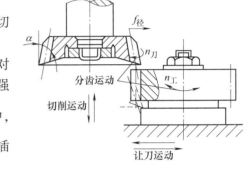

图 5-17　插齿过程

3）径向进给运动。插齿时靠插齿机凸轮等机构实现径向进给。当切至全齿深时，径向进给自动停止，然后在无进给下切出整圈轮齿。

4）圆周进给运动。插齿刀每一往复行程在分度圆上所转过的弧长，称圆周进给量。因此，插齿啮合过程也是圆周进给过程。

5）让刀运动。如图 5-17 所示，插齿刀向下进行切削，向上是空行程。为了避免擦伤齿面和减少刀具磨损，空行程时，工作台需作让刀运动，使刀具离开工件。向下切削时，工作台恢复原位。

（2）滚齿和插齿工艺特点的比较　滚、插齿均为齿轮加工中应用最广的方法，但因结构等因素的影响，有的只能滚切（如蜗轮），有的只能插制（如间距很小的多联齿轮）。

机器中的绝大多数圆柱齿轮是既可以滚，也可以插的。但在加工斜齿轮时，滚齿比插齿方便；而在加工内齿、齿条和扇形齿轮时，插齿比滚齿有利。对于插滚均可的齿轮则应从加工精度和生产率两方面考虑选择。

1）加工精度。滚齿的运动精度较高，插齿的齿形精度较高，齿面表面粗糙度值较小。

滚齿的齿距累积误差较小，这是因为工件的每个齿槽都是由滚刀上的 2～3 圈刀齿切削出来的，而滚刀的齿距误差甚小。插齿机的传动链比滚齿机的长，多了一部分传动链误差，更主要的是因为插齿刀的一个刀齿切削一个齿槽，因此插齿刀的齿距累积误差将反映到工件上去。故滚齿的运动精度比插齿高。

插齿时形成齿形包络线的切线数由圆周进给量的大小决定，可以选择。而滚齿时形成齿形包络线的数量是由于滚刀头数和滚刀圆周上的齿数决定的。故插齿所得齿面的表面粗糙度值比滚齿时小，齿形误差也较小。

2）生产率。一般滚齿的生产率较插齿为高，这是因为滚齿无空程损失，而插齿刀需作往复运动，使切削速度的提高受到了限制。只有在加工小模数、多齿数和齿宽小的齿轮时插齿才有利。

3. 剃齿

（1）剃齿的原理与特点　用圆盘剃齿刀剃齿的过程，是剃齿刀与被剃齿轮以交错轴斜齿轮副双面紧密啮合的自由对滚切削过程。剃齿刀实质上就是一个高精度的斜齿轮，只是为了形成切削刃，在齿面上沿渐开线方向开有许多小槽而已（见图5-18a）。

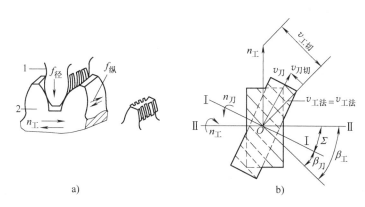

图 5-18　递齿原理

a）剃齿刀　b）剃削速度

图 5-18b 所示为一把左旋剃齿刀和右旋齿轮相啮合的情况。在啮合点 O，剃齿刀旋转的圆周速度是 $v_刀$，工件绕自己的轴线转动，圆周速度为 $v_工$。$v_刀$ 和 $v_工$ 都可以分解成为齿的法向分量（$v_{刀法}$ 和 $v_{工法}$）和切向分量（$v_{刀切}$ 和 $v_{工切}$）。由于啮合点的两个法向分量必须相等，即 $v_{工法} = v_{刀法}$ 亦即 $v_工 \cos\beta_工 = v_刀 \cos\beta_刀$。这时两个切向分量将不会相等，因而产生了相对滑动。因为剃齿刀的齿面上有许多小槽，这些小槽与齿侧面的交线就是切削刃，所以当齿轮齿面沿它相对滑动时，就产生切削作用，切下很细的切屑。

剃齿时剃齿刀和齿轮是无侧隙啮合，剃齿刀的两侧均能进行切削。但是，当向一个方向旋转时，剃齿刀两侧的切削条纹方向不一样，会造成轮齿两侧切除金属不等。因此，剃削时应交替地进行正反转动。实际上的普通剃齿法应具有以下几种运动：

1）剃齿刀的高速正、反旋转运动。

2）工件沿轴向的往复运动（用以剃出全齿宽）。

3）工件每往复一次后的径向进给运动。

（2）剃齿加工质量

1）保证剃齿质量的几个主要问题。

①剃齿前齿轮的材料。要求材质均匀，硬度一致，否则会使剃齿刀在齿面上局部地方滑刀，切不下切屑，而在另一些地方啃入齿面内，影响齿形及齿面的表面粗糙度。齿轮的最佳硬度范围为 22～32HRC，这时剃齿刀的校正误差的能力最大。

②剃齿前齿轮的精度要求。剃齿一般能够提高一级精度，如果要求齿轮精度为 7 级，剃齿前应有 8 级精度。由于剃齿不能减小公法线长度变动量，剃齿前应保证其在允许范围内，并严格控制影响公法线长度变动量的有关误差因素。

剃前齿坯端面要符合要求，否则剃后要形成齿形误差和齿向误差。

③剃齿余量。剃齿余量大小，对加工质量和生产率均有较大的影响。余量不足时，剃齿

前误差和齿面缺陷不能全部除去，出现剃不光现象。余量过大时，剃齿效率低，刀具磨损快，剃齿质量反而变坏。根据齿轮模数的大小，剃齿余量一般取 0.07 ~ 0.11mm，模数大时取大值。

④剃齿刀的选用。通用剃齿刀的制造精度分 A、B、C 三级，可分别加工 6 级、7 级和 8 级齿轮。剃齿刀的螺旋角有 5°、10° 和 15° 三种。15° 的多用于加工直齿圆柱齿轮，5° 的多用于加工斜齿轮和多联齿轮斜齿轮。在剃齿轮时轴交角不宜超过 10° ~ 20°，否则剃齿效果不好。剃齿刀安装后，应认真检查其径向圆跳动和端面圆跳动。轴交角通过试切调整。

2）剃齿对剃齿前误差的修正作用。剃齿后的齿面表面粗糙度降低较多，工作平稳性精度和齿向精度有较大提高，因此对降低噪声和振动比较显著，但对传动精度提高不多。

（3）剃齿生产率　剃削中等尺寸的齿轮一般约为 2 ~ 4min 一只。由于剃齿效率很高，剃齿工艺在大批、大量生产中被广泛采用。

4. 珩齿

珩齿原理及特点：珩齿用于齿面淬硬后的精加工，其运动关系与剃齿相同。珩齿时珩轮与工件呈交错轴斜齿轮副似地自由啮合，借齿面间的压力和相对滑动磨粒进行切削。

1）珩轮的齿面上均匀地密布着磨粒，磨粒用环氧树脂结合。珩齿速度远比一般磨削为低（通常为 1 ~ 3m/s），因此珩齿切削过程本质上是低速磨削、研磨和抛光的综合过程。

2）珩齿过程中磨粒具有沿齿向和沿渐开线切线方向的双重滑动。因此在密布的磨粒连续磨削、挤压下能够获得纹路很细的光洁表面，而且不会产生烧伤、裂纹和冷硬现象。

3）珩轮弹性大，不能强行切下误差部分的金属，所以珩齿修正误差的能力一般不强。同时珩轮本身的误差也不会全部反映给工件。因此，珩轮的精度要求不高，浇注成型后即可直接使用。

5. 冷挤齿轮

冷挤齿轮是一种齿轮无切屑光整加工新工艺。

（1）冷挤原理与特点　冷挤齿轮的工作原理如图 5-19 所示。将留有挤齿余量的齿轮置于两个高精度淬硬挤轮之间，挤轮和工件在一定压力下作无间隙对滚，挤轮作连续径向进给，齿廓表面层的金属产生塑性变形。挤齿就是通过表层变形来修正挤前齿轮的误差。由于挤轮宽度大于齿轮宽度，挤齿时不必要轴向进给。

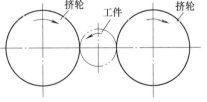

图 5-19　冷挤齿轮原理

挤齿和剃齿一样，适用于淬火前的齿形精加工。挤齿与剃齿比较有以下特点：

1）生产率高于剃齿。

2）质量稳定。挤齿机结构简单、刚性好，挤齿运动比剃齿简单，挤轮寿命又长，因而挤出的齿轮质量比较稳定，挤齿可达 7-6-6 级精度，甚至更高。

3）表面粗糙度值小。挤齿时余量被烫压平整的同时，有些表面划伤或缺陷也容易被填平，从而使表面粗糙度值减小，可达 $Ra0.4 ~ 0.1\mu m$。

4）挤前齿轮表面要求比剃齿低，因而可增大滚、插齿等挤前工序的进给量。

5）挤齿机床及挤轮的制造成本低。

6）挤齿时齿轮与挤轮轴线平行，因而挤多联齿轮不受限制。但对模数相同，螺旋角不等的斜齿轮，需要为螺旋角不同的齿轮配备相应的挤轮，这点不如剃齿方便。

（2）挤齿中的几个问题

1）挤齿前余量大小及分布形式。挤齿对余量有一定要求。冷挤余量主要用于填补表面凹缺部分，改变金属在齿面的分布情况，还有小部分向四周流出，形成飞边。挤量太小，达不到冷挤效果；挤量太大，造成金属积压，破坏挤齿精度。挤量大小主要取决于预加工齿轮的材料和齿面状态，对于正火处理的 45 钢和 40Cr 齿轮，挤齿前滚齿齿轮，在公法线长度上的挤量为 0.05 ~ 0.10mm；挤齿前的插齿齿轮，则由于表面质量较好，挤量可小些，约为 0.03 ~ 0.06mm。

挤齿对余量分布形式没有剃齿要求苛刻，在整个齿高上的余量可以均匀分布，这样，不但便于制造，而且齿根强度不会削弱。

2）挤齿对误差的校正能力。挤齿对齿圈经向圆跳动有较好的校正能力。但是它的部分误差将转化到公法线长度变动上去，所以，挤齿对齿轮运动精度提高能力很小。挤齿由于可得到较小的表面粗糙度值，因而对提高平稳性精度有利。

6. 磨齿

（1）磨齿原理和方法　齿轮经过淬火后，如变形较大（如经过渗碳淬火的齿轮）或精度要求在 7 级以上时，可采用磨齿工艺。经过磨齿的齿轮精度可达 4 ~ 7 级，齿面表面粗糙度值 Ra 为 0.8 ~ 0.4μm。

磨齿的方法很多，按照磨齿的原理可分为成形法与展成法两类，生产中多采用展成法磨齿。常见的三种磨齿方法如下。

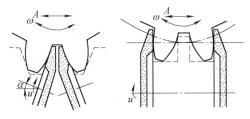

图 5-20　双片碟形砂轮磨齿

1）双片碟形砂轮磨齿（见图 5-20）。两片碟形砂轮倾斜安装后即构成假想齿条的两个齿侧面。磨齿时砂轮只在原位旋转，展成运动由工件在水平面内作往复移动及相应的转动实现，同时工件还沿轴线方向作慢速进给移动。一个齿槽的两个齿侧面磨完后，工件即快速退离砂轮，然后进行分度，以便对另一个齿槽两侧齿面磨削。这种磨齿方法用来加工直齿或斜齿圆柱齿轮。加工精度可达 4 ~ 9 级，是磨齿中精度较高的一种。但每次进给磨去的余量很小，生产率很低，适用于磨高精度的圆柱齿轮。

2）双锥面砂轮磨齿（见图 5-21）。砂轮截面呈锥形（相当于假想齿条的一个轮齿），磨齿时，砂轮一面旋转一面沿齿向快速往复移动。展成运动由工件的旋转和相应的移动来实现。在工件的一个往复过程中，先后磨出齿槽的两个侧面，然后工件与砂轮快速离开，分度后再磨下一个齿槽。图 5-21a、b 为砂轮内、外锥面磨齿法，适用于单件小批生产。图 5-21c 为内外锥面同时磨齿法，生产率较高，但磨齿精度低。

3）蜗杆砂轮磨齿（见图 5-22）。砂轮做成蜗杆形状。这种磨齿的原理与滚齿相似，蜗杆砂轮相当于滚刀，生产率高，精度可达 5 ~ 7 级。

磨齿的生产效率与留磨余量大小关系很大。一般磨齿余量，对中等模数齿轮，在齿轮公法线长度上为 0.15 ~ 0.3mm。磨齿余量的大小取决于磨齿前的齿轮精度，特别对径向跳动量要加以控制，可能的情况下，尽量取余量的偏小值。

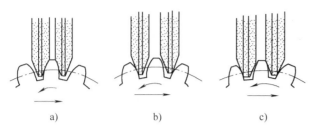

图 5-21　用两个锥形砂轮磨齿

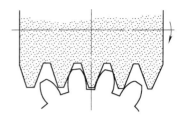

图 5-22　蜗杆砂轮磨齿

（2）磨齿中的几个问题

1）磨削余量。磨削余量与工件材料、热处理方法、工件尺寸、磨齿用的定位基准等有关。对于 45 钢、40Cr 钢高频淬火的齿轮，变形小，余量可留小些，对于渗碳淬火的低碳铬钢或铬锰钛钢工件，由于淬火变形大，余量应留大些。斜齿轮的磨齿余量应比直齿轮大些。

2）砂轮和磨削用量的选择。砂轮和磨削用量如果选择不当，不仅影响齿面的表面粗糙度，而且还可能产生烧伤、裂纹等缺陷。其选择原则与一般磨削相同。

磨削普通结构钢齿轮可选用普通氧化铝砂轮，磨削淬火钢和合金钢齿轮则选用白色氧化铝砂轮，粒度一般为过 60 号筛，硬度为中软（ZR）。

磨齿通常分粗磨、精磨两阶段进行。精磨余量一般为 0.04 ~ 0.06mm，进给次数由要求的加工精度而定。对于 6 级以上的齿轮，最后宜无进给光磨一次，以减小齿面的表面粗糙度值。

5.4.5　圆柱齿轮加工工艺过程

表 5-7 为批量生产卧式车床床头箱齿轮（见图 5-23）的加工工艺过程。

从表 5-7 可以看出，加工一个齿轮大致要经过毛坯热处理、齿坯加工、齿形加工、齿端加工、热处理、精基准修正以及齿形精加工等。概括起来为齿坯加工、齿形加工、热处理和齿形精加工四个主要步骤。

齿坯加工阶段主要为加工齿形准备基准并完成齿形以外的次要表面加工。

齿形加工是保证齿轮加工精度的关键阶段，其加工方法的选择，对齿轮的加工顺序并无影响，主要决定于加工精度要求。

对 8 级精度以下的齿轮，经滚齿或插齿即可。采用滚（或插）—热处理—校正内孔的加工方案。淬火前应将精度提高一级，或在淬火后进行珩齿。

7 级精度（或 8-7-7）不需淬火齿轮可用滚齿—剃齿（或冷挤）方案。

表 5-7　卧式车床床头箱齿轮加工工艺过程

工序号	工　序　内　容	定位基准
1	锻：锻坯	
2	粗车：粗车内外圆，B 面尽料放长	B 面和外圆
3	热处理：正火	
4	精车：夹 B 端，车 $\phi246_{-0.3}^{\;\;0}$、$\phi186_{-0.3}^{\;\;0}$ 及 $\phi165$ 至尺寸 车 $\phi140$ 孔为 $\phi138_{0}^{+0.04}$ 合塞规，光平面、倒角、不切槽 调头，光面留磨量，倒角 C1.5	B 面和外圆 A 面和外圆

（续）

工序号	工　序　内　容	定位基准
5	平磨：平磨 B 面 85 ± 0.15	A 面
6	划线：划 $3 \times \phi 8$ 油孔位置线	
7	钻：钻 $3 \times \phi 8$ 油孔，孔口倒角至图样要求	B 面和内孔
8	钳：内孔去毛刺	
9	滚齿：滚齿 $z = 80$，$L = 78.841^{-0.16}_{-0.21}$（即留磨量 0.2），$n = 9$	B 面和内孔
10	插齿：插齿 $z = 60$，$L = 60.088^{+0.09}_{0}$，$n = 7$	B 面和内孔
11	齿倒角：齿倒圆角，去齿部毛刺	B 面和内孔
12	剃齿：剃齿 $z = 60$，$L = 60.088^{-0.09}_{-0.21}$，$n = 7$	B 面和分圆
13	热处理：齿部高频淬火，$50 \sim 55 HRC$	
14	精车：精车 $\phi 140^{+0.014}_{-0.010}$ 合塞规，车槽至要求	B 面和内孔
15	珩齿：珩齿 $z = 60$，$L = 60.088^{-0.15}_{-0.205}$，$n = 7$	B 面和内孔
16	磨齿：磨齿 $z = 80$，$L = 78.841^{-0.16}_{-0.21}$，$n = 9$	B 面和内孔
17	检验	
18	入库	

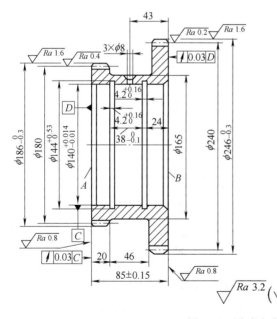

齿数	60	80
模数	3	3
压力角	$20°$	$20°$
精度等级	7-FL	6-5-5-FL
公法线平均长度及偏差	$60.088^{-0.15}_{-0.205}$	$78.641^{-0.16}_{-0.21}$
跨测齿数	7	9

技术要求

1. 未注明倒角均为 C1。

2. 材料：40Cr。

3. 热处理：齿部高频淬火 $50 \sim 55 HRC$。

图 5-23　卧式车床主轴箱齿轮

对于 7 级（或 7-6-6）淬硬齿轮，当批量较小时，可用滚（插）齿—淬火—磨齿方案；批量大时，可用滚齿—剃齿（或冷挤）—淬火—珩齿方案。

5 ~ 6 级淬硬齿轮，可参考下述方案：

粗滚齿—精滚（或精插）齿—淬火—磨齿。

图 5-23 中的齿轮精度要求较高，其中 $z = 60$ 的齿轮（7 级精度）采用插齿—剃齿—高频

淬火—珩齿方案；而对 $z=80$ 的齿轮（6 级精度）则采用滚齿—高频淬火—磨齿的方案。

　　齿轮加工应重视齿端加工和基准孔修整工作。齿端经倒圆、倒尖、倒棱后（见图 5-24）沿轴向移动容易进入啮合。齿轮淬火后，基准孔常发生变形，影响加工质量，因此，必须加以修整。其方法一般采用推孔和磨孔。磨孔时常采用齿轮的分度圆定心。如图 5-25 所示，用三个或六个滚子自动定心夹具装卡在内圆磨床的卡盘里，进行磨孔。磨孔效率低，推孔能满足要求时，尽量不采用磨孔。对齿圈高频淬火的齿轮，因其内孔硬度不高，也可采用精车对其进行修整。

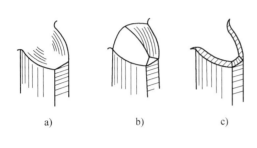

图 5-24　齿端加工形式

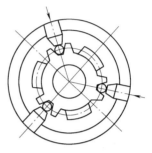

图 5-25　分度圆定心示意图

习　　题

　　5-1　主轴的结构特点和技术要求有哪些？为什么要对其进行分析？它对制订工艺规程起什么作用？

　　5-2　主轴毛坯常用的材料有哪几种？对于不同的毛坯材料在各个加工阶段中所安排的热处理工序有什么不同？它们在改善材料性能方面起什么作用？

　　5-3　主轴加工中，常以顶尖孔作为定位基准，试分析其特点。在加工过程中，穿插安排多次重打或修研顶尖孔工作，并且从半精加工到精加工以至最终加工，对顶尖孔的精度要求越来越高，其原因是什么？

　　5-4　试分析主轴加工工艺过程中，如何体现"基准统一"、"基准重合"、"互为基准"、"自为基准"的原则？

　　5-5　拟订 CA6140 车床主轴主要表面的加工顺序时，可以列出若干方案。试分析比较下述各方案特点，并指出最佳方案。

　　（1）钻通孔—外表面粗加工—锥孔粗加工—外表面精加工—锥孔精加工。

　　（2）外表面粗加工—钻深孔—外表面精加工—锥孔粗加工—锥孔精加工。

　　（3）外表面粗加工—钻深孔—锥孔粗加工—锥孔精加工—外表面精加工。

　　（4）外表面粗加工—钻深孔—锥孔粗加工—外表面精加工—锥孔精加工。

　　5-6　编写图 5-26 所示轴件的机械加工工艺过程，生产类型属单件生产，材料为 20Cr 钢。如属大量生产，工艺过程又怎样。

　　5-7　箱体的结构特点和主要的技术要求有哪些？

　　5-8　试说明不同生产批量时，主轴箱体加工的粗、精基准如何选择。各有何特点？

　　5-9　何谓孔系？孔系加工方法有哪几种？试举例说明各种加工方法的特点和适用范围。

　　5-10　浮动镗刀有何结构特点？用其加工箱体孔有什么好处？能否改善孔的相互位置精

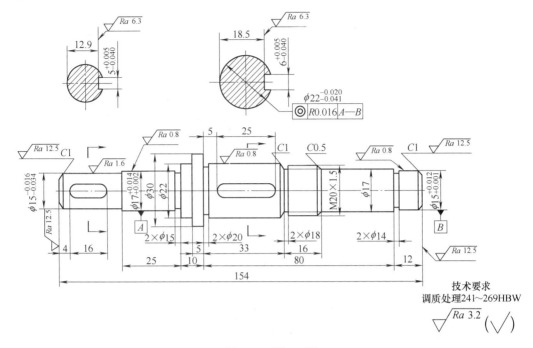

图 5-26　题 5-6 图

度？

5-11　连杆零件的结构有何特点？有哪些主要技术要求？

5-12　连杆大、小头孔的精度，在加工中应采取哪些工艺措施加以保证？

5-13　圆柱齿轮规定了哪些技术要求和精度指标？它们对传动质量和加工工艺有些什么影响？

5-14　齿形加工的精基准选择有几种方案？各有什么特点？齿轮淬火前精基准的加工和淬火后精基准的修整通常采用什么方法？

5-15　试比较滚齿与插齿、磨齿和珩齿的加工原理、工艺特点及适用场合。

5-16　为滚切高精度齿轮，若其他条件相同，应选取下列情况的哪一种？为什么？

（1）单头滚刀或多头滚刀。

（2）大直径滚刀或小直径滚刀。

（3）标准长度滚刀或加长滚刀。

（4）顺滚或逆滚。

5-17　滚切一螺旋角为15°的左旋高精度斜齿轮，应选取何种旋向的滚刀？为什么？此时滚刀的轴线与齿坯轴线的交角如何确定？

5-18　简述剃齿的加工原理和使用场合。为什么剃齿加工能提高齿轮的工作平稳性精度却不能提高传递运动的准确性精度？

5-19　珩齿加工的齿形表面质量高于剃齿，而修正误差的能力低于剃齿是什么原因？

5-20　剃齿前的切齿工序是滚齿合适还是插齿合适？若齿轮的公法线长度变动量（ΔF_{W}）需严格控制，插齿后的精加工应选择哪种齿形加工方法？为什么？

5-21　齿轮的典型加工工艺过程由哪几个加工阶段所组成？其中毛坯热处理和齿面热处

理各起什么作用？应安排在工艺过程的哪一阶段？

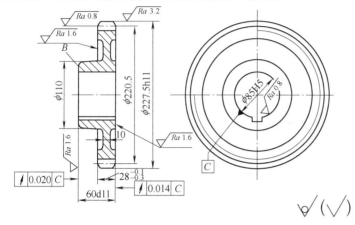

模数	3.5
齿数	63
压力角	20
精度等级	6–5–5–FL
基节极限偏差	±0.0065
周节积累公差	0.045
公法线平均长度	$80.58^{-0.14}_{-0.22}$
跨齿数	8
齿向公差	0.007
齿形公差	0.007

材料　40Cr

齿部　52HRC

图 5-27　题 5-22 图高精度直齿轮

5-22　图 5-27 所示为一高精度直齿轮，已知 $m = 3.5\text{mm}$，$z = 63$，$\alpha = 20°$，精度要求为 6-5-5，齿轮材料为 45 钢，齿面硬度 45 ~ 48HRC。

（1）6-5-5 的含义是什么？

（2）制订合理的工艺过程。

（3）画出主要工序的工序简图。

（4）选择主要工序的机床、夹具和刀具。

第 6 章　现代制造技术简介

　　人类社会在跨入 20 世纪后，随着物质需求不断提高和科学技术的不断进步，全球市场逐渐形成，世界范围的竞争日益加剧，社会对其支撑行业——制造业及其技术体系提出了更高的要求，要求制造业具有更加快速和灵活的市场响应、更高的产品质量、更低的成本和能源消耗以及良好的环保特性。这一需求促使传统制造业在 20 世纪开始了又一次新的革命性的变化和进步，传统制造开始向现代制造发展。资源配置向信息密集型和知识密集型发展，生产方式向柔性自动化和智能自动化发展，在制造技术上和工艺方法上，发展精密和超精加工以及激光技术等加工技术，不断吸收微电子、计算机和自动化等高新技术成果，形成和发展了数控技术、计算机辅助设计、计算机辅助制造、计算机辅助工艺规程设计、柔性制造系统、计算机集成制造系统等先进制造技术。

6.1　精密加工和超精密加工

　　精密加工是指在精加工之后从零件上切除很薄的材料层，以提高零件精度和减小表面粗糙度值为目的的加工方法。精密加工和超精密加工代表了加工精度发展的不同阶段。精密加工是指在一定的发展时期，加工精度和表面质量达到较高程度的加工工艺。超精密加工是指加工精度和表面质量达到最高程度的精密加工工艺。当前，精密加工是指加工精度为 1 ~ 0.1μm、表面粗糙度值为 $Ra0.1 ~ 0.01μm$ 的加工技术；超精密加工是指加工精度高于 0.1μm，表面粗糙度值小于 $Ra0.025μm$ 的加工技术，又称亚微米级加工。目前超精密加工已进入纳米级，并称为纳米加工及相应的纳米技术。

6.1.1　精密加工

1. 研磨

　　研磨是用研磨工具和研磨剂从零件上研去一层极薄表面层的精加工方法。研磨外圆尺寸公差等级可达 IT5 ~ IT6 以上，表面粗糙度值可达 Ra 为 0.08 ~ 0.1μm。研磨的设备结构简单，制造方便，故研磨在高精度零件和精密配合的偶件加工中是一种有效的方法。

　　（1）加工原理　研磨是在研具与零件之间置以研磨剂，研具在一定压力作用下与零件表面之间作复杂的相对运动，通过研磨剂的机械及化学作用，从零件表面上切除很薄的一层材料，从而达到很高的精度和很小的表面粗糙度值。

　　研具的材料应比零件材料软，以便部分磨粒在研磨过程中能嵌入研具表面，起滑动切削作用。大部分磨粒悬浮于磨具与零件之间，起滚动切削作用。研具可以用铸铁、软钢、黄铜、塑料或硬木制造，但最常用的是铸铁研具。因此它适于加工各种材料，并能较好地保证研磨质量和生产效率，成本也比较低。

　　研磨剂由磨料、研磨液和辅助填料等混合而成，有液态、膏状和固态三种，以适应不同加工的需要。磨料主要起机械切削作用，是由游离分散的磨粒作自由滑动、滚动和冲击来完成的。常用的磨粒有刚玉、碳化硅等。

研磨液主要起冷却和润滑作用，并能使磨粒均匀地分布在研具表面。常用的研磨液有煤油、汽油、全损耗系统用油（俗称机油）等。辅助填料可以使金属表面产生极薄的、较软的化合物膜，以便零件表面凸峰容易被磨粒切除，提高研磨效率和表面质量。最常用的辅助填料是硬脂酸、油酸等化学活性物质。

（2）研磨分类　研磨方法分手工研磨和机械研磨两种。

1）手工研磨是人手持研磨具或零件进行研磨的方法，如图 6-1 所示，所用研具为研磨环。研磨时，将弹性研磨环套在零件上，并在研磨环与零件之间涂上研磨剂，调

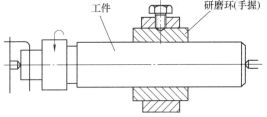

图 6-1　手工研磨外圆

整螺钉使研磨环对零件表面形成一定的压力。零件安装在前后顶尖上，作低速回转（20～30m/min），同时手握研磨环作轴向往复运动，并经常检测零件，直至合格为止。手工研磨生产率低，只适用于单件、小批量生产。

2）机械研磨是在研磨机上进行，图 6-2 所示为研磨小件外圆用研磨机的工作示意图。研具由上、下两块铸铁研磨盘 5、2 组成，二者可同向或反向旋转。下研磨盘与机床转轴刚

性连接，上研磨盘与悬臂轴 6 活动铰接，可按照下研磨盘自动调位，以保证压力均匀。在上、下研磨盘之间有一个与偏心轴 1 相连的分隔盘 4，其上开有安装零件的长槽，槽与分隔盘径向倾斜角为 γ。当研磨盘转动时，分隔盘由偏心轴带动作偏心旋转，零件 3 既可以在槽内自由转动，又可因分隔盘的偏心而作轴向滑动，因而其表面形成网状轨迹，从而保证从零件表面切除均匀的加工余量。悬臂轴可向两边摆动，以便装夹零件。机械研磨生产率高，适合大批、大量生产。

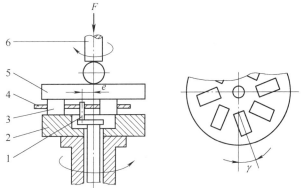

图 6-2　研磨机工作示意图
1—偏心轴　2—下研磨盘　3—零件
4—分隔盘　5—上研磨盘　6—悬臂轴

（3）研磨的特点及应用　研磨具有如下特点：

1）加工简单，不需要复杂设备。研磨除可以在专门的研磨机上进行外，还可以在简单改装的车床、钻床等上面进行，设备和研具都较简单，成本低。

2）研磨质量高。研磨过程中金属塑性变形小，切削力小、切削热少，因此，可以达到高的尺寸精度、形状精度和小的表面粗糙度值，但不能纠正零件各表面间的位置误差。若研具精度足够高，经精细研磨，加工后表面的尺寸误差和形状误差可以小到 0.1～0.3μm，表面粗糙度值 Ra 可达 0.025μm 以下。

3）生产率较低。研磨对零件进行的是微量切削，所需时间较长。前道工序为研磨留的余量一般不超过 0.03mm。

4）研磨零件的材料广泛。可研磨加工钢件、铸铁件、铜、铝等非铁金属件和高硬度的淬火钢件、硬质合金及半导体元件、陶瓷元件等。

研磨应用很广，常见的表面如平面、圆柱面、圆锥面、螺纹表面、齿轮齿面等，都可以用研磨进行精整加工。精密配合偶件如柱塞泵的柱塞与泵体、阀芯与阀套等，往往要经过两个配合件的配研才能达到要求。

2. 珩磨

（1）加工原理　珩磨是利用带有磨条的珩磨头（由几条粒度很细的磨条组成）对孔进行精整加工的方法。图 6-3a 所示为珩磨加工示意图，珩磨时，珩磨头上的油石以一定的压力压在被加工表面上，由机床主轴带动珩磨头旋转并沿轴向作往复运动（零件固定不动）。在相对运动的过程中，磨条从零件表面磨除一层极薄的金属，加之磨条在零件表面上的切削轨迹是交叉而不重复的网纹，如图 6-3b 所示，故珩磨精度可达 IT5 ~ IT7 以上，表面粗糙度值 Ra 为 $0.008 ~ 0.1 \mu m$。

图 6-4 所示为一种结构比较简单的珩磨头，磨条用黏结剂与磨条座固结在一起，并装在本体的槽中，磨条两端用弹簧圈箍住。旋转调节螺母，通过调节锥和顶销可使磨条胀开，以便调整珩磨头的工作尺寸及磨条对孔壁的工作压力。为了能使加工顺利进行，本体必须通过浮动联轴器与机床主轴连接。

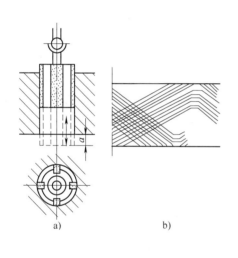

图 6-3　珩磨孔

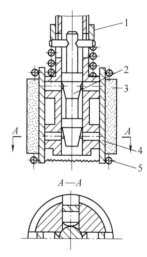

图 6-4　珩磨头
1—调节螺母　2—调节锥　3—磨条
4—顶块　5—弹簧箍

为了及时地排出切屑和切削热，降低切削温度和减小表面粗糙度值，珩磨时要浇注充分的珩磨液。珩磨铸铁和钢件时通常用煤油加少量机油或锭子油（10% ~ 20%）作珩磨液；珩磨青铜等脆性材料时，可以用水剂珩磨液。

磨条材料依零件材料选取。加工钢件时，磨条一般选用氧化铝；加工铸铁、不锈钢和非铁金属时，磨条材料一般选用碳化硅。

在大批量生产中，珩磨在专门的珩磨机上进行。机床的工作循环常是自动化的，主轴旋转是机械传动，而其轴向往复运动是液压传动。珩磨头磨条与孔壁之间的工作压力由机床液压装置调节。在单件、小批量生产中，常将立式钻床或卧式车床进行适当改装，来完成珩磨加工。

（2）珩磨的特点及应用 珩磨具有如下特点。

1）生产率较高。珩磨时多个磨条同时工作，又是面接触，同时参加切削的磨粒较多，并且经常连续变化切削方向，能较长时间保持磨粒刃口锋利。珩磨余量比研磨大，一般珩磨铸铁时为 0.02 ~ 0.15mm，珩磨钢件时为 0.005 ~ 0.08mm。

2）精度高。珩磨可提高孔的表面质量以及尺寸和形状精度，但不能纠正孔的位置误差。这是由于珩磨头与机床主轴是浮动连接所致。因此，在珩磨孔的前道精加工工序中，必须保证其位置精度。

3）珩磨表面耐磨损。由于已加工表面有交叉网纹，利于油膜形成，故润滑性能好，磨损慢。

4）珩磨头结构较复杂。

珩磨主要用于孔的精整加工，加工范围很广，能加工直径为 5 ~ 500mm 或更大的孔，并且能加工深孔。珩磨还可以加工外圆、平面、球面和齿面等。

珩磨不仅在大批、大量生产中应用极为普遍，而且在单件、小批量生产中应用也较广泛。对于某些零件的孔，珩磨已成为典型的精整加工方法，例如飞机、汽车等的发动机的气缸、缸套、连杆以及液压缸、枪筒、炮筒等。

3. 超级光磨

（1）加工原理 超级光磨是用细磨粒的磨具（油石）对零件施加很小的压力进行光整加工的方法。图 6-5 所示为超级光磨加工外圆的示意图。加工时，零件旋转（一般零件圆周线速度为 6 ~ 30m/min），磨具以恒力轻压于零件表面，作轴向进给的同时作轴向微小振动（一般振幅为 1 ~ 6mm，频率为 5 ~ 50Hz），从而对零件微观不平的表面进行光磨。

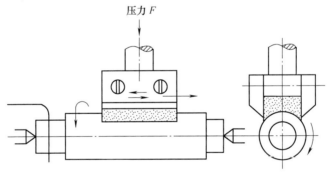

图 6-5 超级光磨加工外圆

加工过程中，在油石和零件之间注入光磨液（一般为煤油加锭子油），一方面为了冷却、润滑及清除切屑等，另一方面为了形成油膜，以便自动终止切削作用。当油石最初与比较粗糙的零件表面接触时，虽然压力不大，但由于实际接触面积小，压强较大，油石与零件表面之间不能形成完整的油膜，加之切削方向经常变化，油石的自锐作用较好，切削作用较强。随着零件表面被逐渐磨平，以及细微切屑等嵌入油石空隙，使油石表面逐渐平滑，油石与零件接触面积逐渐增大，压强逐渐减小，油石和零件表面之间逐渐形成完整的润滑油膜，切削作用逐渐减弱，经过光整抛光阶段，最后便自动停止切削作用。

（2）超级光磨的特点及应用 超级光磨具有如下特点：

1）设备简单，操作方便。超级光磨可以在专门的机床上进行，也可以在适当改装的通用机床（如卧式车床等）上进行，利用不太复杂的超精加工磨头进行。一般情况下，超级光磨设备的自动化程度较高，操作简便，对工人的技术水平要求不高。

2）加工余量极小。由于油石与零件之间无刚性的运动联系，油石切除金属的能力较弱，只留有 $3 \sim 10 \mu m$ 的加工余量。

3）生产率较高。因为超级光磨只是切去零件表面的微观凸峰，加工过程所需时间很短，一般约为 $30 \sim 60 s$。

4）表面质量好。由于油石运动轨迹复杂，加工过程是由切削作用过渡到光整抛光，表面粗糙度值很小（$Ba < 0.012 \mu m$），并具有复杂的交叉网纹，利于储存润滑油，加工后表面的耐磨性较好。但不能提高其尺寸精度和形位精度，零件所要求的尺寸精度和形位精度必须由前道工序保证。

超级光磨的应用也很广泛，如汽车和内燃机零件、轴承、精密量具等小粗糙度表面常用超级光磨作光整加工。它不仅能加工轴类零件的外圆柱面，而且还能加工圆锥面、孔、平面和球面等。

4. 抛光

（1）加工原理　抛光是在高速旋转的抛光轮上涂以抛光膏，对零件表面进行光整加工的方法。抛光轮一般是用毛毡、橡胶、皮革、棉制品或压制纸板等材料叠制而成，是具有一定弹性的软轮。抛光膏由磨料（氧化铬、氧化铁等）和油酸、软脂等配制而成。

抛光时，将零件压于高速旋转的抛光轮上，在抛光膏介质的作用下，金属表面产生的一层极薄的软膜，可以用比零件材料软的磨料切除，而不会在零件表面留下划痕。加之高速摩擦，使零件表面出现高温，表层材料被挤压而发生塑性流动，这样可填平表面原来的微观不平，获得很光亮的表面（呈镜面状）。

（2）抛光特点及应用　抛光具有如下特点：

1）加工方法简单，成本低。抛光一般不用复杂、特殊设备，加工方法较简单，成本低。

2）适宜曲面的加工。由于弹性的抛光轮压于零件曲面时，能随零件曲面而变化，也即与曲面相吻合，容易实现曲面抛光，便于对模具型腔进行光整加工。

3）不能提高加工精度。由于抛光轮与零件之间没有刚性的运动联系，抛光轮又有弹性，因此不能保证从零件表面均匀地切除材料，而只能减小表面粗糙度值，不能提高加工精度。所以，抛光仅限于某些制品的表面装饰加工，或者作为产品电镀前的预加工。

4）劳动条件较差。抛光目前多为手工操作，工作繁重，飞溅的磨粒、介质、微屑污染环境，劳动条件较差。为改善劳动条件，可采用砂带磨床进行抛光，以代替用抛光轮的手工抛光。

综上所述，研磨、珩磨、超级光磨和抛光所起的作用是不同的，抛光仅能提高零件表面的光亮程度，而对零件表面粗糙度的改善并无益处。超级光磨仅能减小零件的表面粗糙度值，而不能提高其尺寸和形状精度。研磨和珩磨则不但可以减小零件表面的粗糙度值，也可以在一定程度上提高其尺寸和形状精度。

从应用范围来看，研磨、珩磨、超级光磨和抛光都可以用来加工各种各样的表面，但珩磨则主要用于孔的精整加工。

　　从所用工具和设备来看，抛光最简单，研磨和超级光磨稍复杂，而珩磨则较为复杂。实际生产中，常根据零件的形状、尺寸和表面的要求，以及批量大小和生产条件等，选用合适的精整或光整加工方法。

6.1.2　超精密加工

　　1. 超精密加工的分类

　　随着科学技术的不断发展，一些仪器设备零件所要求的精度和表面质量大为提高。例如计算机的磁盘、导航仪的球面轴承、激光器的激励腔等，其精度要求很高，表面粗糙度 Ra 值要求很低，用一般的精密加工难以达到要求。为了解决这类零件的加工问题，出现了超精密加工。

　　根据所用的工具不同，超精密加工可以分为超精密切削、超精密磨削和超精密研磨等。

　　(1) 超精密切削　指用单晶金刚石刀具进行的超精密加工。因为很多精密零件是用非铁金属制成的，难以采用超精密磨削加工，所以只能运用超精密切削加工。例如，用金刚石刀具精密切削高密度硬磁盘的铝合金基片，表面粗糙度值 Ra 可达 $0.003\mu m$，平面度可达 $0.2\mu m$。

　　(2) 超精密磨削　指用精细修整过的砂轮或砂带进行的超精密加工。它是利用大量等高的磨粒微刃，从零件表面切除一层极微薄的材料，来达到超精密加工的目的。它的生产率比一般超精密切削高，尤其是砂带磨削，生产率更高。

　　(3) 超精密研磨　一般是指在恒温的研磨液中进行研磨的方法。由于抑制了研具和零件的热变形，并防止了尘埃和大颗粒磨料混入研磨区，所以能达到很高的精度（误差在 $0.1\mu m$ 以下）和很小的表面粗糙度值（Ra 在 $0.025\mu m$ 以下）。

　　2. 超精密加工的基本条件

　　超精密加工的核心，是切除 μm 级以下极微薄的材料。为了较好地解决这一问题，机床设备、刀具、零件、环境和检验等方面，应具备如下基本条件。

　　(1) 机床设备　超精密加工的机床应具有如下基本条件。

　　1) 可靠的微量进给装置。一般精密机床，其机械的或液压的微量进给机构，很难达到 $1\mu m$ 以下的微量进给要求。目前进行超精密加工的机床，常采用弹性变形、热变形或压电晶体变形等的微量进给装置。

　　2) 主轴的回转精度高。在进行极微量切削或磨削时，主轴回转精度的影响是很大的。例如进行超精密加工的车床，其主轴的径向和轴向跳动公差应小于 $0.12\sim0.15\mu m$。这样高的回转精度，目前常用液体或空气静压轴承来达到。

　　3) 低速运行特性好的工作台。超精密切削或超精密磨削修整砂轮时，工作台的运动速度都应在 $10\sim20mm/min$ 左右或更小，在这样低的速度下运行，很容易产生"爬行"现象，这是超精密加工决不允许的，目前防止爬行的主要措施是选用防爬行导轨油，采用聚四氟乙烯导轨面粘敷板和液体静压导轨等。

　　4) 较高的抗振性和热稳定性等。

　　(2) 刀具或磨具　无论是超精密切削还是超精密磨削，为了切下一层极薄的材料，切削刃必须非常锋利，并有足够的寿命。目前，只有仔细研磨的金刚石刀具和精细修整的砂轮等，才能满足要求。

　　(3) 零件　由于超精密加工的精度和表面质量都要求很高，而加工余量又非常小，所以对零件的材质和表面层微观质量等都要求很高。尤其是表层缺陷（如空穴、杂质等），若大于加工余量，加工后就会暴露在表面上，使表面质量达不到要求。

（4）环境　应高度重视隔振、隔热、恒温以及防尘环境条件，以便保证超精密加工的顺利进行。

（5）检验　为了可靠地评定精度，测量误差应为精度要求的 10% 或更小。目前利用光波干涉的各种超精密测量方法，其测量误差的极限值是 $0.01\mu m$，因此超精密加工的精度极限只能在 $0.1\mu m$ 左右。

6.2　特种加工方法

特种加工是指利用诸如化学的、物理的（电、声、光、热、磁）或电化学的方法对材料进行加工的方法。与传统的机械加工方法相比，特种加工主要有如下优点。

1）加工范围不受材料物理、力学性能的限制，具有"以柔克刚"的特点。可以加工任何硬的、脆的、耐热或高熔点的金属或非金属材料。

2）特种加工可以很方便地完成常规切（磨）削加工很难、甚而无法完成的各种复杂型面、窄缝、小孔，如汽轮机叶片曲面、各种模具的立体曲面型腔、喷丝头的小孔等加工。

3）用特种加工可以获得的零件精度及表面质量有其严格的、确定的规律性，充分利用这些规律性，可以有目的地解决一些工艺难题和满足零件表面质量方面的特殊要求。

4）许多特种加工方法对零件无宏观作用力，因而适合于加工薄壁件、弹性件。

5）不同的特种加工方法各有所长，它们之间合理的复合工艺，能扬长避短，形成有效的新加工技术，从而为新产品结构设计、材料选择、性能指标拟订提供更为广泛的可能性。

特种加工是传统加工工艺方法的重要补充和发展，已经成为航空、航天、电子仪表、家用电器以及通信、汽车、轻工等各个机械制造行业，特别是在模具制造业中不可缺少的一种加工方法。

特种加工方法种类较多，这里仅简要介绍电火花加工、电解加工、超声波加工、激光加工。

6.2.1　电火花加工

1. 加工的基本原理

电火花加工是利用工具电极和零件电极间脉冲放电时局部瞬间产生的高温，将金属腐蚀去除来对零件进行加工的一种方法。图 6-6 所示为电火花加工装置原理图，脉冲发生器 1 的两极分别接在工具电极 3 与零件 4 上，当两极在工作液 5 中靠近时，极间电压击穿间隙而产生火花放电，在放电通道中瞬时产生大量的热，达到很高的温度（10000℃ 以上），使零件和工具表面局部材料熔化甚至气化而被蚀除下来，形成一个微小的凹坑。多次放电的结果，就使零件表面形成许多非常小的凹坑。工具电极 3 不断下降，工具电极的轮廓形状便复印到零件上，这样就完成了零件的加工。

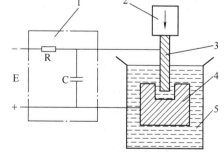

图 6-6　电火花加工装置原理图
1—脉冲发生器　2—自动进给调节装置
3—工具电极　4—零件　5—工作液

2. 电火花及线切割加工机床的组成

电火花加工机床一般由脉冲电源、自动进给调节装置、机床本体及工作液循环过滤系统等部分组成。

脉冲电源的作用是把普通 50Hz 的交流电转换成频率较高的脉冲电源，加在工具电极与零件上，提供电火花加工所需的放电能量。图 6-6 所示的脉冲发生器是一种最基本的脉冲发生器，它由电阻器 R 和电容器 C 构成。直流电源 E 通过电阻器 R 向电容器 C 充电，电容器两端电压升高，当达到一定电压极限时，工具电极（阴极）与零件（阳极）之间的间隙被击穿，产生火花放电。火花放电时，电容器将所储存的能量瞬时放出，电极间的电压骤然下降，工作液便恢复绝缘，电源即重新向电容器充电，如此不断循环，形成每秒数千到数万次的脉冲放电。

在电火花加工过程中，不仅零件被蚀除，工具电极也同样遭到蚀除。但阳极（指接电源正极）和阴极（指接电源负极）的蚀除速度是不一样的，这种现象叫"极效应"。为了减少工具电极的损耗，提高加工精度和生产效率，总希望极效应越显著越好，即零件蚀除越快越好，而工具蚀除越慢越好。因此，电火花加工的电源应选择直流脉冲电源，增加极效应。

自动进给调节装置能调节工具电极的进给速度，使工具电极与零件间维持所需的放电间隙，以保证脉冲放电正常进行。

机床本体是用来实现工具电极和零件安装固定及运动的机械装置。

工作液循环过滤系统强迫工作液以一定的压力不断地通过工具电极与零件之间的间隙，以及时排除电蚀产物，并经过滤后再进行使用。目前，大多采用煤油或机油作工作液。

电火花加工机床已有系列产品。从加工方式看，可将它们分成两种类型：一种是用特殊形状的电极工具加工相应的零件，称为电火花成形加工机床；另一种是用线电极工具加工二维轮廓形状的零件，称为电火花线切割机床。

电火花线切割是利用连续移动的金属丝作为工具电极，与零件间产生脉冲放电时形成的电腐蚀来切割零件。线切割用电极丝是直径非常小的（$\phi0.04 \sim \phi0.25mm$）钼丝、钨丝或铜丝。加工精度可达 ± （0.005 ~ 0.01mm），表面粗糙度值 Ra 为 1.6 ~ 3.2 μm。可加工精密、狭窄、复杂的型孔，常用于模具、样板或成形刀具等的加工。

图 6-7 所示为一电火花线切割加工装置原理图，储丝筒 7 作正反方向交替的转动，脉冲电源 3 供给加工能量，使电极丝 4 一边卷绕一边与零件之间发生放电，安放零件的数控工作台可在 X、Y 轴两坐标方向各自移动，从而合成各种运动轨迹，将零件加工成所需的形状。

与电火花成形加工相比，线切割不需专门的工具电极，并且作为工具电极的金属丝在加工中不断移

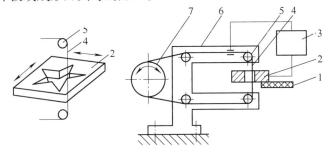

图 6-7　电火花线切割加工装置原理图
1—绝缘底板　2—零件　3—脉冲电源　4—电极丝
5—导向轮　6—支架　7—储丝筒

动，基本上无损耗；加工同样的零件，线切割的总蚀除量比普通电火花成形加工的总蚀除量要少得多，因此生产效率要高得多，而机床的功率却可以小得多。

3. 电火花及线切割加工的特点与应用

电火花加工适用于导电性较好的金属材料的加工而不受材料的强度、硬度、韧性及熔点的影响，因此为耐热钢、淬火钢、硬质合金等难以加工材料提供了有效的加工手段。又由于加工过程中工具与零件不直接接触，故不存在切削力，从而工具电极可以用较软的材料如纯铜、石墨等制造，并可用于薄壁、小孔、窄缝的加工，而无须担心工具或零件的刚度太低而无法进行，也可用于各种复杂形状的型孔及立体曲面型腔的一次成形，而不必考虑加工面积太大会引起切削力过大等问题。

电火花加工的应用范围很广，它可以用来加工各种型孔、小孔，如冲孔凹模、拉丝模孔、喷丝孔等；可以加工立体曲面型腔，如锻模、压铸模、塑料模的模腔；也可用来进行切断、切割以及表面强化、刻写、打印铭牌和标记等。电火花穿孔加工的尺寸误差可达 0.01 ~ 0.05mm，型腔加工的尺寸误差可达 0.1mm 左右，表面粗糙度值 Ra 为 0.8 ~ 3.2μm。

电火花线切割适宜加工具有薄壁、窄槽、异形孔、直线及各种曲线组成的二维曲面等复杂结构图形的零件。

6.2.2　电解加工

1. 电解加工原理

电解加工是利用金属在电解液中可以发生阳极溶解的原理，将金属材料加工成形的一种方法。图 6-8 所示为电解加工的示意图，零件接直流电源的正极，工具接负极，两极间保持较小的间隙（通常为 0.02 ~ 0.7mm），电解液以一定的压力（0.5 ~ 2MPa）和速度（5 ~ 50m/s）从间隙间流过。当接通直流电源时（电压约为 5 ~ 25V，电流密度为 10 ~ 100A/cm²），零件表面的金属材料就产生阳极溶解，溶解的产物被高速流动的电解液及时冲走。工具电极以一定的速度（0.5 ~ 3mm/min）向零件进给，零件表面的金属材料便不断溶解，于是在零件表面形成与工具型面相似而相反的形状，直至加工尺寸及形状符合要求时为止。

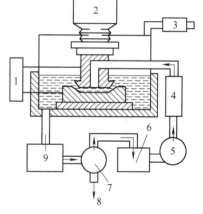

图 6-8　电解加工装置示意图
1—直流电源　2—电极送进机构　3—风扇
4—过滤器　5—泵　6—清洁电解液
7—离心分离器　8—残液
9—脏电解液

2. 电解加工设备的组成

电解加工设备主要由机床本体、电源和电解液系统等部分组成。

（1）机床本体　主要用做安装零件、夹具和工具电极，并实现工具电极在高压电液作用下的稳定进给。电解加工机床应具有良好的防腐、绝缘以及通风排气等安全防护措施。

（2）电源　其作用是把普通 50Hz 的交流电转换成电解加工所需的低电压、大电流的直流稳压电源。

（3）电解液系统　主要由泵、电解液槽、净化过滤器、热交换器、管道和阀等组成，要求该系统能连续而平稳地向加工部件供给流量充足、温度适宜、压力稳定、干净的电解液，并具有良好的耐腐蚀性。

3. 电解加工的特点及应用

影响电解加工质量和生产效率的工艺因素很多，主要有电解液（包括电解液成分、浓度、温度、流速以及流向等)、电流密度、工作电压、加工间隙及工具电极进给速度等。

电解加工不受材料硬度、强度和韧性的限制,可加工硬质合金等难切削金属材料;它能以简单的进给运动,一次完成形状复杂的型面或型腔的加工(例如汽轮叶片、锻模等),效率比电火花加工高 5 ~ 10 倍;电解过程中,作为阴极的工具理论上没有损耗,故加工精度可达 0.005 ~ 0.2mm;电解加工时无机械切削力和切削热的影响,因此适宜于易变形或薄壁零件的加工。此外,在加工各种膛线、花键孔、深孔、内齿轮以及去毛刺、刻印等方面,电解加工也获得广泛应用。

电解加工的主要缺点是:设备投资较大,耗电量大;电解液有腐蚀性,需对设备采取防护措施,对电解产物也需妥善处理,以防止污染环境。

6.2.3　超声波加工

利用产生超声振动的工具,使工作液中的悬浮磨粒对零件表面撞击抛磨来实现加工,称为超声波加工。人耳对声音的听觉范围为 16 ~ 16000Hz。频率低于 16Hz 的振动波称为次声波,频率超过 16000Hz 的振动波称为超声波。加工用的超声波频率为 16000 ~ 25000Hz。超声波加工原理如图 6-9 所示。超声发生器将工频交流电能转变为有一定功率输出的超声频电振荡,然后通过换能器将此超声频电振荡转变为超声频机械振荡,由于其振幅很小,一般只有 0.005 ~ 0.01mm,需再通过一个上粗下细的振幅扩大棒 3,使振幅增大到 0.1 ~ 0.15mm。固定在振幅扩大棒端头的工具即受迫振动,并迫使工作液中的悬浮磨粒以很大的速度,不断地撞击、抛磨被加工零件 5 的表面,把加工区域的材料粉碎成很细的微粒后打击下来。虽然每次打击下的材料很少,但由于每秒打击的次数多达成 16000 次以上,所以仍有一定的加工效率。

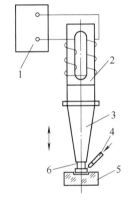

图 6-9　超声波加工
原理示意图
1—超声波发生器　2—换能器
3—振幅扩大棒　4—工作液
5—零件　6—工具

超声波加工适合于加工各种硬脆材料,特别是不导电的非金属材料,例如玻璃、陶瓷、石英、锗、硅、玛瑙、宝石、金刚石等,对于导电的硬质合金、淬火钢等也能加工,但加工效率比较低。由于超声波加工是靠极小的磨料作用,所以加工精度较高,一般可达 0.02mm,表面粗糙度值 Ra 为 0.1 ~ 1.25μm,被加工表面也无残留应力、组织改变及烧伤等现象。在加工过程中不需要工具旋转,因此易于加工各种复杂形状的型孔、型腔及成形表面。

超声波加工机床的结构比较简单,操作维修方便,工具可用较软的材料(如黄铜、45钢、20 钢等)制造。超声波加工的缺点是生产效率低,工具磨损大。

近年来,超声波加工与其他加工方法相结合进行的复合加工发展迅速,如超声振动切削加工、超声电火花加工、超声电解加工、超声调制激光打孔等等。这些复合加工方法由于把两种甚至多种加工方法结合在一起,起到取长补短的作用,使加工效率、加工精度及加工表面质量显著提高,因此越来越受到人们的重视。

6.2.4　激光加工

1. 激光加工原理

激光是一种亮度高、方向性好(激光光束的发散角极小)、单色性好(波长或频率单一)、相干性好的光。由于激光的上述四大特点,通过光学系统可以使它聚焦成一个极小的光斑（直径仅几微米至几十微米）。从而获得极高的能量密度（$10 \sim 1010 \text{W/cm}$）和极高的温度（10000℃以上）。在此高温下，任何坚硬的材料都将瞬时急剧被熔化和汽化，在零件表面形成凹坑，同时熔化物被汽化所产生的材料蒸汽压力推动，以很高的速度喷射出来。激光加工就是利用这个原理蚀除材料的。为了帮助蚀除物的排除，还需对加工区吹氧（加工金属时使用），或吹保护气体，如二氧化碳、氮等（加工可燃物质时使用）。

影响激光加工的主要因素影响有以下几个方面。

（1）输出功率与照射时间　激光输出功率大，照射时间长，零件所获得的激光能量大，加工出来的孔就大而深，且锥度小。激光照射时间应适当，过长会使热量扩散，太短则使能量密度过高，使蚀除材料汽化，两者都会使激光能量效率降低。

（2）焦距、发散角与焦点位置　采用短焦距物镜（焦距为 20mm 左右），减小激光束的发散角，可获得更小的光斑及更高的能量密度，因此可使打出的孔小而深，且锥度小。激光的实焦点应位于零件的表面上或略低于零件表面。若焦点位置过低，则透过零件表面的光斑面积大，容易使孔形成喇叭形，而且由于能量密度减小而影响加工深度；若焦点位置过高，则会造成零件表面的光斑很大，使打出的孔直径大、深度浅。

（3）照射次数　照射次数多可使孔深大大增加，锥度减小。用激光束每照射一次，加工的孔深约为直径的 5 倍。如果用激光多次照射，由于激光束具有很小的发散角，所以光能在孔壁上反射向下深入孔内，使加工出的孔深度大大增加而孔径基本不变。但加工到一定深度后（照射 $20 \sim 30$ 次），由于孔内壁反射、透射以及激光的散射和吸收等，使抛出力减小、排屑困难，造成激光束能量密度不断下降，以致不能继续加工。

（4）零件材料　激光束的光能通过零件材料的吸收而转换为热能，故生产率与零件材料对光的吸收率有关。零件材料不同，对不同波长激光的吸收率也不同，因此必须根据零件的材料性质来选用合理的激光器。

2. 激光加工机的组成

激光加工机通常由激光器、电源、光学系统和机械系统等部分组成（见图 6-10）。

（1）激光器　激光器是激光加工机的重要部件，它的功能是把电能转变成光能，产生所需要的激光束。

激光器按照所用的工作物质种类可分为固体激光器、气体激光器、液体激光器和半导体激光器。激光加工中广泛应用固体激光器（工作物质有红宝石、钕玻璃及掺钕钇铝石榴石等）和气体激光器（工作物质为二氧化碳）。

固体激光器具有输出功率大（目前单根掺钕钇铝石榴石晶体棒的连续输出功率已达数百瓦，几根棒串联起来可达数千瓦）、峰值功率高、结构紧凑、牢固耐用、噪声小等优点。

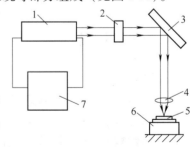

图 6-10　激光加工机示意图
1—激光器　2—光阑　3—反光镜
4—聚焦镜　5—零件
6—工作台　7—电源

但固体激光器的能量效率很低，例如红宝石激光器仅为 $0.1\% \sim 0.3\%$，钕玻璃激光器为 $3\% \sim 4\%$，掺钕钇铝石榴石激光器约为 $2\% \sim 3\%$。

二氧化碳激光器具有能量效率高（可达 25%），工作物质二氧化碳来源丰富，结构简单，造价低廉等优点；输出功率大（从数瓦到几万瓦），既能连续工作，又能脉冲工作。其缺点是体积大，输出瞬时功率不高，噪声较大。

（2）激光器电源　根据加工工艺要求，为激光器提供所需的能量电源。

（3）光学系统　其功用是将光束聚焦，并观察和调整焦点位置。它由显微镜瞄准、激光束聚焦以及加工位置在投影屏上的显示等部分组成。

（4）机械系统　主要包括床身、三坐标精密工作台和数控系统等。

3. 激光加工的特点及应用

激光加工具有如下特点。

1）不需要加工工具，故不存在工具磨损问题，同时也不存在断屑、排屑的麻烦。这对高度自动化生产系统非常有利，目前激光加工机床已用于柔性制造系统之中。

2）激光束的功率密度很高，几乎对任何难加工的金属和非金属材料（如高熔点材料、耐热合金及陶瓷、宝石、金刚石等硬脆材料）都可以加工。

3）激光加工是非接触加工，零件无受力变形，适宜于精细加工。

4）激光打孔、切割的速度很高（打一个孔只需0.001s，切割20mm厚的不锈钢板，切割速度可达1.27m/min），加工部位周围的材料几乎不受热影响，零件热变形很小。激光切割的切缝窄，切割边缘质量好。

5）通用性强。同一台激光加工装置，可作多种加工用，如打孔、切割、焊接等。

目前，激光加工已广泛用于金刚石拉丝模、钟表宝石轴承、发散式气冷冲片的多孔蒙皮、发动机喷油嘴、航空发动机叶片等的小孔加工，以及多种金属材料和非金属材料的切割加工。孔的直径一般为0.01~1mm，最小孔径可达0.001mm，孔的深径比可达100。切割厚度，对于金属材料可达10mm以上，对于非金属材料可达几十毫米，切缝宽度一般为0.1~0.5mm。激光还可以用于焊接和热处理。随着激光技术与数控技术的密切结合，激光加工技术的应用将会得到更迅速、更广泛的发展，并在生产中占有越来越重要的地位。

目前激光加工存在的主要问题是：设备价格高；更大功率的激光器尚处于试验研究阶段中；不论是激光器本身的性能质量，还是使用者的操作技术水平都有待进一步提高。

6.3　数控加工技术

6.3.1　概述

随着社会经济发展对制造业的要求不断提高，以及科学技术特别是计算机技术的高速发展，传统的制造业已发生了根本性的变革，以数控技术为主的现代制造技术占据了重要地位。数控技术是指用数字化信号对设备运行及其加工过程进行控制的一种自动化技术，也是典型的机械、电子、自动控制、计算机、信息处理和检测技术密切结合的机电一体化高新技术。数控技术是实现制造过程自动化的基础，是自动化柔性系统的核心，是现代集成制造系统的重要组成部分。所以，世界各工业发达国家均采取重大措施来发展自己的数控技术及其产业。在我国，数控技术与装备也得到了相当大的发展，个别领域已经走在了世界前列。

1. 数控加工的特点

数控加工具有较强的适应性和通用性，能获得更高的加工精度和稳定的加工质量，以及较高的生产率，能获得良好的经济效益，能实现复杂的运动，能改善劳动条件，提高劳动生产率，便于实现现代化的生产管理等特点。可有效解决复杂、精密、小批量多变零件的加工问题。

虽然数控机床有上述优点，但初期投资大，维修费用高，要求管理及操作人员的素质较高，因此应合理地选择及使用数控机床。

2. 数控机床的分类

数控机床的分类有多种方式。

（1）按机床数控运动轨迹划分

1）点位控制数控机床。是指在刀具运动时，只控制刀具相对于工件位移的准确性，不考虑两点间的路径，如数控钻床。

2）点位直线控制数控机床。在点位控制的基础上，还要保证运动一条直线，且刀具在运动过程中还要进行切削加工。

3）轮廓控制数控机床。能对两个或更多的坐标运动进行控制（多坐标联动），刀具运动轨迹可为空间曲线。在模具行业中这类机床应用最多，如三坐标以上的数控铣床或加工中心。

（2）按伺服系统控制方式划分

1）开环控制机床：价格低廉，精度及稳定性差。

2）半闭环控制数控机床：精度及稳定性较高，价格适中，应用最普及。

3）闭环控制数控机床：精度高，稳定性难以控制，价格高。

（3）按联动坐标轴数划分　可划分为两轴联动数控机床、三轴联动数控机床、四轴联动数控机床和五轴联动数控机床。

3. 数控机床的组成

数控机床由输入/输出装置、计算机数控装置（简称 CNC 装置）、伺服系统和机床本体等部分组成，其组成框图如图 6-11 所示。其中输入/输出装置、CNC 装置、伺服系统合起来就是计算机数控系统。

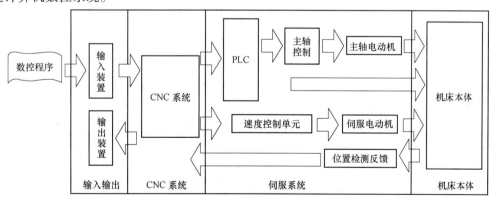

图 6-11　数控机床的组成

（1）输入/输出装置　在数控机床上加工零件时，首先根据零件图样上的零件形状、尺寸和技术条件，确定加工工艺，然后编制出加工程序，程序通过输入装置，输送给机床数控系统，机床内存中的零件加工程序可以通过输出装置输出。输入/输出装置是机床与外部设备的接口，常用的输入装置有软盘驱动器、RS-232C 串行通信接口、MDI 方式等。

（2）计算机数控装置　计算机数控（CNC）装置是数控机床的核心，它接受输入装置送来的数字信息，经过控制软件和逻辑电路进行译码、运算和逻辑处理后，将各种指令信息输出给伺服系统，使设备按规定的动作执行。现在的 CNC 装置通常由一台通用或专用微型计算机构成。包括硬件（CPU、存储器、输入装置、输出、接口等）和软件。

（3）伺服系统　伺服系统是数控机床的执行部分，其作用是把来自 CNC 装置的脉冲信号转换成机床的运动，使机床移动部件精确定位或按规定的轨迹做严格的相对运动，最后加工出符合图样要求的零件。每一个脉冲信号使机床移动部件产生的位移量称作脉冲当量（也称最小设定单位），常用的脉冲当量为 $10\mu m$/脉冲。每个进给运动的执行部件都有相应的伺服系统，伺服系统的精度及动态响应决定了数控机床加工零件的表面质量和生产率。伺服系统一般包括驱动装置和执行机构两大部分，常用执行机构有步进电动机、直流伺服电动机、交流伺服电动机等。

（4）检测元件　检测元件用于反馈信息。要求有高可靠性、高抗干扰性、适应精度和速度的要求，符合机床使用条件，安装维护方便，成本低。

（5）机床本体　机床本体是数控机床的机械实体，主要包括主运动部件、进给运动部件（如工作台、刀架）、支承部件（如床身、立柱等）。除此之外，数控机床还配备有冷却、润滑、转位部件、对刀及测量等配套装置。与普通机床相比，数控机床在结构上发生了很大的变化，目的是为了满足数控技术的要求和充分发挥数控机床的特点。归纳起来，包括以下几个方面的变化：

1）采用高性能主传动及主轴部件。具有传递功率大、刚度高、抗振性好及热变形小等优点。

2）进给传动采用高效传动件。具有传动链短、结构简单、传动精度高等特点，一般采用滚珠丝杠副、直线滚动导轨副等。

3）具有完善的刀具自动交换和管理系统。

4）在加工中心上一般具有工件自动交换、工件夹紧和放松机构。

5）机床本身具有很高的动、静刚度。

6）采用全封闭罩壳。由于数控机床是自动完成加工，为了操作安全，一般采用移动门结构的全封闭罩壳，对机床的加工部件进行全封闭。

4. 数控机床的应用范围

数控机床是一种高度自动化的机床，有一般机床所不具备的许多优点，所以数控机床应用范围在不断扩大，但数控机床是一种高度机电一体化产品，技术含量高，成本高，使用维修有一定难度，若从效益最优化的技术经济角度出发，数控机床一般适用于加工的零件为：多品种、小批量零件；结构较复杂、精度要求较高的零件；具有难测量、难控制进给尺寸的内腔加工的零件；必须在一次安装中完成铣、锉、钻、攻螺纹等多项加工的零件等。

6.3.2　数控加工的工序设计

1. 分析零件情况

1）分析零件在本工序加工之前的情况，例如毛坯（半成品）的类型、材料、形状结构特点、尺寸、加工余量、基准面或孔等情况。

2）了解需要数控加工的部位和具体内容，包括待加工表面的类型、各项精度及技术要求、表面性质、各表面之间的关系等。

　　3）分析待加工零件的结构工艺性。

　　2. 选择加工方法

　　（1）数控车削加工的适用范围　数控车削适用于加工精度要求高的回转体零件，特别是形状、位置精度和表面粗糙度要求高的回转体零件；表面形状复杂（如具有曲线轮廓和特殊螺纹）的回转体零件；表面构成复杂（如具有内外多个表面加工）的回转体的零件。

　　（2）数控铣削加工的范围　数控铣削适用于加工多台阶平面和曲线轮廓平面（如平面凸轮）、曲线轮廓沟槽、变斜角类零件、曲面类零件（如曲面型腔）等。

　　（3）加工中心的适用范围　加工中心适用于加工形状复杂、工序多、精度要求高的零件，如箱体类、复杂曲面类、异形件等。

　　3. 确定加工顺序

　　加工的基本原则是：先粗后精、先近后远。

　　（1）先粗后精　先进行粗加工再进行精加工，若粗加工后所留余量满足不了精加工的要求时，则要增加半精加工，为精加工做准备。精加工要一刀切出零件轮廓，保证加工精度。

　　（2）先近后远　是指按加工部位相对于对刀点的距离大小而言的。在一般情况下，离对刀点远的部位后加工，以便缩短刀具移动距离，减少空行程时间。对于车削而言，先近后远还有利于保持坯件或半成品的刚性，改善其切削条件。

　　4. 加工设备的选择

　　在选择设备时，应根据加工零件的几何形状、加工精度和表面粗糙度来选择数控机床，应遵循既要满足使用要求，又要经济合理的原则。在选择机床时要考虑以下情况：

　　1）设备的规格要与加工工件相适应，避免过大。

　　2）设备的生产率应与工件的生产类型相适应。

　　3）设备的加工精度应与工件的质量要求相适应。

　　4）设备的选择尽量立足于国内市场，既要满足加工精度和生产率的要求，又要考虑经济性。

　　5）回转刀架或刀库的容量应足够大，刀具数量能满足加工需要。

　　5. 工序划分

　　在数控机床上加工零件，工序可以比较集中。在一次装夹中，应尽可能完成全部工序。与普通机床加工相比，加工工序划分有其自己的特点，常用的工序划分的方法有：

　　（1）刀具集中分序法　该法是按所用刀具划分工序，用同一把刀完成零件上所有可以完成的部位。再用第二把刀、第三把刀完成它们可以完成的部位。这样可以减少换刀次数，压缩空行程时间，减少不必要的定位误差。

　　（2）粗、精加工分序法　对单个零件要先粗加工、半精加工，而后精加工。对于一批零件，先全部进行粗加工、半精加工，最后再进行精加工。粗、精加工之间，最好隔一段时间，以使粗加工后零件的变形得到充分的恢复，再进行精加工，以提高零件的加工精度。

　　（3）按加工部位分序法　一般先加工平面、定位面，后加工孔；先加工简单的几何形状，再加工复杂的几何形状；先加工精度较低的部位，再加工精度要求较高的部位。

　　总之，在数控机床上加工零件，加工工序的划分要根据加工零件的具体情况具体分析。

许多工序的安排是按上述分序法综合安排的。

6. 夹具的选择

数控机床上应尽量采用通用夹具或组合夹具，必要时可以设计专用夹具。无论是采用哪类夹具，一定要考虑数控机床的特点。在数控机床上加工工件，由于工序集中，往往是在一次安装中就要完成全部工序，因此对夹紧工件时的变形要给予足够的重视。此外，还应注意协调工件和机床坐标系的关系。工件的安装要迅速、方便；尽量采用气动、液动夹具，以减少机床停机时间。

7. 确定进给路线

一个工件的加工路线可能会出现几种不同的方案，应根据实际情况和具体条件，采用最完善、最经济、最合理的工艺方案。

在数控机床加工过程中，进给路线的确定是非常重要的，它与工件的加工精度和表面粗糙度直接相关。所谓进给路线就是数控机床在加工过程中刀具中心的移动路线。确定进给路线，就是确定刀具的移动路线。

所选定的进给路线应能保证零件的加工精度与零件表面粗糙度要求；为提高生产率，应尽量缩短加工路线，减少刀具空行程移动时间；为减少编程工作量，还应使数值计算简单，程序段数量少。

8. 数控加工刀具的选择

数控机床具有高速、高效的特点。一般数控机床，其主轴转速要比普通机床主轴转速高1~2倍。因此，与普通机床相比，数控机床对刀具的要求要严格得多，且所用的都是专用刀具。一般数控加工刀具要满足装夹调整方便、刚度好、精度高、寿命长的要求。选用刀具时还应注意以下几点。

1）在数控机床上铣削平面时，应采用镶装不重磨可转位硬质合金刀片的铣刀。一般采用两次进给，一次粗铣，一次精铣。当连续切削时，粗铣刀直径要小一些，精铣刀直径要大一些，最好能包容待加工面的整个宽度。加工余量大且加工面又不均匀时，刀具直径要选得小些，否则当粗加工时会因接刀刀痕过深而影响加工质量。

2）高速钢立铣刀多用于加工凸台和凹槽，最好不要用于加工毛坯面，因为毛坯面有硬化层和夹砂现象，刀具会很快被磨损。

3）加工余量较小，并且要求表面粗糙度值较低时，应采用镶立方氮化硼刀片的面铣刀或镶陶瓷刀片的面铣刀。

4）镶硬质合金的立铣刀可用于加工凹槽、窗口面、凸台面和毛坯表面。

5）镶硬质合金的玉米铣刀可以进行强力切削，铣削毛坯表面和用于孔的粗加工。

6）精度要求较高的凹槽加工时，可以采用直径比槽宽小一些的立铣刀，先铣槽的中间部分，然后利用刀具半径补偿功能铣削槽的两边，直到达到精度要求为止。

7）在数控铣床上钻孔，一般不采用钻模，加工钻孔深度为直径的5倍左右的深孔时，容易损坏钻头，钻孔时应注意冷却和排屑。钻孔前最好先用中心钻钻一个中心孔或用一个刚性好的短钻头锪窝引正。锪窝除了可以解决毛坯表面钻孔引正问题外，还可以代替孔口倒角。

9. 加工余量、工序尺寸和切削用量的确定

在选择好毛坯，拟订出机械加工工艺路线之后，就可以确定加工余量并计算各工序的工

序尺寸。加工余量大小与加工成本、质量有密切关系。余量过小，会使前一道工序的缺陷得不到修正，造成废品，从而影响加工质量和成本。余量过大，不仅浪费材料，而且要增加切削工时，增大刀具的磨损与机床的负荷，从而使加工成本增加。加工余量的选择和工序尺寸的确定可参照第 1 章进行。

确定数控机床的切削用量时一定要根据机床说明书中规定的要求，以及刀具的寿命去选择，当然也可以结合实际经验采用类比法去确定。确定切削用量时应注意以下几点。

1）要充分保证刀具能加工完一个工件或保证刀具的寿命不低于一个工作班，最少也不低于半个班的工作时间。

2）切削深度主要受机床刚度的限制，在机床刚度允许的情况下，尽可能使切削深度等于工件的加工余量，这样可以减少进给次数，提高加工效率。

3）对于表面粗糙度和精度要求高的零件，要留有足够的精加工余量。数控机床的精加工余量可比普通机床小一些。

4）主轴的转速 n（r/min）要根据切削速度 v（m/min）来选择，$v = \pi nD/1000$，式中 D 为工件或刀具直径（mm）。而 v 的选择主要取决于刀具的寿命，一般好的刀具供应商都会在其手册或者刀具说明书中提供刀具的切削速度推荐值。另外，切削速度还要根据工件的材料硬度来作适当的调整。

5）进给速度 f（mm/min），是数控机床切削用量中的重要参数，可根据工件的加工精度和表面粗糙度要求，以及刀具和工件材料的性质选取。

10. 对刀点的选择

在加工时，工件可以在机床加工尺寸范围内任意安装，要正确执行加工程序，必须确定工件在机床坐标系的确切位置。对刀点是工件在机床上定位装夹后，设置在工件坐标系中，用于确定工件坐标与机床坐标系空间位置关系的参考点。选择对刀点时要考虑到找正容易，编程方便，对刀误差小，加工时检查方便、可靠。

对刀点的设置没有严格规定，可以设置在工件上，也可以设置在夹具上，但在编程坐标系中必须有确定的位置。对刀点既可以与编程原点重合，也可以不重合，主要取决于加工精度和对刀的方便性。对刀点要尽可能选择在零件的设计基准或者工艺基准上，这样就能保证零件的精度要求。

确定对刀点在机床坐标系中的位置的操作称为对刀。对刀是数控机床操作中非常关键的一项工作，对刀的准确程度将直接影响零件加工的位置精度。

11. 工艺文件编制

数控加工工艺是一种高效自动化的新工艺，其加工工艺的制订是相当严密的。加工工艺是否先进、合理，将在很大程度上决定加工质量的优劣。因此，在数控加工中，工艺文件的编制显得尤为突出与重要。

数控加工的工艺文件主要有工序卡、刀具调整单、机床调整单、零件的加工程序单。

（1）工序卡　工序卡主要用于自动换刀数控机床。工序卡应记入刀具调整单、机床调整单及加工程序单中必须先拟订的事项，它是下一步工作的依据，同时也是机床操作者的内容表。工序卡应按已确定的工步顺序填写。不同的数控机床其工序卡的格式也不同。数控加工工序卡的一般格式见表6-1。

表 6-1　数控加工工序卡

数控加工工序卡	零件图号		零件名称	版次	文件编号	第×页
	JXJY-JDX7		支架	1	×-×	共×页
			工序号	40	工序名称	精铣轮廓
			加工车间	3	材料牌号	2B50
					机床型号	

图中 X、Y 轴的交点为编程及对刀重合原点

编程说明			
数控系统	西门子 802C	切削速度	m/min
程序介质	内存	主轴转速	800r/min
程序标记		进给速度	600mm/min
		程序原点	G54
编程方式	G90	镜像加工	无
刀补号			

工步号	工序内容	工　装	
		名　　称	图　　号
1	铣周边圆角 R5	立铣刀	ZG101/107
2	铣扇形	成型铣刀	ZG103/108
3	铣外轮廓	立铣刀	ZG101/106

		更改标记	更改文件号	签名	日期
工艺员	贾学斌	校对	仲丛伟	审定	何世松	批准	贾颖莲

（2）刀具调整单　数控加工对刀具要求比较严格，一般都要在对刀仪上预先调整好。应将工序卡中选用的刀具及其编号、型号、参数填入刀具调整单中，作为调整刀具的依据。调整结果的实际参数也记入刀具调整单中，供确定刀具补偿值之用。

（3）机床调整单　机床调整单供操作人员在加工零件之前调整机床使用。机床调整单上应记录机床控制柜面上"开关"的位置，零件安装、定位和夹紧方法（可用示意图表示）及键盘应键入的数据等。一般包括五方面内容：进给速度值或率数值；对称切削，水平校验；计划中停、删除、代码类型、冷却方式；刀具半径补偿或长度补偿；工件安装、定位和夹紧方法。

（4）零件加工程序单　记录工艺过程、工艺参数和位移数据的表格，称为零件加工程序单。加工程序是制作控制介质的依据。加工程序单中的每个程序段，其信息给出顺序和形式的规则就是程序段格式。现在一般使用的程序段格式为可变程序段格式。

工序卡中的每个工步都要有相应的刀具轨迹图（加工路线示意图）。按刀具轨迹图和数值计算得到的数据，填写加工程序单。数控机床不同，其程序段格式不同，加工程序单也不一样。对数控加工来说，编制出正确的加工程序单是极为重要的，否则将会造成时间和经费

的浪费。因此，在数控加工中，较高水平的零件程序员是必不可少的。

6.4　柔性制造系统

柔性制造技术是集数控技术、计算机技术、机器人技术以及现代管理技术为一体的现代制造技术。自 20 世纪 60 年代以来，为满足产品不断更新，适应新品种、小批量生产自动化需要，柔性制造技术得到了迅速的发展，对制造业的进步和发展发挥了重大的推动和促进作用。下面介绍柔性制造系统的概念、特征及组成。

1. 柔性制造系统的定义

柔性制造系统（Flexible Manufacturing System，FMS）是由若干台数控加工设备、物料运储装置和计算机控制系统组成，能适应加工对象变化的自动化制造系统。它包括多个柔性制造单元，能根据制造任务或生产环境的变化迅速进行调整，适用于多品种、中小批量生产。

为了方便对 FMS 的理解，国外有关专家对 FMS 进行了更为直观的定义："柔性制造系统至少是由两台机床、一套自动化物料运储系统和一套计算机控制系统所组成的制造系统，它通过简单地改变软件的方法便能制造出多种零件中的任何一种零件。"

所谓柔性是指系统适应外部环境和内部变化的能力，也就是系统满足加工对象变化的能力和抗内部干扰（如机器出现故障）的能力。FMS 的柔性主要包括以下方面。

1）设备柔性。指系统中的加工设备具有适应加工对象变化的能力。

2）工艺柔性。指系统能以多种方法加工某一族零件的能力。也就是系统能够同时加工的零件品种数。

3）产品柔性。指系统能够经济而迅速地转换到生产一组新产品的能力。

4）工序柔性。指系统改变每种零件加工工序先后顺序的能力。

5）运行柔性。指系统处理局部故障并维持生产原定零件的能力。

6）批量柔性。指系统在成本核算上能适应不同批量的能力。

7）扩展柔性。指系统能根据生产需要方便地模块化组建和扩展的能力。

2. FMS 的组成

就机械制造业的柔性制造系统而言，典型的 FMS 有以下三个基本组成部分。

（1）加工系统　加工系统的功能是以任意顺序自动加工各种工件，并能自动地更换工件和刀具。通常由两台以上的数控机床、加工中心或柔性制造单元（FMC）以及其他的加工设备所组成。

（2）运储系统　包含传送带、有轨小车、无轨小车、搬运机器人、上下料托盘、交换工作台等机构，能对刀具、工件和原材料等物料进行自动装卸和运储。

（3）计算机控制系统　能够实现对 FMS 的运行控制、刀具管理、质量控制，以及 FMS 的数据管理和网络通信。

除上述三个基本组成部分外，MS 还包含冷却润滑系统、切屑运输系统、自动清洗装置、自动去毛刺设备等附属系统。

3. FMS 的特点

柔性制造系统具有以下特点。

（1）柔性高　能加工具有一定相似性的不同零件，适应零件品种和工艺要求的迅速变化，满足多品种、中小批量生产的要求。

（2）设备的使用率高　系统内的机床在工艺能力上可以相互补充和相互替代，且由于零件加工的准备时间和辅助时间大为减少，使机床的利用率比单机时有较大的提高。

（3）使制品减少　适应市场的应变能力增强，库存量减少，生产周期缩短。

（4）系统局部调整或维修不会中断整个系统的运行　当柔性制造系统中的一台或多台机床出现故障时，核算机可以绕过出现故障的机床，使生产得以持续。

（5）可使劳动生产率提高，工人数减少，产品质量提高。

4. 柔性制造系统的类型和适应范围

柔性制造系统一般可以分柔性制造单元、柔性制造系统、柔性制造生产线和无人化工厂几种类型。

（1）柔性制造单元（FMC）　由1~2台数控机床或加工中心组成，除了能自动更换刀具外，还配有存储工件的托盘站和自动上下料的工件交换台。FMC占地面积小、成本低，能加工多品种的零件，同一种零件数量可多可少，适合于多品种、小批量零件加工。

（2）柔性制造系统（FMS）　由两个以上柔性制造单元或多台加工中心组成，并用物料储运系统和刀具系统将机床连接起来，工件被装夹在随行夹具和托盘上，自动地按加工顺序在机床间逐个输送。适用于多品种、小批量或中批量复杂零件的加工。

（3）柔性生产线（FML）　零件生产批量较大而品种较少的情况下，柔性制造系统的数控机床可以按照工件加工顺序而排列成生产线的形式。这种生产线与传统的刚性生产线不同之处在于它能同时或依次加工少量不同的零件。

（4）无人化自动工厂（AF）　在一定数量的柔性制造系统的基础上，用高一级计算机把它们连接起来，对全部生产过程进行调度管理，加上立体仓库和运用工业机器人进行装配，就组成了生产的无人化自动工厂。这种工厂的车间里可以没有工人，只有控制室内有人在监控。一天24小时中机床的实际利用率平均可达65%~70%，显著提高了投资效益。

5. 柔性制造系统中的机床和夹具

（1）加工设备　FMS的机床设备一般选择卧式、立式或立卧两用的数控加工中心（MC）。数控加工中心是一种带有刀库和自动换刀装置（ATC）的多工序数控机床，工件经一次装夹后，能自动完成铣、镗、铰等多种工序的加工，并且有多种换刀和选刀功能，从而可使生产效率和自动化程度大大提高。

在FMS的加工系统中还有一类加工中心，它们除了机床本身之外，还配有一个储存工件的托盘站和自动上下料的工件交换台。当在这类加工中心机床上加工完一个工件后，托盘交换装置便将加工完的工件连同托盘一起拖回环形工作台的空闲位置，然后按指令将下一个待加工的工件由托盘转到交换装置，并将它送到机床上进行定位夹紧以待加工。

FMS对机床的基本要求是：工序集中，易控制，高柔性度和高效率，具有通信接口。

（2）机床夹具　目前，用于FMS的机床夹具的发展趋势，一是大量使用组合夹具，使夹具零部件标准化，可针对不同的服务对象快速拼装出所需的夹具，使夹具的重复利用率提高。二是开发柔性夹具，使一套夹具能为多个加工对象服务。

6. 柔性制造系统的发展趋势

柔性制造系统的发展趋势大致有两个方面：一方面是与计算机辅助设计和辅助制造系统相结合，利用原有产品系列的典型工艺资料，组合设计不同模块，构成各种不同形式的具有物料流和信息流的模块化柔性系统。另一方面是实现从产品决策、产品设计、生产到销售的整个生产过程自动化，特别是管理层次自动化的计算机集成制造系统。在这个大系统中，柔性制造系统只是它的一个组成部分。

柔性制造总的趋势是：生产线越来越短、越来越简，设备投资越来越少；中间库存越来越少，场地利用率越来越高；生产周期越来越短，交货速度越来越快；各类损耗越来越少，效率越来越高。可见，实现柔性制造可以大大降低生产成本，强化企业的竞争力。

6.5　计算机集成制造系统

1. 计算机集成制造系统的基本概念

20 世纪 70 年代中期，随着市场的逐步全球化，市场竞争不断加剧，给制造企业带来了巨大的压力，迫使这类企业纷纷寻求并采取有效方法，以使具有更高性能、更高可靠性、更低成本的产品尽快地推广到市场中去，提高市场占有率。而另一方面，计算机技术有了飞速的发展，并不断应用于工业领域中，这就为计算机集成制造（CIM）的产生奠定了技术上的基础。

计算机集成制造（CIM）的概念是 1974 年由美国约瑟夫·哈林顿博士提出来的，他提出了两个重要观点：一是企业的各个生产环节是一个不可分割的整体，需要统一考虑；二是整个企业生产制造过程实质上是对信息的采集、传递和加工处理的过程，最终形成的产品可看作是信息的物质表现。这两个观点中，前一个强调的是企事业的功能集成，后一个强调的是企业信息化，并将其加以综合，可将 CIM 简洁理解为是"企业的信息集成"。

计算机集成制造是制造型企业生产组织管理的一种新理念，其内涵是：借助于计算机为核心的信息技术，将企业中各种与制造有关的技术系统集成起来，使企业内的各类功能得到整体优化，从而提高企业市场竞争的能力。

国际标准化组织（ISO）将 CIM 定义为：CIM 是将企业所有的人员、功能、信息和组织等诸方面集成为一个整体的生产方式。我国 863/CIM 主题认为：CIM 是一种组织管理企业的新理念，它将传统的制造技术与现代信息技术、管理技术、自动化技术、系统工程技术等有机地结合，将企业生产全过程中有关人/机构、经营管理和技术三要素，及其信息流、物质流和能量流有机地集成并优化运行，以实现产品上市快、质量高、成本低、服务好，从而提高企业的市场竞争力。

计算机集成制造系统（CIMS）是基于 CIM 理念而建立的人机系统，是一种新型的制造模式，是 CIM 的具体实现。其核心就在于集成。它从企业的经营战略目标出发，将传统的制造技术与现代信息技术、管理技术、自动化技术、系统工程技术等有机结合，将产品从创意策划、设计、制造、储运、营销到售后服务全过程中有关的人/机构、经营管理和技术三要素有机结合起来，使制造系统中各种活动、信息有机集成并优化运行，以达到降低成本、提高质量、缩短交货周期等目的，从而提高企业的创新设计能力和市场竞争力。

2. CIMS 产生的背景

20 世纪 50 年代，随着控制论、电子技术、计算机技术的发展，工厂中开始出现各种自动化设备和计算机辅助系统。如 20 世纪 50 年代初期开始出现的数控机床，20 世纪 60 年代开始有的计算机辅助设计（CAD）、计算机数控（CNC）、计算机辅助制造（CAM），20 世纪

60～70 年代，计算机技术快速发展，工作站、小型计算机等开始大量进入到工程设计中，开始了计算机仿真等工程应用系统，从 20 世纪 70 年代开始，计算机逐步进入了上层管理领域，开始出现了管理信息系统（MIS）、物料需求计划（MRP）、制造资源计划（MRP-Ⅱ）等概念和管理系统。但是这些新技术的实施并没有带来人们曾经预测的巨大效益，原因是它们离散地颁布在制造业各个体子系统中，只能使局部达到自动控制和最优化，不能使整个生产过程长期在最优化状态下运行。与此同时，由于技术的发展、竞争的加剧，传统的管理、生产方式都受到了社会和市场的挑战，因此，采用先进的制造体系便成为制造业发展的客观要求。

CIM 理念产生于 20 世纪 70 年代，但基于 CIM 理念的 CIMS 在 20 世纪 80 年代中期才开始重视并大规模实施。近年来，制造业间的竞争日趋激烈，市场已经从传统的相对稳定逐步演变成动态多变的局面，其竞争的范围也从局部地区扩展到全球范围。制造企业间激烈竞争的核心是产品。而且随着时代的变迁，产品间竞争的要素不断演变，相继增加了成本、质量、交货期、服务和环境清洁以及知识创新等各因素的竞争。另一方面，当今世界已经步入信息时代并迈向经济时代，以信息为主导的高新技术也为制造技术的发展提供了极大的支持。这些都推动着制造业发生着深刻的变革，信息时代的"现代制造技术"及其产业应运而生，其中 CIMS 技术及其产业正是其重要的组成部分。

3. CIMS 的组成

从系统的功能角度考虑，一般认为 CIMS 可由经营管理信息系统、工程设计自动化系统、制造自动化系统和质量保证信息系统四个功能分系统，以及计算机网络和数据库管理两个支撑分系统组成。当然，在企业实施 CIMS 时并不一定要同时实现所有的六个分系统，可以根据企业的具体需求和条件，进行局部实施或分步实施，最终实现 CIMS 的建设目标。下面介绍 CIMS 六个基本分系统的功能。

（1）经营管理信息分系统　经营管理信息分系统是将企业生产经营过程中产、供、销、人、财、物等进行统一管理的计算机应用系统。这是 CIMS 的神经中枢，指挥与控制着 CIMS 其他各部分有条不紊地工作。

经营管理信息分系统具有三方面的功能，即信息处理（包括信息的收集、传输、加工和查询）、事务管理（包括经营计划管理、物料管理、生产管理、财务管理和力资源管理等）和辅助决策（分析归纳现有信息、提供企业经营管埋过程中决策信息）。

（2）工程设计自动化分系统　工程设计自动化分系统实质上是指在产品设计开发过程中引用计算机技术，使产品设计开发工作更有效、更优质、更自动地进行。产品设计开发活动包含有产品概念设计、工程结构分析、详细设计、工艺设计以及数控编程等产品设计和制造准备阶段中的一系列工作。工程设计自动化分系统包括通常人们所熟悉的 CAD/CAPP/CAM 系统。

长期以来，由于 CAD、CAM、CAPP 都处于独立发展状态，相互间缺乏联系。CIM 理念的提出和发展使 CAD、CAM、CAPP 集成技术得到快速发展，并成为 CIMS 的重要性能指标。这 3C 技术的集成，意味着产品数据向规范化和标准化方向发展，便于产品数据在各个系统中交换和共享。

（3）制造自动化分系统　制造自动化分系统位于企业制造环境的底层，是直接完成制造活动的基本环节，它是 CIMS 的信息流和物料流的结合点，是 CIMS 最终产生经济效益的聚集地。

通常，制造自动化分系统由机械加工系统、控制系统、物流系统、监控系统组成。机械加工系统用于对零件或产品的各种加工和装配，包含有数控机床、加工中心、柔性制造单元和柔性制造系统等加工设备、测量设备和装配设备。控制系统用以实现对机械加工系统的操作过程控制，是制造自动化系统集成信息流、决策流的基础，保证 CIMS 从车间层到设备层协调可靠的运行。物流系统是制造自动化系统物流集成的基础，它完成对工件和工具的存储、搬运、装卸等操作功能。监控系统是制造自动化系统工作质量保证的基础，它完成制造过程中对加工对象、加工设备及加工工具的在线自动监控。

制造自动化分系统是在计算机的控制与调度下，按照 NC 代码将一个个毛坯加工成合格的零件并装配成部件以至产品，完成设计和管理部门下达的任务；并将制造现场的各种信息实时地或经过初步处理后反馈到相应部门，以便及时地进行调度和控制。

（4）质量保证分系统　质量保证分系统是以提高企业产品制造质量和企业企业工作管理为目标，通过质量保证规划、工况监控采集、质量分析评价和控制，以达到预定的质量要求。CIMS 中的质量保证分系统覆盖产品生命周期的各个阶段，它由以下四个子系统组成：

1）质量计划子系统　用来确定改进质量目标，建立质量标准和技术标准，计划可能达到的途径和预计可能达到的改进效果，并根据生产计划及质量要求制订检测计划及检测规程和规范。

2）质量检测管理子系统　包括建立成品出厂档案，改善售后服务工作质量；管理进厂材料、外购件和外协件的质量检验数据；管理生产过程中影响成品质量的数据；建立设计质量模块，做好项目决策、方案设计、结构设计、工艺设计的质量管理。

3）质量分析评价子系统　包括对产品设计质量、外购外协件质量、工序控制点质量、供货商能力、质量成本等进行分析，评价各种因素对造成质量问题的影响，查明主要原因。

4）质量信息综合管理与反馈控制子系统　包括质量报表生成、质量综合查询、产品使用过程综合质量以及针对各类质量问题所采取的各种措施及信息反馈。

（5）数据库管理分系统　数据库管理分系统是 CIMS 的一个支撑分系统，它是 CIMS 信息集成的关键之一。在 CIMS 环境下的经营管理数据、工程技术数据、制造控制和质量保证等各类数据，需要在一个结构合理的数据库系统里进行存储和调用，以满足各分系统信息的交换和共享。

CIMS 的数据库管理分系统是处理位于不同结点的计算机中各种不同类型的数据，因此集成的数据处理系统必须采用分布式异型数据库技术，通过互联的网络体系结构完成全局的数据调用和分布式事务处理。

（6）CIMS 计算机网络分系统　计算机网络分系统也是 CIMS 的一个主要支撑技术，是 CIMS 重要的信息集成工具，计算机网络是以共享资源为目的的而由多台计算机、终端设备、数据传输设备以及通信控制处理等设备的集合，它们在统一的通信协议的控制下具有独立自治的能力，具有硬件、软件和数据共享的功能。

目前，CIMS 采用的计算机网络一般以互联的局域网为主，如果企业厂区的地理范围相当大，局域网可能要通过远程网进行互联，从而使 CIMS 同时兼有局域网和广域网的特点。

CIMS 在数据库系统和计算机网络系统的支持下可方便地实现各个功能分系统之间的通

信，有效地保证全系统的功能集成。

4. CIMS 的发展概况

（1）国外发展概况　世界各国对 CIM 和 CIMS 的研究和应用开发都极为重视。在美国的高技术发展研究计划"星球大战"中，CIM 的研究占有重要份额，美国把 CIM 列入影响长期安全和经济繁荣的关键技术之一，许多著名大学和企业部门也都开展了 CIMS 的研究和实验工程，美国通用汽车公司（GM）积极采用最先进的现代化制造技术，建立了适用于大批量生产的 CIMS，成为美国实施 CIMS 的先进企业之一。德国和法国等欧洲国家，都将 CIMS 作为战略目标中的重要部分，把开发制造系统标准技术作为重点，在产品销售量较大的制造领域开发 CIMS 子系统，完成了计算机集中制造开放系统结构（CIM—OSA），开发了适用于制造应用的通信网络（CNMA）和在 CAD 领域内开发研究一套可以协调和兼容的 CAD 标准接口。日本从 20 世纪 80 年代中期开展 CIM 技术的研究和开发，而且各大公司也组织实施 CIMS，如生产光学通信仪器的小山工厂和日本富士通电视公司等企业都建成了 CIMS。

（2）国内发展概况　我国于 1986 年开始制订了国家高技术研究发展计划（即"863"计划），将 CIMS 确定为自动化领域的主题研究项目之一，先后成立了自动化领域专家委员会和 CIMS 主题专家组，并规定我国 863/CIMS 的战略目标为：跟踪国际上 CIMS 有关技术的发展，掌握 CIMS 关键技术，在制造中建立能获得综合经济效益并能带动全局的 CIMS 示范企业。

我国 CIMS 计划在四个层次上进行研究，即应用基础研究、关键技术攻关、目标产品开发、应用工程的成果推广。应用基础研究是在 CIMS 总体集成技术、CAD/CAM/CAPP 技术、网络数据库等 10 个专题中，根据国际上 CIMS 前沿研究课题的最新动向，组织高水平的研究。关键技术攻关是指对制造业计算机集成应用的集成平台与原型系统的开发、流程工业计算机集成制造企业管理模式和企业间集成技术等关键技术的攻关。目标产品开发是为了向应用工程或企业提供可供使用的产品原型，并尽快向商品转化。应用工程的推广是以十几个企业为对象实施 CIMS，将已有的成果在企业的实施中进行考验，使成果更快产品化，并取得效益和经验，以推动 CIMS 的发展。

我国的 CIMS 研究工作，无论是在水平和应用效果上，都已进入国际先进水平的行列。我国 CIMS 事业取得了迅速发展，如我国 863/CIMS 研究已经形成一个健全的组织和一批骨干研究队伍，初步建成了一个国家 CIMS 工程研究中心和七个单元技术开发实验室，完成了一大批科研项目。此外，还投入一批由技术人员组成的专家队伍，在十几个企业协助实施 CIMS 工程，构建了我国开展 CIMS 研究与技术推广的体系结构。

（3）CIMS 技术发展的三个阶段　CIMS 技术研究和应用工程的开发，经历了以下三个发展阶段：

1）以信息集成为特征的阶段。企业发展的需求是产品生产的自动化，随着电子信息技术的快速发展，相应的各种单元技术，如 CAD、CAM、工业机器人和 FMS 等得到了广泛应用。这些自动化单元技术的集成给企业带来了明显的技术和经济效益。

2）以过程集成为特征的阶段。20 世纪 80 年代以来，其制造需求是使产品设计和相关过程并行进行。以信息集成为特征的 CIMS 只可支持开发过程信息流向单一、固定的传统产品生产模式，而并行产品设计过程是并发的，信息流向是多方向的，只有支持过程集成的 CIMS 才能满足并行产品开发的需要。因此在 CIMS 中引入了"并行工程"的新思想和新技术。并行工程采用并行方法，在产品技术阶段，就集中产品研究周期中各有关工程技术人员，同步地设计并考虑整个产品生命周期中的所有因素。

3）以企业集成为特征的阶段。20 世纪 90 年代初，CIMS 进入"企业集成"为特征的发展阶段。它是为 21 世纪企业将要采用"敏捷制造"新模式而提出的 CIMS 发展新阶段。因为企业市场竞争将更加激烈，竞争中"个性化"的产品需求量增大，而批量生产的产品越来越少，这将必然使那些只适宜大批量生产的"刚性生产线"改变为适应新需求的"柔性生产线"，并进一步将企业组织及装备重组，以对市场机遇作出敏捷反应。敏捷制造企业比并行工程阶段的制造企业有了进一步的发展，强调企业的集成。发展建立在网络基础上的集成技术，包括异地组建动态联合公司、异地制造等有关集成技术，通过信息高速公路建立企业子网，最终形成全球企业网，作为动态集成的工具。所有这些思想和技术的实现，都将使 CIMT 应用发展到一个新水平。

实施 CIMS 技术已经取得了明显的经济效益。例如，1985 年美国科学院根据对在 CIMS 方面处于领先地位的五家制造公司进行的调查表明，在实施 CIMS 后可获得以下效益：提高生产率 40% ~ 70%；提高产品质量 200% ~ 500%；提高设备利用率 200% ~ 300%；缩短生产周期 30% ~ 60%；减少在制品 30% ~ 60%；减少工程设计量 15% ~ 30%；减少人为费用 5% ~ 20%；提高工程师的工作能力 300% ~ 3500%。同样，在我国实施 CIMS 应用工程的企业中，也取得了显著效益，如 1999 年 10 月，上海对全市 18 家实施 CIMS 工程的示范企业进行调查，统计结果表明，由于采用 CIMS 技术，新增产值近 30 亿元。由此可见，实施 CIMS 以后，企业所获得的直接经济效益十分可观。此外，还明显提高了企业的新产品开发能力和市场竞争能力，提高了科学管理水平和产品质量。由于产品质量的提高、交货期短、价格合理，企业的信誉随之提高，这将给企业带来极大的不可量化的经济效益。

6.6　计算机辅助工艺规程设计

计算机辅助工艺规程设计（Computer Aided Process Planning，简称 CAPP ）是指借助于计算机软硬件技术和支撑环境，利用计算机进行数值计算、逻辑判断和推理等功能来制订零件机械加工工艺规程。也就是工艺设计人员借助于成组技术和计算机技术，以系统、科学的方法完成工艺设计中的各项任务，确定零件的工艺规程。

工艺规程设计是一项经验性很强、工作量大、易于出错的工作。面对当前的多品种、小批量生产和多品种的大量定制生产模式，传统的工艺设计方法已远远不能适应机械制造行业发展的需要，借助于 CAPP 系统，可以解决手工工艺规程设计效率低、一致性差、质量不稳定、不易优化等问题。智能化的 CAPP 系统可以继承和学习工艺专家的经验和知识，可直接用于指导工艺设计。所以 CAPP 自诞生以来，一直受到工业界和学术界的广泛重视。CAPP 是将产品设计信息转换为各种加工制造、管理信息的关键环节，是连接 CAD 和 CAM 之间的纽带，是制造业企业信息化建设的信息中枢，是支撑计算机集成制造系统（CIMS ）的核心单元技术，因此在现代机械制造业中有重要的作用。

1. 计算机辅助工艺规程设计的类型及其工作原理

按照 CAPP 的工作原理不同，也即工艺决策方法的不同，可将其分为检索式、派生式和创成式三大类，如图 6-12 所示。

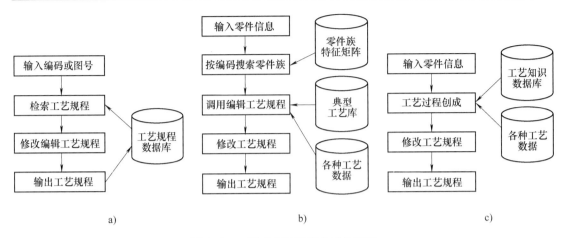

图 6-12　三类 CAPP 系统的工作原理

a）检索式　b）派生式　c）创成式

（1）检索式 CAPP 系统　如图 6-12a 所示，检索式 CAPP 系统是事先将企业现行的各类工艺文件，根据产品和零件的图号存入计算机数据库中，当需要对某一个零件进行工艺规程设计时，可以根据零件图号，在计算机数库中检索相类似零件的工艺文件。如有，则可直接调用，或者由工艺人员采用人机交互方式对相似工艺文件进行修改后，再充实到数据库中，最后由计算机按工艺文件要求进行打印输出。

检索式 CAPP 系统，实际上是一个工艺文件数据库的管理系统，其功能较弱、自动决策能力差，工艺决策完全由工艺人员完成，有人认为它不是严格意义上的 CAPP 系统。但实际上，任何一个企业都会有很多相似的零件，因而其工艺文件也有很大相似性，因此在实际中采用检索式 CAPP 系统会大大提高工艺设计的效率和质量。此外，检索式 CAPP 系统的开发难度小，操作方便，实用性强，与企业现有设计工作方式相一致，因此具有很高的推广价值，已经得到很多企业的认可。

（2）派生式 CAPP 系统　如图 6-12b 所示，派生式 CAPP 系统，又称变异式 CAPP 系统，可以看成是检索式 CAPP 系统的发展。其基本原理是利用零件成组技术（GT）的代码（或企业现行零件图编码），将零件根据结构和工艺相似性进行分组，然后针对每个零件组编制典型工艺，又称主样件工艺。工艺设计时，首先根据零件的 GT 代码或零件图号，确定该零件所属的零件组，然后检索出该零件组的典型工艺文件，最后根据该零件的 GT 代码和其他有关信息对典型工艺进行自动或人机交互式修改，生成符合要求的工艺文件，这种系统的工作原理简单，容易开发，目前企业中实际投入运行的系统大多是派生式系统，一般能满足企业绝大部分零件的工艺设计，具有很强的实用性。这种系统的局限性是柔性差和可移植性差，只能针对企业具体产品零件的特点开发，不能用于全新结构的零件的工艺设计，因而有一定的局限性。一般用于零件组数量不多，且在每个零件组中有很多相似的零件的情况。

（3）创成式 CAPP 系统　如图 6-12c 所示，创成式系统的基本原理与检索式和派生式方法不同，不是直接对相似零件工艺文件的检索与修改，而是根据零件的加工信息，通过逻辑推理规则、公式和算法等，做出工艺决策而自动地"创成"一个零件的工艺规程。

创成式 CAPP 系统是在计算机系统软件中收集了大量的工艺数据和加工知识，并在此基础上建立了一系列的决策逻辑，形成了工艺知识库和各种工艺数据库。当编制新零件的工艺规程时，首先输入零件的有关信息，然后创成式 CAPP 系统能够根据工艺知识库和各种工艺数据库的信息，自动产生零件所需要的各个工序和加工顺序，自动完成机床、刀具的选择和加工优化，通过运用决策逻辑，模拟工艺设计人员的决策过程，自动创成新的零件加工工艺规程。

创成式方法，接近人类解决问题的创新思维方式，自动生成零件的工艺规程，具有较高的柔性，便于计算机辅助设计和计算机辅助制造系统的集成。但由于工艺决策问题本身的复杂性，还离不开人的主观经验，大多数工艺过程问题还不能建立实用的数学模型和通用算法，工艺规程的知识难以形成程序代码，因此此类 CAPP 系统只能处理简单的、特定环境下的某类特定零件。一般用于零件组数量比较大、零件组中零件品种数不多且相似性较差的情况。因此，要建立通用化的创成式系统，还需克服众多的技术关键才能实现。目前已经开发的创成式 CAPP 系统，实际上是与派生式混合使用的，所以又被称为半创成式系统。

2. CAPP 的基本组成

由于工艺设计是一个极为复杂的过程，涉及的因素非常多，企业中具体应用的 CAPP 系统对制造环境依赖性很大，所以各个 CAPP 系统的组成各不相同，但其基本包括以下组成模块。

（1）控制模块　其主要任务是协调各模块的运行，实现人机之间的信息交流，控制产品设计信息的获取方式。

（2）零件信息输入模块　当零件信息不能从 CAD 系统直接获取时，此模块用于产品设计信息输入。CAPP 系统必须有一种专门的数据结构对零件信息进行描述，如何描述和输入有关的零件信息一直是 CAPP 开发中最关键问题之一。

（3）工艺过程设计模块　该模块的任务是进行加工工艺流程的决策，生成工艺过程卡。

（4）工序决策模块　该模块的主要任务是选定加工设备、定位安装方式、加工要求，生成工序卡。

（5）工步决策模块　该模块用于对工步内容进行设计，确定切削用量，提供形成 NC 指令所需的刀位文件。

（6）输出模块　可输出工艺流程卡、工序和工步卡、工序图等各类文档，并可利用编辑工具对生成的文件进行修改后得到所需的工艺文件。

（7）产品设计数据库　存放有 CAD 系统完成的产品设计信息。

（8）加工过程动态仿真　对所产生的加工过程进行模拟。

（9）制造资源数据库　存放企业或车间的加工设备、工装工具等制造资源的相关信息，如名称、规格、加工能力、精度指标等信息。

（10）工艺知识数据库　是 CAPP 系统的基础，用于存放产品制造工艺规则、工艺标准、工艺数据手册、工艺信息处理的相关算法和工具等。如加工方法、排序规则、机床、刀具、夹具、量具、工件材料、切削用量、成本核算等。如何对上述信息进行描述，如何组织管理这些信息以满足工艺决策和方法的要求，是当今 CAPP 系统迫切需要解决的问题。

（11）典型案例库　存放各零件族典型零件的工艺流程图、工序卡、工步卡、加工参数等数据，以供系统参考使用。

（12）编辑工具库　存放工艺流程图、工序卡、工步卡等系统输入/输出模板、手册查询工具和系统操作工具集等，用于有关信息输入、查询和工艺文件编辑。

（13）制造工艺数据库　存放由 CAPP 系统生成的产品制造工艺信息，供输出工艺文件、数控加工编程和生产管理与运行控制系统使用。

工艺过程设计模块、工序决策模块、工步决策模块是 CAPP 系统控制和运行的核心，它的作用是以零件信息为依据，对预定的规则或方法、对工艺信息进行检索和编辑处理，提取和生成零件工艺规程所要求的全部信息。

以上是一个比较完整的、理想化的系统的组成，实际系统根据具体要求和条件的不同，可能只含有部分模块，而且其结构和组成也可能有所调整。

3. CAPP 的作用与意义

CAPP 的作用与意义主要体现在以下两方面。

（1）克服传统工艺设计中的不足，促进工艺技术的发展　传统的工艺设计一直是工艺设计人员的"个体"和"手工"劳动方式，设计过程完全依赖于工艺人员个人的经验和水平，使得工艺设计质量、效率较低，周期较长，已远远不能满足现代机械制造技术发展的要求。一般很难设计出最佳工艺方案，也不利于优化工艺过程，采用 CAPP 技术可以克服传统工艺设计的上述缺点，彻底改变传统工艺设计的落后面貌，促进工艺技术的发展。

（2）为现代制造系统集成提供技术桥梁　CAPP 是适应当前机械制造业自动化和智能化发展的需求，实现计算机集成制造（CIM）、并行工程及其他多种先进自动化技术的基础。

应用 CAPP 技术的意义是显而易见的，经过几十年的发展，在理论上和生产实际应用方面都取得了很多成果。应用 CAPP 技术的意义可概括为以下几点。

1）采用 CAPP 技术，用计算机来有效地管理大量的数据信息，快速准确地进行计算，进行各种形式的比较、判断和选择，自动绘图，自动编制和输出工艺文件，无疑会克服传统工艺设计的局限性，大大提高工艺设计的效率和质量，缩短工艺设计周期，进而缩短产品的设计与制造周期，提高产品在市场上的竞争力。

2）可将工艺设计人员从大量繁琐、重复性的手工劳动中解放出来，集中精力进行新产品开发和新工艺的研究等创造性工作。

3）可以提高企业工艺设计的规范化、标准化水平，并不断向最优化和智能化方向发展，促进工艺设计水平的提高。

4）能有效地积累和继承工艺设计人员的经验，提高企业工艺设计的继承性水平，有效提高设计水平，解决工艺人员实践经验不足的矛盾。

4. CAPP 的基础技术之成组技术

CAPP 的基础技术中一个重要的技术就是成组技术，CAPP 系统的研究和开发与成组技术密切相关。CAPP 是通过向计算机输入被加工零件的原始数据、加工条件和加工要求，由计算机进行编码、编程直至最后输出优化的工艺规程。在此过程中，计算机就是利用了成组技术的原理进行工作的。

（1）成组技术的概念　成组技术（Group Technology，简称 GT）是一种将工程技术与管理技术集于一体的生产组织管理方法体系，成组技术的实质是利用事物之间的相似性，将许多具有相似信息的研究对象归并成组，并利用大致相同的方法来解决这一组研究对象的设计和制造问题。

随着科学技术飞速发展，市场竞争日趋激烈，机械产品更新速度越来越快。产品的品种增多，而每种产品的数量却不多，如何运用规模生产方式组织中小批量产品的生产，一直是广为关注的重大研究课题。成组技术就是针对多品种、中小批量的机械产品生产而发展起来的一种先进制造技术。

零件分类和编码是成组技术的两个最基本概念。根据零件特征将零件进行分组的过程是分类；给零件赋予代码则是编码。对零件设计来说，由于许多零件具有类似的形状，可将它们归并为设计族，设计一个新的零件可以通过修改一个现有同族典型零件而形成。对加工来说，可以组建一个加工单元来制造同族中的各种零件，就能使生产计划工作及其控制变得容易些。所以成组技术的核心问题就是充分利用零件上的几何形状及加工工艺相似性进行设计和组织生产，以获得最大的经济效益。

（2）零件分类编码系统　对所加工零件实施分类编码是推行成组技术的基础，零件的分类编码就是由数字来描述零件的几何形状、尺寸和工艺特征。这样，在采用计算机来处理这些信息时，就能识别和处理这些分类代码所描述的信息。

至今为止，世界上已有几十种用于成组技术的机械零件编码系统，应用最广的是奥匹兹（Opitz）分类编码系统，该系统是 1964 年 Aachen 工业大学 H. OPITZ 教授领导开发的，很多国家以它为基础建立了各自的分类编码系统，如日本的 KK-3 系统以及我国的 JLBM—1 系统。以下介绍我国的 JLBM—1 系统。

JLBM—1 系统是我国机械行业于 1985 年制订的机械零件编码系统，该系由名称类别码、形状及加工码和辅助码共 15 个码位组成，每一码位包括从 0 到 9 的 10 个特征项号，第一和第二码位为零件名称矩阵，其中第一码位表示名称粗分类，第二位码表示名称细分类，从 00 到 99 共 100 个码值，可大体确定零件的形状特征。第三码位到第九码位标识零件的形状及其加工特征，分别表示外部、内部、平面和辅助加工表面。第十码位描述零件的材料类别，可大体决定刀具和切削用量的选择。第十一码位标识毛坯类型，第十二位码表示热处理要求，加上第十五码位描述的加工精度要求，从而为确定整个工艺过程提供了较详细的信息。第十三和十四码位用于标识零件的主要轮廓尺寸，为确定机床和有关部门工艺装备的规格提供依据。JLBM—1 分类编码系统如图 6-13 所示。各位编码的详细内容请查阅有关资料。

有了零件分类编码系统，就可以对零件进行编码，对每一类零件用数字码进行描述。

（3）零件分类成组方法　所谓的零件分类成组，就是按照一定的相似准则，将产品种类繁多的零件归并成为几个具有相似特征的零件族。相似性准则根据分类目的，可将零件分类以组成设计族、加工族、管理族，与工艺设计相对应的自然是零件的加工族，加工族的相似性准则是零件的几何形状、加工工艺、材料、毛坯类型、加工尺寸范围和加工精度、加工设备及工装。零件分类成组方法目前可分为视检法、生产流程分析法和编码分类法。

1）视检法。该方法是由经验丰富的工程技术人员根据经验，把具有相似特征的零件归并为一类。分类的合理性取决于技术人员的水平，随意性比较大。

2）生产流程分析法。生产流程分析法是以零件的加工工艺为依据，把工艺过程相近似的零件归为一类，它通过相似的物料流找出相似的零件集合，并与生产实施或设备的对应关系来确定零件族，同时也能得到加工该族零件的生产工艺流程和设备组。

3）编码分类法。根据编码系统编制的零件代码代表了零件一定的特征。因此，利用零件代码就能方便地找到相同或相似特征的零件，形成零件族。代码完全相同的零件便可组成一个零件族，但这样会造成零件族数过多，而每个族内零件种数不多，达不到扩大批量、提

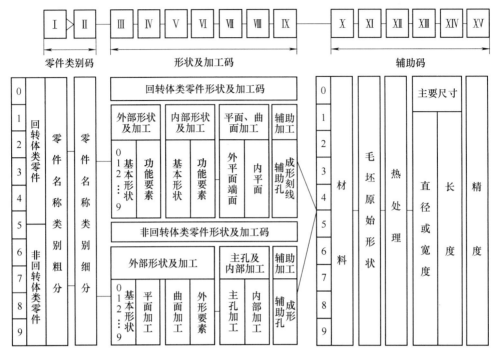

图 6-13　JLBM—1 分类编码系统

高效率的目的，为此，应适当放宽相似性程度，目前，常用的编码分类法有三种：特征码位法、码域法和特征位码域法。

①特征码位法就是以加工相似性为出发点，选择几位与加工特征直接有关的特征码位作为形成零件族的依据。例如，可以规定第 1、2、10、12、13 等五个码位相同的零件划为一族，再以这一族为基础进行相关设计。

②码域法是对分类编码系统中各码位的特征码规定一定的码域作为划分零件族的依据。例如，可以规定某一族零件的第 1 码位的特征码只允许取 0、1，第 2 码位的特征码只允许取 1、2、3 等，凡各码位上的特征码落在规定的码域内的零件划为同·族。

③特征位码域法是一种将特征码法与码域法相结合的划分零件族的方法，选取特征性较强的特征码位并规定允许的特征码变化范围，以此为依据划分零件族。

（4）制订成组工艺过程　零件分类成组后，便形成了加工组，下一步就是针对不同的加工组制订适合于组各零件的成组工艺过程。编制成组工艺的方法有两种：复合零件法和复合路线法。

1）复合零件法就是首先设计一个能集中反映该组零件全部结构形状要素和工艺特征的综合零件（也称主样件），设计适用于该综合零件的工艺规程，从而满足全组各零件的加工。这个综合零件可以是加工组内的一个真实零件，也可以是人为综合出的一个假想零件。

2）复合路线法是在零件分类成组的基础上，比较同组各零件的工艺路线，从中选中一个工序较多、安排合理并具有代表性的工艺路线，以此为基础，找出组内其余零件独有的工序，将这些独有的工序按顺序加在代表性的工艺路线上，使其成为工序齐全、适用于组内所有零件的成组工艺路线。这种方法常用来编制非回转体类零件的成组工艺过程。

习　题

6-1　什么是精密加工和超精密加工？精密加工和超精密加工有何特点？

6-2　研磨和珩磨各有什么特点？

6-3　超级光磨的机理和特点是什么？

6-4　超精密加工有哪几种？超精密加工的机床应具备哪些基本条件？

6-5　特种加工有什么特点？常用的有哪些加工方法？

6-6　试述电火花加工和电解加工的特点和应用。

6-7　试述超声波加工的原理和适用范围。

6-8　试述激光加工的特点和应用范围。

6-9　数控加工有哪些特点？数控机床有哪些组成部分？

6-10　数控机床的使用性能与普通机床相比较有何特点？

6-11　数控加工的工艺文件有哪些？各有何作用？

6-12　试述柔性制造系统的定义、组成和特点。

6-13　计算机集成制造系统的定义是什么？它是怎样发展起来的？

6-14　试述 CIMS 有组成和发展概况。

6-15　CAPP 技术的开发有何意义？CAPP 系统分为哪几类？试比较它们的技术原理。

6-16　阐述成组技术的基本思想和原理以及制订成组工艺过程的方法。

第7章 机械装配工艺基础

7.1 概述

1. 装配的概念

机械装配工艺过程是机械制造工艺过程的一个重要环节。所谓装配就是按规定的技术要求，将零件连接和配合成组件、部件或产品的工艺过程。零件是构成机械产品最基本的单元，把零件装配成组件，或把零件和组件装配成部件，以及把零件、组件和部件装配最终产品的过程分别称为组装、部装和总装。

装配的准备工作包括零部件清洗、尺寸和重量分选、平衡等。零件的装入、连接、部装、总装以及装配过程中的检验、调整、试验和装配后的试运转、涂装和包装等都是装配工作的主要内容。装配不但是决定产品质量的重要环节，而且通过装配还可以发现产品设计、零件加工以及装配过程中存在的问题，为改进和提高产品质量提供依据。

装配工作量在机器制造过程中占有很大的比重。尤其在单件、小批量生产中，因修配工作量大，装配工时往往占机械加工工时的一半左右，即使在大批量生产中，装配工时也占有较大的比例。同时装配工作对产品质量影响很大。若装配不当，即使所有零件都合格，也不一定能装配出合格的机械产品。反之，当零件的加工精度不高时，通过采用适当的装配工艺，也能使产品达到精度要求。因此，选择合适的装配方法、制订合理的装配工艺规程，不仅是保证产品质量的重要手段，也是提高劳动生产率、降低制造成本的有力措施。

2. 机器装配的生产类型及特点

生产纲领决定了生产类型。不同的生产类型，机器装配的组织形式、装配方法、工艺装备等方面均有较大的区别。各类生产类型装配工作的特点见表7-1。

表7-1 各种生产类型装配工作的特点

生产类型 装配工作特点	大批、大量生产	成批生产	单件、小批量生产
基本特征	产品固定，生产活动长期重复，生产周期一般较短	产品在系列化范围内变动，分批交替投产或多品种同时投产，生产活动在一定时期内重复	产品经常变换，不定期重复生产，生产周期一般较长
组织形式	多采用流水装配线：有连续移动、间歇移动及可变节奏移动等方式，还可采用自动装配机或自动装配线	笨重的批量不大的产品多采用固定流水装配，批量较大时采用流水装配，多品种平行投产时用多品种可变节奏流水装配	多采用固定装配或固定式流水装配进行总装，同时对批量较大的部件亦可采用流水装配
装配工艺方法	按互换法装配，允许有少量简单的调整，精密偶件成对供应或分组供应装配，无任何修配工作	主要采用互换法，但灵活运用其它保证装配精度的装配工艺方法，如调整法、修配法及合并修配法，以节约加工费用	以修配法及调整法为主，互换件比例较少

（续）

生产类型	大批、大量生产	成批生产	单件、小批量生产
工艺过程	工艺过程划分很细，力求达到高度的均衡性	工艺过程的划分须适合于批量的大小，尽量使生产均衡	一般不制订详细工艺文件，工序可适当调动，工艺也可灵活掌握
工艺装备	专业化程度高，宜采用专用高效工艺装备，易于实现机械化自动化	通用设备较多，但也采用一定数量的专用工、夹、量具，以保证装配质量和提高工效	一般为通用设备及通用工、夹量具
手工操作要求	手工操作比重小，熟练程度容易提高，便于培养新工人	手工操作比重不小，技术水平要求较高	手工操作比重大，要求工人有高的技术水平和多方面的工艺知识
应用实例	汽车、拖拉机、内燃机、滚动轴承、手表、缝纫机、电气开关	机床、机车车辆、中小型锅炉、矿山采掘机械	重型机床、重型机器、汽轮机、大型内燃机、大型锅炉

3. 机器装配精度

机器的质量，主要取决于产品设计的正确性、零件的加工质量以及机器的装配精度。它是以其工作性能、精度、寿命和使用效果等综合指标来评定的。这些指标由装配给予最终保证。

机械产品的质量标准，通常是用技术指标表示的，其中包括几何方面和物理方面的参数。物理方面的参数有转速、重量、平衡、密封、摩擦等；几何方面的参数，即装配精度，包括有距离精度、相互位置精度、相对运动精度、配合表面的配合精度和接触精度等。

距离精度是指为保证一定的间隙、配合质量、尺寸要求等相关零件、部件间的距离尺寸的准确程度；相互位置精度是指相关零件间的平行度、垂直度和同轴度等方面的要求；相对运动精度是指产品中相对运动的零部件间在运动方向上的平行度和垂直度以及相对速度上传动的准确程度；配合表面的配合精度是指两个配合零件间的间隙或过盈的程度；接触精度是指配合表面或连接表面间接触面积的大小和接触斑点分布状况。在机械产品的装配工作中如何保证和提高装配精度，达到经济高效的目的，是装配工艺要研究的核心。

在机械产品的装配时，一般是通过控制零件的加工误差来保证装配精度，使装配产品的所有零件的误差累积不超过装配精度要求，这时装配就是简单的连接过程。但很多时候累积误差往往会超过规定范围，这时一是可以通过提高零件的加工精度来缩小累积误差，但却增加了零件的加工成本，有时甚至无法加工。二是在装配时通过采用选配、修配、调整等装配工艺方法，同样可以达到装配要求。由此可见，零件加工精度是保证装配精度的基础，但装配精度不完全取决于零件精度，它是由零件精度和合理的装配方法共同来保证的。

7.2　保证装配精度的工艺方法

在长期生产实践中，为保证装配精度，人们创造了许多行之有效的装配工艺方法。可以归纳为互换法、选配法、修配法和调整法四大类。

1. 互换法

用控制零件的加工误差来保证装配精度的方法称为互换法。按其互换程度不同，分为完全互换法与部分互换法两种。

（1）完全互换法 完全互换法就是机器在装配过程中每个待装配零件不需挑选、修配和调整，装配后就能达到装配精度要求的一种装配方法。其特点是：装配工作较为简单，质量稳定可靠，生产率高，有利于组织生产协作和流水作业，对工人技术要求较低，也有利于机器的维修。

为了确保装配精度，要求各相关零件公差之和小于或等于装配允许公差。这样，装配后各相关零件的累积误差变化范围就不会超出装配允许公差范围。这一原则用公式表示为

$$T_0 \geqslant T_1 + T_2 + \cdots + T_m = \sum_{i=1}^{m} T_i \tag{7-1}$$

式中　T_0——装配允许公差；

T_m——各相关零件的制造公差；

m——组成环数。

因此，只要制造公差能满足机械加工的经济精度要求时，不论何种生产类型，均应优先采用完全互换法。

当装配精度较高、零件加工困难而又不经济时，在大批、大量生产中，就可考虑采用部分互换法。

（2）部分互换法 部分互换法又称不完全互换法。它是将各相关零件的制造公差适当放大，使加工更容易而且经济，又能保证绝大多数产品达到装配要求的一种方法。

部分互换法是以概率论原理为基础。在零件的生产数量足够大时，加工后的零件尺寸一般在公差带上呈正态分布，而且平均尺寸在公差带中点附近出现的概率最大；在接近上、下极限尺寸处，零件尺寸出现概率很小。在一个产品的装配中，各相关零件的尺寸恰巧都是极限尺寸的概率就更小。当然，出现这种情况，累积误差就会超出装配允许公差。因此，可以利用这个规律，将装配中可能出现的废品控制在一个极小的比例之内。对于这一小部分不能满足要求的产品，也需进行经济核算或采取补救措施。

根据概率论原理，装配允许公差必须大于或等于各相关零件公差值平方之和的平方根。用公式可以表示为

$$T_0 \geqslant \sqrt{T_1^2 + T_2^2 + \cdots + T_m^2} = \sqrt{\sum_{i=1}^{m} T_i^2} \tag{7-2}$$

显然，当装配公差 T_0 一定时，将式（7-2）与式（7-1）比较，并假设各零件公差相同，可求出用部分互换法的各零件公差值比完全互换法扩大 $\sqrt{m}$ 倍，零件的加工也就容易了许多。

2. 选配法

选配法就是当装配精度要求极高、零件制造公差限制很严，致使几乎无法加工时，可将制造公差放大到经济可行的程度，然后选择合适的零件进行装配来保证装配精度的一种装配方法。按其选配方式不同，选配法分为直接选配法、分组装配法和复合选配法。

（1）直接选配法 零件按经济精度制造，凭工人经验直接从待装零件中选择合适的零件进行装配。这种方法简单，装配质量与装配工时在很大程度上取决于工人的技术水平，具有不稳定性。一般用于装配精度要求相对不高，装配节奏要求不严的小批量生产的装配中，

例如小批量发动机生产中的活塞与活塞环的装配。

（2）分组装配法　对于制造公差要求很严的互配零件，将其制造公差按整数倍放大到经济精度加工，然后进行测量并按原公差分组，按对应组分别装配。这样，既扩大了零件的制造公差，又能达到很高的装配精度，只是增加了测量的工作量。这种分组装配法在内燃机、轴承等制造中应用较多。

例如，图 7-1 所示活塞与活塞销的连接情况。根据装配技术要求，活塞销孔与活塞销外径在冷状态装配时应有 0.0025～0.0075mm 的过盈量。但与此相应的配合公差仅为 0.005mm。若活塞与活塞销采用完全互换法装配，且按"等公差"的原则分配孔与销的直径公差时，各自的公差只有 0.0025mm，如果配合采用基轴制的原则，活塞外径尺寸 $d = \phi28^{\ 0}_{-0.0025}$mm，相应的孔的直径 $D = \phi28^{-0.005}_{-0.0075}$mm。加工这样精度的零件是困难的，也是不经济的。生产中将上述零件的公差放大四倍（$d = \phi28^{\ 0}_{-0.10}$mm，$D = \phi28^{-0.005}_{-0.015}$mm，注意要同向放大），用高效率的无心磨和金刚镗去加工，然后用精密量具测量，并按尺寸大小分成四组，涂上不同的颜色，以便进行分组装配。具体的分组情况见表 7-2。

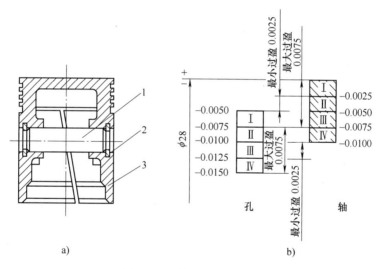

图 7-1　活塞与活塞销连接
1—活塞销　2—挡圈　3—活塞

表 7-2　活塞销与活塞孔直径分组　　　　　　　　（单位：mm）

组　别	标志颜色	活塞销直径 $d = \phi28^{\ 0}_{-0.010}$	活塞销孔直径 $D = \phi28^{-0.005}_{-0.015}$	配合情况	
				最小过盈	最大过盈
I	红	$\phi28^{\ 0}_{-0.0025}$	$\phi28^{-0.0050}_{-0.0075}$	0.0025	0.0075
II	白	$\phi28^{-0.0025}_{-0.0050}$	$\phi28^{-0.0075}_{-0.0100}$	0.0025	0.0075
III	黄	$\phi28^{-0.0050}_{-0.0075}$	$\phi28^{-0.0100}_{-0.0125}$	0.0025	0.0075
IV	绿	$\phi28^{-0.0075}_{-0.0100}$	$\phi28^{-0.0125}_{-0.0150}$	0.0025	0.0075

从表 7-2 可以看出，各组公差和配合性质与原来的要求相同。

采用分组选配法应当注意以下几点。

1) 为了保证分组后各组的配合精度符合原设计要求，配合公差应当相等，配合件公差增大的方向应当相同，增大的倍数要等于以后分组数，如图 7-1b 所示。

2) 分组不宜过多（一般为 3~4 组），以便不使零件的储存、运输及装配工作复杂化。

3) 分组后零件表面粗糙度值及形位公差不能扩大，仍按原设计要求制造。

4) 分组后应尽量使组内相配零件数相等，如不相等，可专门加工一些零件与其相配。

如果互配零件的尺寸在加工中服从正态分布规律，零件分组后是可以互相配套的。如果由于某种因素造成不是正态分布，而是如图 7-2 所示的偏态分布，就会产生各组零件数量不等，不能配套。这种情况生产上往往是难以避免的。只能在聚集了相当数量的不配套件后，专门加工一批零件来配套。

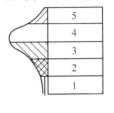

分组装配法对配合精度要求很高，互配的相关零件只有两三个的大批、大量生产十分适用。

图 7-2　偏态分布

（3）复合选配法　此法是上述两种方法的复合。先将零件测量分组，装配时再在各对应组内凭工人的经验直接选择装配。这种装配方法的特点是配合公差可以不等，其装配质量高，速度比直接选配法快，能满足一定生产节拍的要求。在发动机的气缸与活塞的装配中，多选用这种方法。

3. 修配法

预先选定某个零件为修配对象，并预留修配量，在装配过程中，根据装配后的实测结果，用锉、刮、研等方法，修去多余的金属，使装配精度达到要求，称为修配法。修配法的优点是能利用较低的零件制造精度来获得很高的装配精度。其缺点是修配工作量大，且多为手工劳动，要求较高的操作技术。此法只适用于单件、小批量生产类型。

修配法适用于批量以下生产、装配精度较高、影响装配精度的零件数较多的情况，这时如采用互换法装配，会因零件数多导致其公差小而加工困难，甚至无法加工；如果选用选配法装配，又因批量较小，零件数过多而难以进行。

确定修配对象时，要考虑的问题有：所选修配件装卸方便、修配面积小、结构简单、易于修配；修配对象的尺寸变化不影响其他的装配精度；不能选择进行表面处理的零件表面作为修配面。

确定了修配件以后，还应考虑使其修配量足够和最小，因为修配工作一般都是通过后续加工（如锉、刮、研等）修去修配零件表面上多余的金属层，从而满足装配精度要求。若修配量不够，则不能满足要求；修配量过大，又会使劳动量增大，工时难以确定，降低生产率。

4. 调整法

选一个可调整零件，装配时通过调整它的位置，或者增加一个定尺寸零件，以达到装配精度的方法，称为调整法。用来起调整作用的这两种零件，都起到调整装配累积误差的作用，称为调整件。

调整法应用很广。在实际生产中，常用的调整法有以下三种。

（1）可动调整法　采用移动调整件位置来保证装配精度。调整过程中不需拆卸调整件，比较方便，实际应用示例很多。图 7-3a 所示的机床封闭式导轨的间隙调整装置，压板 1 用螺钉紧固在运动部件 2 上，平镶条 4 装在压板 1 与支承导轨 3 之间，用带有锁紧螺母的螺钉 5 来调整平镶条的上下位置，使导轨与平镶条结合面之间的间隙控制在适当的范围内，以保证运动部件能够沿着导轨面平稳，轻快而又精确地移动；图 7-3b 所示为滑动丝杠螺母副的间隙调整装置，该装置利用调整螺钉使楔块上下移动来调整丝杠与螺母之间的轴向间隙。以上各调整装置分别采用平镶条、楔块作为调整件，生产中根据具体要求和机构的具体情况，也可采用其他零件作为调整件。

（2）固定调整法　选定某一零件为调整件，根据装配要求来确定该调整件的尺寸，以达到装配精度。由于调整件尺寸是固定的，所以称为固定调整法。

图 7-4 为固定调整法示例。箱体孔中轴上装有齿轮，齿轮的轴向窜动量 A_Σ 是装配要求。可以在结构中专门加入一个厚度尺寸为 A_k 的垫圈作调整件。装配时，根据间隙要求，选择不同厚度的垫圈垫入。垫圈预先按一定的尺寸间隔多做几种，如 4.1mm，4.2mm，…，5.0mm 等，供装配时选用。

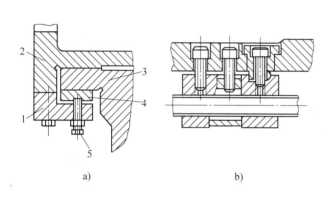

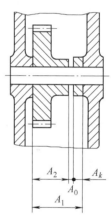

图 7-3　可动调整

a）用平镶条调整　b）用楔块调整

1—压板　2—部件　3—导轨　4—平镶条　5—螺钉

图 7-4　固定调整法示例

调整件尺寸的分级数和各级尺寸的大小，应按装配尺寸链原理进行计算确定。

（3）误差抵消调整法　通过调整某些相关零件误差的大小、方向，使误差互相抵消的方法，称为误差抵消调整法。采用这种方法，各相关零件的公差可以扩大，同时又能保证装配精度。

误差抵消调整法在机床装配时应用较多，例如在机床主轴装配时，通过调整前后轴承的径向圆跳动方向来控制主轴的径向圆跳动。这种方法是精密主轴装配中的一种基本装配方法，得到广泛的应用。

本节讲述了四种保证装配精度的装配方法。在选择装配方法时，先要了解各种装配方法的特点及应用范围。一般地说，应优先选用完全互换法；在生产批量较大、组成环又较多时，应考虑采用不完全互换法；在封闭环的精度较高、组成环的环数较少时，可以采用选配法；只有在应用上述方法使零件加工很困难或不经济时，特别是在中小批生产时，尤其是单件生产时才宜采用修配法或调整法。

在确定部件或产品的具体装配方法时，要认真地研究产品的结构和精度要求，深入分析产品及其相关零部件之间的尺寸联系，建立整个产品及各级部件的装配尺寸链。尺寸链建立后，可根据各级尺寸链的特点，结合产品的生产纲领和生产条件来确定产品的具体装配方法。

7.3　装配尺寸链

1. 装配尺寸链的基本概念及其特征

装配尺寸链是产品或部件在装配过程中，由相关零件的尺寸或位置关系所组成的封闭的尺寸系统。即由一个封闭环和若干个与封闭环关系密切的组成环组成。将尺寸链画出来就成了尺寸链简图。装配尺寸链虽然起源于产品设计中，但应用装配尺寸链原理可以指导制订装配工艺，合理安排装配工序，解决装配中的质量问题，分析产品结构的合理性等。

装配尺寸链是尺寸链的一种。它与一般尺寸链相比，除有共同的部分外，还具有以下显著特点。

1）装配尺寸链的封闭环一定是机器产品或部件的某项装配精度，因此，装配尺寸链的封闭环是十分明显的。

2）装配精度只有机械产品装配后才能测量。因此，封闭环只有在装配后才能形成，不具有独立性。

3）装配尺寸链中的组成环不是一个零件上的尺寸，而是与装配精度有关的几个零件或部件上的尺寸。

4）装配尺寸链的形式较多，除常见的线性尺寸链外，还有角度尺寸链、平面尺寸链和空间尺寸链等。

2. 装配尺寸链的建立

当运用装配尺寸链的原理去分析和解决装配精度问题时，首先要正确地建立起装配尺寸链，即正确地确定封闭环，并根据封闭环的要求查明各组成环。

如前所述，装配尺寸链的封闭环为产品或部件的装配精度。为正确查找各组成环，须仔细分析产品或部件的结构，了解各零件连接的具体情况。查找组成环的一般方法是：取封闭环两端的那两个零件为起点，沿着装配精度要求的位置方向，以相邻件装配基准间的联系为线索，分别由近及远地去查找装配关系中影响装配精度的有关零件，直至找到同一个基准零件或同一基准表面为止。这样，各有关零件上的尺寸或位置关系，即为装配尺寸链中的组成环。组成环又分增环和减环。

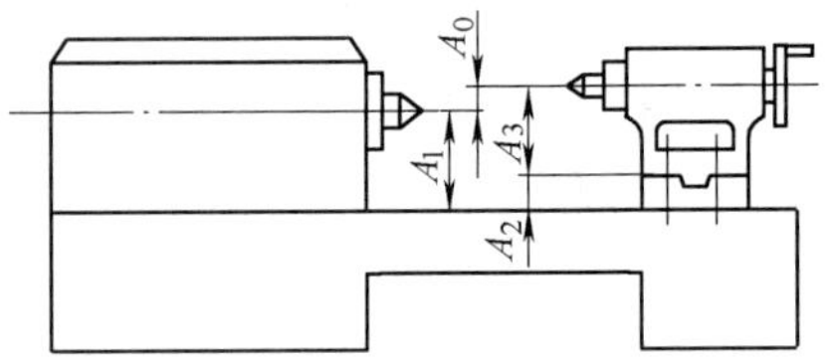

建立装配尺寸链就是准确地找出封闭环和组成环，并画出尺寸链简图。

图 7-5 所示为车床主轴与尾座套筒中心线不等高简图，在垂直方向上，机床检验标准中规定为 0 ~ 0.06mm，且只许尾座高，这就是封闭环。分别由封闭环两端那两个零件，即主轴中心线和尾座套筒孔的

图 7-5　车床主轴与尾座套筒
中心线不等高简图

中心线起，由近及远，沿着垂直方向可以找到三个尺寸，A_1、A_2 和 A_3 直接影响装配精度为组成环。其中 A_1 是主轴中心线至主轴箱的安装基准之间的距离，A_3 是尾座套筒孔中心至尾座体的装配基准之间的距离，A_2 是尾座体的安装基准至尾座垫板的安装基准之间的距离。A_1 和 A_2 都以导轨平面为共同的安装基准，尺寸封闭。

由于装配尺寸链比较复杂，并且同一装配结构中装配精度要求往往有几个，需在不同方向（如垂直方向、水平方向、径向和轴向等）分别查找，容易搅混，因此在查找时要十分细心。通常，易将非直接影响封闭环的零件尺寸拉入装配尺寸链，使组成环数增加，这样每个组成环可能分配到的制造公差减小，增加制造的困难。为避免出现这种情况，坚持下列两点是十分必要的。

（1）装配尺寸链的简化原则 机械产品的结构通常都比较复杂，对某项装配精度有影响的因素很多，在查找装配尺寸时，在保证装配要求的前提下，可略去那些影响较小的因素，从而简化装配尺寸链。

例如图 7-6 所示为车床主轴与尾座套筒中心线等高装配尺寸链。影响该项装配精度的因素除 A_1、A_2、A_3 三个尺寸外，还有主轴滚动轴承的同轴度误差、尾座顶尖锥孔与外圆的同轴度误差、尾座顶尖套与尾座孔配合间隙引起的向下偏移量等。但这些误差相对较小，故在装配尺寸链中可简化而不予考虑。但在精密装配时，应计入对装配精度有影响的所有因素，不可随意简化。

（2）尺寸链组成的最短路线原则 由尺寸链的基本理论可知，在装配要求给定的条件下，

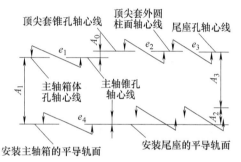

图 7-6 车床主轴与尾座套筒中心线等高装配尺寸链

组成环数目越少，则各组成环所分配到的公差值就越大，零件的加工就越容易和经济。

在查找装配尺寸链时，每个相关的零、部件只能有一个尺寸作为组成环列入装配尺寸链，即将连接两个装配基准面间的位置尺寸直接标注在零件图上。这样，组成环的数目就应等于有关零、部件的数目，即一件一环，这就是装配尺寸链的最短路线（环数最少）原则。

图 7-7a 所示齿轮装配轴向间隙尺寸链就体现了一件一环的原则。如果把图中的主轴尺寸标注成图 7-7b 所示的两个尺寸，则违反了一件一环的原则，如轴以两个尺寸进入装配尺寸链，则显然会缩小各环的公差。

3. 装配尺寸链的计算方法

装配尺寸链的计算方法有极值法和概率法两种。下面介绍这两种方法在装配尺寸链上的应用。

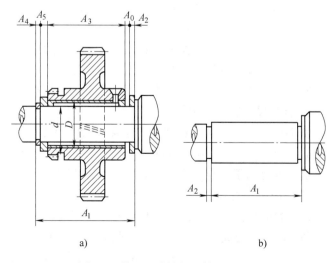

a)   b)

图 7-7 装配尺寸链的一件一环原则

（1）极值法　极值法的基本公式是 $T_0 \geqslant \sum T_i$。有关计算式用于装配尺寸链时，常有下列几种情况：

1）"正计算"用于验算设计图样中某项精度指标是否能够达到，即装配尺寸链中的各组成环的公称尺寸和公差定得正确与否，这项工作在制订装配工艺规程时也是必须进行的。

2）"反计算"就是已知封闭环，求解组成环。用于产品设计阶段。根据装配精度指标来计算和分配各组成环的公称尺寸和公差。这种问题，解法多样，需根据零件的经济加工精度和恰当的装配工艺方法来具体确定分配方案。

3）"中间计算"常用在结构设计时，将一些难加工的和不宜改变其公差的组成环的公差先确定下来，其公差值应符合国家标准，并按"入体原则"标注。然后将一个比较容易加工或容易装拆的组成环作为试凑对象，这个环称为"协调环"。它的公称尺寸、公差和偏差的计算公式与第一章提供的基本算式是一致的。

（2）概率法　概率法的基本算式是 $T_0 \geqslant \sqrt{\sum T_i^2}$。

极值法的优点是简单可靠。但其封闭环与组成环的关系是在极端情况下推演出来的，即各项尺寸要么是最大极限尺寸，要么是最小极限尺寸。这种出发点与批量生产中工件尺寸的分布情况显然不符，因此造成组成环公差很小，制造困难。在封闭环要求高，组成环数目多时，尤其是这样。

从加工误差的统计分析中可以看出，加工一批零件时，尺寸处于公差中心附近的零件属多数，接近极限尺寸的是极少数。在装配中，碰到极限尺寸零件的机会不多，而在同一装配中的零件恰恰都是极限尺寸的机会就更为少见。所以应从统计角度出发，把各个参与装配的零件尺寸当作随机变量才是合理的、科学的。

用概率法的好处在于放大了组成环的公差，而仍能保证达到装配精度要求。对这个问题，在前面各章进行过论述。尚需说明的是：由于应用概率法时需要考虑各环的分布中心，算起来比较烦琐，因此在实际计算时，常将各环改写成平均尺寸，公差按双向等偏差标注。计算完毕后，再按"入体原则"标注。

在解算装配尺寸链时，每种装配工艺方法都有其适用的尺寸链计算方法。装配工艺方法与计算方法常用的匹配有：①采用完全互换法时，应用极值法计算。完全互换又属大批量生产或环数较多时，可改用概率法计算；②采用不完全互换法时，可用概率法计算；③采用选配法时，一般都按极值法计算；④采用修配法时，一般批量小，应按极值法计算；⑤采用调整法时，一般用极值法计算。大批量生产时，可用概率法计算。

4. 装配尺寸链解算举例

例 7-1　图 7-8 所示为双联转子泵的轴向装配关系简图，要求的轴向间隙为 0.05 ~ 0.15mm，$A_1 = 41$mm，$A_3 = 7$mm，$A_2 = A_4 = 17$mm。求各组成环的公差及偏差。

解　本题属于"反计算"问题。现就"极值法"和"概率法"分别解算如下。

（1）极值法解算

1）分析和建立尺寸链，尺寸链图如图 7-9 所示。

封闭环的尺寸是 $A_0 = 0^{+0.15}_{+0.05}$mm，验算封闭环的尺寸为

$$A_0 = \vec{A}_1 - (\overleftarrow{A}_2 + \overleftarrow{A}_3 + \overleftarrow{A}_4)$$

$$= (41 - (17 + 7 + 17))\text{mm} = 0$$

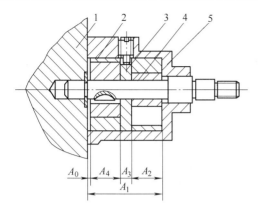

图 7-8　双联转子泵的轴向装配关系简图
1—机体　2—外转子　3—隔板
4—内转子　5—壳体

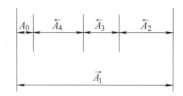

图 7-9　轴向装配尺寸链简图

各环的基本尺寸正确。

2）确定各组成环公差。隔板 3 容易在平面磨床上磨削，精度容易达到，公差可以给小些，因此选定为协调件，A_3 即为协调环。

因为　　$T(A_0) = (0.15 - 0.05)\,\text{mm} = 0.1\,\text{mm}$

所以　　$T_{cp}(A_i) = \dfrac{T(A_0)}{n-1} = \dfrac{0.1}{5-1}\,\text{mm} = 0.025\,\text{mm}$

根据加工的难易程度调整各组成环的公差为：$T(\vec{A}_1) = 0.049\,\text{mm}$，$T(\overleftarrow{A}_2) = T(\overleftarrow{A}_4) = 0.018\,\text{mm}$，计算协调环 A_3 的公差为

$$T(\overleftarrow{A}_3) = T(A_0) - [T(\vec{A}_1) + T(\overleftarrow{A}_2) + T(\overleftarrow{A}_4)]$$
$$= [0.1 - (0.04 + 0.018 + 0.018)]\,\text{mm} = 0.015\,\text{mm}$$

在调整各组成环的公差时，可根据零件上各加工面的经济加工精度以及生产实践的经验进行。

3）计算协调环偏差。按单向入体原则确定各组成环偏差：$A_2 = A_4 = 17_{-0.018}^{\ 0}\,\text{mm}$，$A_1 = 41_{\ 0}^{+0.049}\,\text{mm}$，由于 A_3 是减环，其偏差可由尺寸链计算公式求得

$$B_s(\overleftarrow{A}_3) = -B_x(A_0) + B_x(\vec{A}_1) - B_s(\overleftarrow{A}_2) - B_s(\overleftarrow{A}_4)$$
$$= (-0.05 + 0 - 0 - 0)\,\text{mm} = -0.05\,\text{mm}$$

$$B_x(\overleftarrow{A}_3) = -B_s(A_0) + B_s(\vec{A}_1) - B_x(\overleftarrow{A}_2) - B_x(\overleftarrow{A}_4)$$
$$= [-0.15 + 0.049 - (-0.018) - (-0.018)]\,\text{mm}$$
$$= -0.065\,\text{mm}$$

所以协调环 A_3 的尺寸为 $A_3 = 7_{-0.065}^{-0.05}\,\text{mm}$。

（2）概率法解算

1）分析与建立尺寸链，并验算协调环尺寸

$$A_3 = -A_0 + A_4 - A_2 - A_4 = (0 + 41 - 17 - 17)\,\text{mm} = 7\,\text{mm}$$

2）确定各环公差。先求各环的平均公差

$$T_{cp}(A_i) = \frac{T_0}{\sqrt{n-1}} = \frac{0.10}{\sqrt{4}} = 0.05$$

再根据各零件加工的难易程度及经济加工精度确定各环的公差并按"入体原则"标准为：$A_1 = 41^{+0.07}_{0}$ mm，$A_2 = A_4 = 17^{0}_{-0.043}$ mm。A_3 因为容易加工确定为协调环，并且是减环，故 A_3 的公差为

$$T(\overleftarrow{A_3}) = \sqrt{T_0^2 - T(\overrightarrow{A_1})^2 - T(\overleftarrow{A_2})^2 - T(\overleftarrow{A_4})^2}$$
$$= \sqrt{0.1^2 - 0.01^2 - 0.043^2 - 0.043^2}\,\text{mm}$$
$$= 0.037\text{mm}$$

3）求 A_3 的平均偏差。按平均偏差的定义，可知各环的平均偏差为

$$B_M(\overrightarrow{A_1}) = \frac{0.07}{2}\text{mm} = 0.035\text{mm}$$

$$B_M(\overleftarrow{A_2}) = B_M(\overleftarrow{A_4}) = \frac{0-0.043}{2}\text{mm} = -0.0215\text{mm}$$

根据式(1-8)可得出

$$B_M(A_0) = \frac{0.15+0.05}{2}\text{mm} = 0.1\text{mm}$$

$$B_M(\overleftarrow{A_3}) = -B_M(A_0) + B_M(\overrightarrow{A_1}) - B_M(\overleftarrow{A_2}) - B_M(\overleftarrow{A_4})$$
$$= (-0.1+0.035+0.0215+0.0215)\text{mm} = -0.022\text{mm}$$

4）求 A_3 的上下偏差

$$B_S(\overleftarrow{A_3}) = B_M(\overleftarrow{A_3}) + \frac{T(\overleftarrow{A_3})}{2} = \left(-0.022 + \frac{0.037}{2}\right)\text{mm} = -0.0035\text{mm}$$

$$B_x(\overleftarrow{A_3}) = B_M(\overleftarrow{A_3}) - \frac{T(\overleftarrow{A_3})}{2} = \left(-0.022 - \frac{0.037}{2}\right)\text{mm} = -0.0405\text{mm}$$

则
$$A_3 = 7^{-0.0035}_{-0.0405}\text{mm}$$

例 7-2　车床的主轴与尾座锥孔的等高度计算，其尺寸链如图 7-10 所示。

已知主轴轴心线到车床床身的距离 $A_1 = 202$mm，尾座高度 $A_3 = 156$mm，底板厚度 $A_2 = 46$mm，封闭环为主轴轴心线与尾座锥孔中心线的不等高度 $A_0 = 0^{+0.06}_{0}$ mm，只允许尾座高。采用修配法。

解　解算修配法装配尺寸链时应注意正确选择好修配环，在保证修配量足够且最小原则下计算修配环尺寸。修配环被修配后对封闭环尺寸变化的影响有两种情况，解尺寸链时应分别保证如下条件：

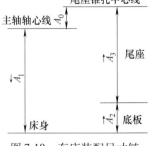

图 7-10　车床装配尺寸链

1）随着修配环尺寸的修配（减小）而封闭环尺寸变大，则必须使封闭环的实际最大极限尺寸 $A_{0\max}$ 等于装配要求所规定的最大尺寸 $A'_{0\max}$，即 $A_{0\max} = A'_{0\max}$。

2）随着修配环尺寸的修配（减小），而封闭环尺寸变小，则必须使封闭环的实际最小极限尺寸 $A_{0\min}$ 等于装配要求所规定的最小尺寸 $A_{0\min}'$，即 $A_{0\min} = A_{0\min}'$。

解题步骤如下：

1）确定修配环，判别修配后对封闭环的影响。根据修配环选择原则，确定 A_2 为修配环，修配后 A_2 减小，使封闭环的尺寸也减小，属于第二种情况。

2）确定各组成环的公差及修配环以外的各组成环的偏差。根据各种加工方法的经济精度确定各组成环的公差值（查工艺有关手册），并按对称分布标注除修配环以外各组成环的偏差。标注为：$A_1 = (202 \pm 0.05)\text{mm}, A_3 = (156 \pm 0.05)\text{mm}, T(A_2) = 0.15\text{mm}(\text{精刨})$。

3）确定修配方法及最小修配余量。如采用刮研法进行修配，一般最小修配余量 $Z_n = 0.15\text{mm}$（查表，或按经验确定）。

4）计算最大的修配余量

$$Z_k = \sum_{i=1}^{n-1} T(A_i) - T(A_0) + Z_n$$
$$= [(0.1 + 0.1 + 0.15) - 0.06 + 0.15]\text{mm}$$
$$= 0.44\text{mm}$$

式中 A_i 代表所有的组成环。

5）计算修配环的偏差。因为只允许后顶针高，当前后顶针中心线刚好重合时，$A_0 = 0$，最小修刮量为 0。此时若 A_1 处于最大极限尺寸，则 A_3、A_2 必处于最小极限尺寸。因而有下列等式

$$A_{1\max} = A_{3\min} + A_{2\min}$$

由此可求出 $A_{2\min}$

$$A_{2\min} = A_{1\max} - A_{3\min} = (202.05 - 155.95)\text{mm} = 46.10\text{mm}$$

由于，$T_{A2} = 0.15\text{mm}$，所以 $A_2 = 46.10^{+0.15}_{0}\text{mm} = 46^{+0.25}_{+0.10}\text{mm}$。

但是，这时修刮量为 0。为保证接触刚度，必须保证最小修刮量 0.15mm。那么 A_2 需要加厚 0.15mm。即

$$A_2 = 46.15^{+0.25}_{+0.10}\text{mm} = 46^{+0.40}_{+0.25}\text{mm}$$

至此，各组成环公称尺寸及上、下偏差确定完毕。运用这些尺寸可以计算出最大修刮量为 0.44~0.50mm。这个数值对修刮加工来说偏大。

为了减少最大修刮量，可改用合并加工修配法。就是将尾架座与尾架垫板组装后镗削尾架套筒孔。此时 A_3、A_2 两个尺寸由一个合并加工尺寸 A_{32} 代替进入装配尺寸链，将原来的四环尺寸链变为三环尺寸链。

若仍取 $T_{A1} = 0.1\text{mm}$，则 $A_1 = (202 \pm 0.05)\text{mm}$。$A_{32} = 202\text{mm}$，$T_{A32}$ 亦取 0.1mm，其公差带布置需经计算确定。仍按前述算法，当中心线重合时，有

$$A_{1\max} = A_{32\min} = 202.05\text{mm}$$

因此，$A_{32} = 202.05^{+0.1}_{0}\text{mm} = 202^{+0.15}_{+0.05}\text{mm}$。

再考虑到最小修刮量 0.15mm，则

$$A_{32} = 202.15^{+0.15}_{+0.05}\text{mm} = 202^{+0.3}_{+0.2}\text{mm}$$

各尺寸及偏差确定完毕。按此，可算出最大修刮量为 0.29 ~ 0.35mm。与前面计算相比，刚好减少一个精刨的经济公差 0.15mm。这就是由合并加工修配法所得到的效果。

　　例 7-3　图 7-11 所示为车床主轴大齿轮装配图，按装配技术要求，当隔套（A_2）、齿轮（A_3）、垫圈固定调整件（A_k）和弹性挡圈（A_4）装在轴上后，齿轮的轴向间隔 A_0 应在 0.05 ~ 0.2mm 范围内。其中 $A_1 = 115$mm，$A_2 = 8.5$mm，$A_3 = 95$mm，$A_4 = 2.5$mm，$A_k = 9$mm。试确定各尺寸的偏差及调整件各组尺寸与偏差。

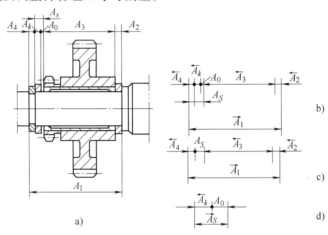

图 7-11　固定调整法装配示意图

　　解　装配尺寸链如图 7-11b 所示。

　　各组成环公差与极限偏差按经济加工精度及偏差入体原则确定如下

$$A_1 = 115^{+0.20}_{+0.05}, \quad A_2 = 8.5^{\ 0}_{-0.10}, \quad A_3 = 95^{\ 0}_{-0.10}, \quad A_4 = 2.5^{\ 0}_{-0.12}。$$

按极值法计算，应满足下式

$$T_0 \geq T_1 + T_2 + T_3 + T_4 + T_k$$

代入各公差值，上式为

$$0.15 \geq 0.16 + 0.12 + 0.25 + 0.05 + T_k$$
$$0.15 \geq 0.47 + T_k$$

　　上式中，$T_1 \sim T_4$ 的累积值为 0.47mm，已大于封闭环公差 $T_0 = 0.15$mm，故无论调整环公差 T_k 是何值，均无法满足尺寸链的公差关系式，也即无法补偿封闭环公差的超差部分。为此，可将尺寸链中未装入调整件 A_k 时的轴向间隙（称为"空位"尺寸，用 A_S 表示）分成若干尺寸段，相应调整环也分成同等数目的尺寸组，不同尺寸段的空位尺寸用相应尺寸组的调整环装入，使各段空位内的公差仍能满足尺寸链的公差关系。

　　固定调整法计算主要是确定调整环的分组数及各组调整环尺寸。

　　（1）确定调整环的分组数　为便于分析，现将图 7-11b 分解为图 7-11c 和图 7-11d。分别表示含空位尺寸 A_S 及空位尺寸 A_S 内的尺寸链。

　　图 7-11c 中，空位尺寸 A_S 可视为封闭环。则

$$T_S = T_1 + T_2 + T_3 + T_4 = 0.47\text{mm}$$
$$A_{S\max} = \vec{A}_{1\max} - (\overleftarrow{A}_{2\min} + \overleftarrow{A}_{3\min} + \overleftarrow{A}_{4\min})$$
$$= (115.20 - (8.4 + 94.9 + 2.38))\text{mm}$$

$$= 9.52\text{mm}$$

$$A_{S\min} = \vec{A}_{1\min} - (\overleftarrow{A}_{2\max} + \overleftarrow{A}_{3\max} + \overleftarrow{A}_{4\max})$$
$$= (115.05 - (8.5 + 95 + 2.5))\text{mm}$$
$$= 9.05\text{mm}$$

由此得 $A_S = 9^{+0.52}_{+0.05}\text{mm}$

在图 7-11d 尺寸链中，A_0 为封闭环。

现将空位尺寸 A_S 均分为 Z 段（相应调整环 A_k 也分为 Z 组），则每一段空位尺寸的公差为 $\dfrac{T_S}{Z}$。若各组调整环的公差相等，均为 T_k，则各段空位尺寸内的公差关系应满足下式

$$\frac{T_S}{Z} + T_k \leqslant T_0$$

由此得出空位尺寸的分段数（也即调整环 A_k 的分组数）的计算公式为

$$Z \geqslant \frac{T_S}{T_0 - T_k}$$

本例中，按经济精度，取 $T_k = 0.03\text{mm}$ 代入，得

$$Z \geqslant \frac{0.47}{0.15 - 0.03} = \frac{0.47}{0.12} = 3.9$$

分组数应圆整为相近的较大整数，取 $Z = 4$。

分组数不宜过多，以免给制造、装配和管理等带来不便，一般取 3~4 组为宜。当计算所得的分组数过多时，可调整有关组成环或调整环公差。

（2）确定各组调整环的尺寸　本例中 $T_S = 0.47$ 均分四段，则每段空位尺寸的公差为 0.1185mm，取 0.12mm，可得各段空位尺寸为：$A_{S1} = 9^{+0.52}_{+0.40}$，$A_{S2} = 9^{+0.40}_{+0.28}$，$A_{S3} = 9^{+0.28}_{+0.16}$，$A_{S4} = 9^{+0.16}_{+0.04}$。

调整环相应也分成四组，根据尺寸链计算公式，可求

$$\overleftarrow{A}_{k1\max} = \vec{A}_{S1\min} - A_{0\min} = 9.40 - 0.05 = 9.35$$

$$\overleftarrow{A}_{k1\min} = \vec{A}_{S1\max} - A_{0\max} = 9.52 - 0.20 = 9.32$$

同理可求其余组调整件极限尺寸。按单向入体标注，各组调整件尺寸及偏差如下

$$A_{k1} = 9.35^{\,0}_{-0.03}\text{mm} \qquad A_{k2} = 9.23^{\,0}_{-0.03}\text{mm}$$

$$A_{k3} = 9.11^{\,0}_{-0.03}\text{mm} \qquad A_{k4} = 8.99^{\,0}_{-0.03}\text{mm}$$

（3）为方便装配，列出补偿表　调整件补偿作用表见表 7-3。

表 7-3　调整件补偿作用表　　　　　　　　　（单位：mm）

空挡尺寸	调整件尺寸级别	调整件分级尺寸增量	装配后间隙
9.52~9.40	$A_{k1} = 9.35_{-0.03}$	-0.03~0	0.05~0.20
9.40~9.28	$A_{k2} = 9.23_{-0.03}$	0.09~0.12	0.05~0.20
9.28~9.16	$A_{k3} = 9.11_{-0.03}$	0.21~0.24	0.05~0.20
9.16~9.04	$A_{k4} = 8.99_{-0.03}$	0.33~0.36	0.05~0.20

7.4　装配工艺规程的制订

将合理的装配工艺过程按一定的格式编写成书面文件，就是装配工艺规程。它是组织装配工作、指导装配作业、设计或改建装配车间的基本依据之一。

制订装配工艺规程与制订机械加工工艺规程一样，是生产技术准备工作中的一项重要工作。也需考虑多方面的问题。现就主要问题叙述于下。

1. 装配工艺规程的制订原则

（1）确保产品的装配质量，并力求有一定的精度储备　准确细致地按规范进行装配，就能达到预定的质量要求，并且还要争取有精度储备，以延长机器使用寿命。

（2）提高装配生产率　合理安排装配工序，尽量减少钳工的装配工作量，提高装配机械化和自动化程度，以提高装配效率，缩短装配周期。

（3）降低装配成本　尽可能减少装配生产面积，提高面积利用率，以提高单位面积的生产率，减少装配工人数量，从而降低成本。

2. 制订装配工艺规程所需的原始资料

（1）产品的总装配图和部件装配图　为了方便核算装配尺寸链，还需有关零件图。

（2）产品装配技术要求和验收的技术条件　产品验收的技术条件规定了产品主要技术性能的检验内容和方法，是制订装配工艺规程的重要依据。

（3）产品的生产纲领及生产类型　产品的生产类型不同，使产品装配的组织形式、工艺方法、工艺过程的划分、工艺装备的选择等都有较大的差异。具体见表7-1。

（4）现有生产条件　包括现有的装配装备、车间的面积、工人的技术水平、时间定额标准等。

3. 装配工作的主要内容

在装配前后和装配过程中，主要的工作内容有：

（1）清洗　装配前所有零件都要进行清洗，以清除表面上的切屑、油脂和灰尘等，以免影响装配质量和机器的寿命。

（2）刮削　通过刮削提高零件的尺寸精度和形状精度以及接触刚度，降低表面粗糙度值。

（3）平衡　对要求运动平稳的旋转零件，必须进行平衡，平衡分动平衡和静平衡两种，对轴向尺寸较大而径向尺寸较小的零件只需进行静平衡，轴向尺寸较长的零件则需进行动平衡。平衡可采用增减重量或改变在平衡槽中的平衡块的数量或位置的方法来达到。

（4）过盈连接　过盈连接常用轴向压入法和热胀冷缩法。

（5）螺钉连接　要确定螺纹连接的顺序，逐步拧紧的次数和拧紧力矩，可使用扭力扳手来控制力矩的大小。

（6）校正　校正是指校正、校平或调整各零件、部件间的相互位置。校正常用量具和工具有：平尺、角尺、水平仪以及仪器、仪表等。

此外，总装后还有检验、试机、涂装及包装等，都要按有关规定及规范进行。

4. 制订装配工艺规程的步骤

（1）产品分析

1) 研究产品装配图，审查图样的完整性和正确性。

2) 明确产品的性能、工作原理和具体结构。

3) 对产品进行结构工艺性分析，明确各零件、部件间的装配关系；研究产品分解成"装配单元"的方案，以便组织平行、流水作业。

装配单元除零件外，还有合件、组件、部件、机器。

合件是指由几个零件用焊接等不可拆卸连接法装配在一起、或几个零件组装后还需进一步加工、或由一个基准件加少数零件组合成的装配单元。

组件是一个或几个合件与若干个零件组合而成的装配单元。

部件是一个基准件和若干个零件、合件和组件组合而成的装配单元。

以上各装配单元组合而成的整体就是机器。在机器的总装前，各部件可以同时平行装配，利于提高效率和保证质量。

4) 研究产品的装配技术要求和验收技术要求，以便制订相应的措施予以保证。

5) 必要时进行装配尺寸链的分析和计算。

在产品的分析过程中，如发现存在问题，要及时与设计人员研究予以解决。

（2）确定装配的组织形式　装配的组织形式可分为固定式和移动式。

固定式装配是将产品或部件的全部装配工作安排在一个固定的工作地进行。装配过程中产品的位置不变，所需的零件、部件全部汇集在工作地附近，由一组工人来完成装配过程。

移动式装配是将产品或部件置于装配线上，通过连续或间歇的移动使其顺次经过各装配工作地，以完成全部装配工作。

装配的组织形式主要取决于产品的结构特点、生产纲领和现有生产技术条件及设备状况。单件小批、尺寸大、质量大的产品用固定装配的组织形式，其余用移动式装配。

装配的组织形式确定以后，装配方式、工作点的布置也就相应确定。工序的分散与集中以及每道工序的具体内容也根据装配的组织形式而确定。固定式装配工序集中，移动式装配工序分散。

（3）拟订装配工艺过程　装配单元划分后，即可确定部件和产品的装配顺序即装配工艺过程。

首先要根据产品的结构和装配精度的要求确定各装配工序的具体内容，然后选择合适的装配方法及所需的设备、工具、夹具和量具等。在各级装配单元装配时，要确定一个基准件先进入装配，接着根据具体情况安排其他单元进入装配。

从保证装配精度及装配工作顺利进行的角度出发，安排的装配顺序为：先下、后上，先内、后外，先难、后易，先重大、后轻小，先精密、后一般。

还要确定工时定额及工人的技术等级。装配的工时定额一般根据实践经验估计。工人的技术等级并不作严格规定，但必须安排有经验的技术熟练的工人在关键的装配岗位上操作，以把好质量关。

（4）编写工艺文件　装配工艺规程设计完成后，要填写装配工艺过程卡等工艺文件。其主要内容有：装配图（产品设计的装配总图）、装配工艺系统图、装配工艺过程卡片或装配工序卡片、装配工艺设计说明书等。

装配工艺规程中的装配工艺过程卡片和装配工序卡片的编写方法与机械加工的工艺过

程卡和工序卡基本相同。在单件、小批量生产中，一般只编写工艺过程卡，对关键工序才编写工序卡。在生产批量较大时，除编写工艺过程卡外，还需编写详细的工序卡及工艺守则。

图7-12所示为装配工艺系统图，这是表明产品零件、部件间相互装配关系和装配流程的示意图，并注明了工作内容和操作要点等。当产品结构复杂时，可分别绘制各级装配单元的装配工艺系统图。装配工艺系统图是装配工艺中的主要文件之一。

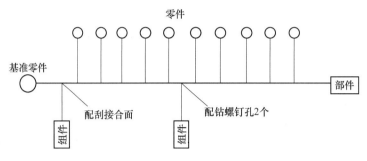

图7-12　装配工艺系统图

（5）制订产品检测与试验规范　产品装配后，要进行检测与试验，应按产品图样要求和验收技术条件，制订检测与试验规范。其内容有：检测与验收的项目、质量标准、方法和环境要求；检测与验收所需的装备；质量问题的分析方法和处理措施。

习　题

7-1　什么叫机器装配？它包括哪些内容，在机器产品的生产中起什么作用？

7-2　机器产品的质量是以什么综合评定的？其性能和技术指标是什么？

7-3　机器产品的装配精度与零件的加工精度、装配工艺方法有什么关系？

7-4　举例说明各种生产类型下，装配工作的特点是什么。

7-5　什么叫装配尺寸链？它与一般尺寸链有什么不同？装配尺寸链的计算方法有几种？

7-6　装配尺寸链如何查找？查找时应注意些什么？

7-7　利用极值法和概率法解装配尺寸链的区别在哪里？应用概率法解装配尺寸链应注意些什么？各用于什么装配方法？

7-8　如图7-13所示，在溜板与床身装配前有关组成零件的尺寸分别为：$A_1 = 46_{-0.04}^{0}$ mm，$A_2 = 30_{0}^{+0.03}$ mm，$A_3 = 16_{+0.03}^{+0.06}$ mm，试计算装配后，溜板压板与床身下平面之间的间隙 A_0 =？试分析当间隙在使用过程中，因导轨磨损而增大后如何解决。

7-9　如图7-14所示主轴部件，为保证弹性挡圈能顺利装入，要求保持轴向间隙为 $A_0 = 0_{+0.05}^{+0.42}$ mm。已知 $A_1 = 32.5$ mm，$A_2 = 35$ mm，$A_3 = 2.5$ mm。试求各组成零件尺寸的上、下偏差。

7-10　图7-15所示为键槽与键的装配尺寸结构，其尺寸是：$A_1 = 20$ mm，$A_2 = 20$ mm，$A_0 = 0_{+0.05}^{+0.15}$ mm。

1）当大批生产时，采用完全互换法装配，试求各组成零件尺寸的上、下偏差。

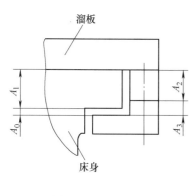

图 7-13　题 7-8 图

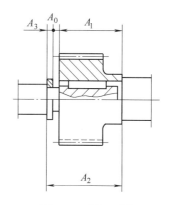

图 7-14　题 7-9 图

2）当小批生产时，采用修配法装配，试确定修配的零件并求出各有关零件尺寸的公差。

7-11　图 7-16 所示为蜗轮减速器，装配后要求蜗轮中心平面与蜗杆轴线偏移公差为 ±0.065mm。试按采用调整法标注有关组成零件的公差，并计算加入调整垫片的组数及各组垫片的极限尺寸（提示：在轴承端盖和箱体端面间加入调整垫片，如图中 N 环）。

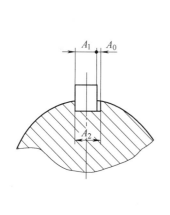

图 7-15　题 7-10 图

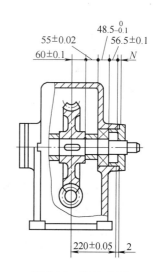

图 7-16　题 7-11 图

7-12　图 7-17 所示齿轮箱部件，根据使用要求齿轮轴肩与轴承端面间的轴向间隙应在 1～1.75mm 范围内。若已知各零件的基本尺寸为 $A_1 = 101mm$，$A_2 = 50mm$，$A_3 = A_5 = 5mm$，$A_4 = 140mm$。试确定这些尺寸的公差及偏差。

7-13　图 7-18 所示为某一齿轮机构的局部装配图。装配后要求保证轴右端与右轴承端面之间的间隙在 0.05～0.25mm 内。试用极值法和概率法计算各组成环的尺寸公差及上、下偏差，并比较两种计算方法的结果。

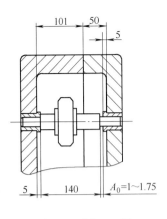

图 7-17 题 7-12 图

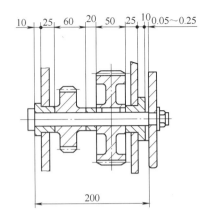

图 7-18 题 7-13 图

7-14 图 7-19 所示为滑动轴承、轴承套零件图及其装配图。组装后滑动轴承外端面与轴承套内端面间要保证尺寸 $87_{-0.3}^{-0.1}$mm。但按两零件图上标出的尺寸加工（尺寸 $5.5_{-0.16}^{0}$mm 及 $81.5_{-0.35}^{-0.20}$mm，为该尺寸链的组成环），装配后此距离为 $87_{-0.51}^{+0.20}$mm，不能满足装配要求。该组件属成批生产，试确定满足装配技术要求的合理装配工艺方法。

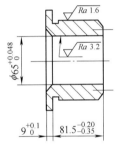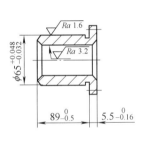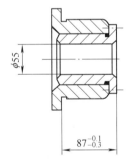

图 7-19 题 7-14 图

7-15 什么叫装配工艺规程？包括的内容是什么？有什么作用？

7-16 制订装配工艺规程的原则及原始资料是什么？

7-17 简述制订装配工艺的步骤。

7-18 保证产品精度的装配工艺方法有哪几种？各用在什么情况下？

参 考 文 献

[1] 王茂元. 机械制造技术 [M]. 北京：机械工业出版社，2006.

[2] 朱淑萍. 机械加工工艺及装备 [M]. 2版. 北京：机械工业出版社，2008.

[3] 兰建设. 机械制造工艺与夹具 [M]. 北京：机械工业出版社，2010.

[4] 赵宏立. 机械加工工艺与装备 [M]. 北京：人民邮电出版社，2009.

[5] 蔡安江. 机械制造技术基础 [M]. 北京：机械工业出版社，2008.

[6] 李增平. 机械制造技术 [M]. 南京：南京大学出版社，2011.

[7] 龚促华. 数控技术 [M]. 北京：机械工业出版社，2005.

[8] 王隆太. 先进制造技术 [M]. 北京：机械工业出版社，2006.

[9] 饶华球. 机械制造技术基础 [M]. 北京：电子工业出版社，2007.

[10] 张绪祥，王军. 机械制造工艺 [M]. 北京：高等教育出版社，2007.

[11] 吴拓. 机械制造工艺与机床夹具 [M]. 北京：机械工业出版社，2006.

[12] 贾振元，王福吉. 机械制造技术基础 [M]. 北京：科学出版社，2011.

[13] 陈明. 制造技术基础 [M]. 北京：国防工业出版社，2011.

[14] 王宜君，李爱花. 制造技术基础 [M]. 北京：清华大学出版社，2011.

[15] 刘忠伟，邓英剑. 先进制造技术 [M]. 北京：国防工业出版社，2007.

[16] 余承辉，姜晶. 机械制造工艺与夹具 [M]. 上海：上海科学技术出版社，2010.

[17] 金建华，黄万友. 典型机械零件制造工艺与实践 [M]. 北京：清华大学出版社，2011.

[18] 曾维林，吴连连. 机械制造技术 [M]. 北京：科学出版社，2009.